新・標準
プログラマーズ
ライブラリ

C言語ポインタ完全制覇

前橋和弥
Kazuya Maebashi

技術評論社

> 本書は、2001年1月に発行された
> 標準プログラマーズライブラリ シリーズ
> 『C言語 ポインタ完全制覇』
> の改訂版です。

- 本書に登場する製品名などは、一般に各社の登録商標、または商標です。本文中に™、®マークなどは特に明記しておりません。
- 本書は情報の提供のみを目的としています。本書の運用は、お客様ご自身の責任と判断によって行ってください。本書に掲載されているサンプルプログラムの実行によって万一損害等が発生した場合でも、筆者および技術評論社は一切の責任を負いかねます。

はじめに

　この本は、C言語の、配列とポインタに関する本です。

　「なんだまたCのポインタ本かよ」と思う人も多いかもしれません。Cはいまとなってはかなり古い言語ですし、本屋に行けばCの本は既にあふれかえっています。本書のように、ポインタを重点的に解説する本も複数出ています。そういう本が何冊も発売されるということは、C言語において、ポインタを習得するのがそれだけ困難である、ということでしょう。実際、ネットで検索してみると、Cのポインタが難しいという声はいまでもたくさん見つかります。

　そのような、Cのポインタに苦しんでいる人に伝えたいことがあります。

Cのポインタがわからないのは、あなたが悪いわけじゃなく、単に、Cの文法がクソなだけだよ!!

　Cにおける、特に宣言まわりの文法は、**かなり奇ッ怪**なものです。奇ッ怪である以上、奇ッ怪であることを前提に理解しなければなりません。しかし、書店にあふれるCの本は、ポインタを専門に解説しているような本でも、この点について正面から説明しているものはほとんどないように見受けられます。

　私自身、昔は配列とポインタにまつわるCの文法でかなり悩んだものです。

　「あの頃、こんな本に出会っていたら、悩まなくて済んだのに」という思いを込めて書いたのが、この本の初版本である『C言語 ポインタ完全制覇』でした。

　ただし、『C言語 ポインタ完全制覇』の初版の発行は2001年であり、もう17年近く前です。Cは古い（枯れた）言語なので変化は遅いのですが、さすがに17年も経てば、Cをめぐる状況もいくぶん変わりました。2001年時点ではまだ定められて間もなかったISO-C99は、それ以前のCを完全に置き換えたわけではありませんが、現在、ある程度の利用者はいるようです。さらに2011年には、新たな規格であるC11も発行されています。PCも進化し、64bitのOSが当たり前になりました。また、インターネットの普及で、セキュリティについて気を付けなければいけない局面が以前より増えています。

　改訂版では、そのような変化に対応すべく、内容を追加/修正しています。

　書店にあふれるCの入門書では、ポインタについて、とても教科書的な**わざとらしい**例で説明しているものが多いようです。そういう例だけ見ていれば、初心者からす

れば、「なぜポインタなどというものが必要なんだろう?」と思うかもしれません。

しかし、Cのプログラミングにおいて、ポインタを避けて通ることは不可能です。実際に世の中で使われている実用的なプログラムでは、確実にポインタを使っています。

本書では、Cの（奇怪な）文法についてだけでなく、ポインタを実際に実用的に使う方法についても説明していきます。

本書を読むうえで、いくつか気をつけていただきたいことがあります。

- 本書は「Cを勉強してみたけどポインタでつまずいた」というレベルの人を対象にしています。——が、随所にそれなりに高度な内容も登場します。
  特に初心者の方は「最初から順に、すべてを理解しながら読み進もう」などとは思わない方が無難です。わからないことが少々あっても気にせずに、どんどん読み進んでください。
  なんなら、章単位で飛ばしてもいいと思います。第0章、第1章くらいまでは順に読んでいただきたいですが、第2章が難しいからとりあえず第3章をかじる、第3章もよくわからんから第4章を読んでみる、という読み方は、この本ではアリだと思っています。
- 本書では、随所で「Cの問題点」「Cのいい加減さ」を指摘しています。読者の中には、私がCを嫌っていると思う方もいるかもしれません。
  でも、私は、Cは偉大な言語だと思っています。これは別に「あばたもえくぼ」とか「できの悪い子ほどかわいい」とかいう理由からではなくて、やっぱり、長年現場で実用に使われてきた言語には、それだけの実力があるものです。少々育ちは悪いけど、腕は確かな「現場のおやじ」って感じですね。
  Cは、いまでも覚える価値のある、実用的な言語です。本書を読んだ方がCを嫌いになってしまうのは、私の望むことではありません。もちろん、誰が何を嫌いになろうと、それを私が止めることはできないのですけれども。

本書の執筆にあたり、多くの方にお世話になりました。

お忙しい中、原稿を読んでご意見をくださった林毅さん、曽田哲之さん、児島さん、梵天さん、にわけんさん、ぐずぐずと修正を続ける原稿を待っていただいた技術評論社の熊谷裕美子さん、これらの方々のご協力のおかげで本書を形にすることができました。この場を借りましてお礼申し上げます。

2017年10月29日 21:58 J.S.T

前橋 和弥

CONTENTS

第 0 章
本書の狙いと対象読者――イントロダクション　11
0-1　本書の狙い　12
0-2　対象読者と構成　15

第 1 章
まずは基礎から――予備知識と復習　19
1-1　Cはどんな言語なのか　20
- 1-1-1　Cの生い立ち　20
- 補足　アセンブリ言語？ アセンブラ？　22
- 補足　Bってどんな言語？　22
- 1-1-2　文法上の不備・不統一　23
- 1-1-3　Cのバイブル――K&R　24
- 1-1-4　ANSI C以前のC　25
- 1-1-5　ANSI C（C89/90）　27
- 1-1-6　C95　28
- 1-1-7　C99　29
- 1-1-8　C11　30
- 1-1-9　Cの理念　30
- 1-1-10　C言語の本体とは　32
- 1-1-11　Cは、スカラしか扱えない言語だった　33

1-2　メモリとアドレス　35
- 1-2-1　メモリとアドレス　35
- 1-2-2　メモリと変数　37
- 補足　size_t型　40
- 1-2-3　メモリとプログラムの実行　40

1-3　ポインタについて　42
- 1-3-1　そもそも、悪名高いポインタとは何か　42
- 1-3-2　ポインタに触れてみよう　43
- 1-3-3　アドレス演算子、間接演算子、添字演算子　47
- 補足　本書に載っているアドレスの値について――16進表記　48
- 補足　宣言にまつわる混乱――どうすれば自然に読めるか？　49
- 補足　余談：hogeって何だ？　50
- 1-3-4　ポインタとアドレスの微妙な関係　51
- 補足　実行時には、型の情報も変数名も、ない　54
- 1-3-5　ポインタ演算　55
- 1-3-6　ヌルポインタとは何か？　57
- 補足　NULLと0と'\0'と　57
- 1-3-7　実践――関数から複数の値を返してもらう　60

1-4 配列について　　65

1-4-1	配列を使う	65	1-4-5	ポインタ演算なんか使うのはやめてしまおう	76
補足	Cの配列はゼロから始まる	67	補足	引数を変更してよいのか？	78
1-4-2	配列とポインタの微妙な関係	68	1-4-6	関数の引数として配列を渡す（つもり）	78
1-4-3	添字演算子[]は、配列とは無関係だ！	70	補足	配列を値渡しするなら	81
補足	シンタックスシュガー	74	1-4-7	関数の仮引数の宣言の書き方	82
1-4-4	ポインタ演算という妙な機能はなぜあるのか？	74	補足	なぜCは、配列の範囲チェックをしてくれないのか？	83
			1-4-8	C99の可変長配列——VLA	84

第2章

実験してみよう——Cはメモリをどう使うのか　　87

2-1 仮想アドレス　　88

補足	scanf()について	91	補足	未定義、未既定、処理系定義	93

2-2 Cのメモリの使い方　　94

2-2-1	Cにおける変数の種類	94	2-2-2	アドレスを表示させてみよう	97
補足	記憶域クラス指定子	96			

2-3 関数と文字列リテラル　　101

2-3-1	書き込み禁止領域	101	2-3-2	関数へのポインタ	102

2-4 静的変数　　105

2-4-1	静的変数とは	105	2-4-2	分割コンパイルとリンク	105

2-5 自動変数（スタック） 108

2-5-1	領域の「使い回し」	108
2-5-2	関数呼び出しで何が起きるか？	108
補足	呼び出し規約——Calling Convention	112
2-5-3	自動変数をどのように参照するのか	113
補足	自動変数の領域は、関数を抜けたら解放される！	116
2-5-4	典型的なセキュリティホール——バッファオーバーフロー脆弱性	117
補足	OSによるバッファオーバーフロー脆弱性対策	120
2-5-5	可変長引数	121
補足	assert()	126
補足	デバッグライト用の関数を作ってみよう	127
2-5-6	再帰呼び出し	129
2-5-7	C99の可変長配列（VLA）におけるスタック	133

2-6 malloc()による動的な領域確保（ヒープ） 135

2-6-1	malloc()の基礎	135
補足	malloc()の戻り値をキャストするべきか	138
2-6-2	malloc()は「システムコール」か？	139
2-6-3	malloc()で何が起きるのか？	140
2-6-4	free()したあと、その領域はどうなるのか？	142
補足	Valgrind	144
2-6-5	フラグメンテーション	144
2-6-6	malloc()以外の動的メモリ確保関数	145
補足	サイズが0でmalloc()	148
補足	malloc()の戻り値チェック	149
補足	プログラムの終了時にもfree()しなければいけないか？	150

2-7 アラインメント 152

補足　構造体のメンバ名も、実行時には、ない — 155

2-8 バイトオーダー 156

2-9 言語仕様と実装について——ごめんなさい、ここまでの内容はかなりウソです 158

第3章
Cの文法を解き明かす——結局のところ、どういうことなのか？ 161

3-1 Cの宣言を解読する 162

3-1-1	英語で読め	162
3-1-2	Cの宣言を解読する	164
補足	最近の言語だと、型は後置のものが多い	166
3-1-3	型名	167
補足	せめて、間接演算子*が後置になっていれば……	169

3-2　Cの型モデル　170

3-2-1	基本型と派生型	170
3-2-2	ポインタ型派生	172
3-2-3	配列型派生	173
3-2-4	「配列へのポインタ」とは何か？	174
3-2-5	C言語には、多次元配列は存在しない！	175
3-2-6	関数型派生	177
3-2-7	型のサイズを計算する	179
3-2-8	基本型	181
3-2-9	構造体と共用体	182
3-2-10	不完全型	183

3-3　式　185

3-3-1	式とデータ型	185
補足	「式」に対するsizeof	188
3-3-2	左辺値とは何か──変数の2つの顔	190
補足	左辺値という言葉の由来は？	191
3-3-3	配列→ポインタの読み替え	191
3-3-4	配列とポインタに関係する演算子	193
3-3-5	多次元配列	195
補足	演算子の優先順位	197

3-4　続・Cの宣言を解読する　200

3-4-1	const修飾子	200
3-4-2	constをどう使うか？どこまで使えるか？	203
補足	constは#defineの代わりになるか？	205
3-4-3	typedef	206

3-5　その他　209

3-5-1	関数の仮引数の宣言（ANSI C版）	209
補足	関数の仮引数の宣言に関するK&Rでの説明	211
3-5-2	関数の仮引数の宣言（C99版）	213
3-5-3	空の[]について	214
補足	定義と宣言	216
3-5-4	文字列リテラル	217
補足	文字列リテラルは、charの「配列」だ	219
3-5-5	関数へのポインタにおける混乱	219
3-5-6	キャスト	221
3-5-7	練習──複雑な宣言を読んでみよう	223

3-6　頭に叩き込んでおくべきこと──配列とポインタは別物だ!!　228

3-6-1	なぜ混乱してしまうのか	228
3-6-2	式の中では	229
3-6-3	宣言では	232

第4章

定石集――配列とポインタのよくある使い方　233

4-1　基本的な使い方　234

- 4-1-1　戻り値以外の方法で値を返してもらう　234
- 4-1-2　配列を関数の引数として渡す　235
- 4-1-3　動的配列――malloc()による可変長の配列　236
  - 補足　他言語の配列　239

4-2　組み合わせて使う　240

- 4-2-1　動的配列の配列　240
  - 補足　ワイド文字　247
- 4-2-2　動的配列の動的配列　250
- 4-2-3　コマンド行引数　252
- 4-2-4　引数経由でポインタを返してもらう　255
  - 補足　「ダブルポインタ」って何？　260
- 4-2-5　多次元配列を関数の引数として渡す　260
- 4-2-6　多次元配列を関数の引数として渡す（VLA版）　262
- 4-2-7　縦横可変の2次元配列をmalloc()で確保する（C99）　264
  - 補足　Cの多次元配列は「行優先」だ　265
  - 補足　ANSI Cで縦横可変の2次元配列を実現する　266
  - 補足　JavaやC#の多次元配列　267
- 4-2-8　配列の動的配列　268
- 4-2-9　変に凝る前に、構造体の使用を考えよう　269
- 4-2-10　可変長構造体（ANSI C版）　271
  - 補足　可変長構造体確保時のサイズ指定について　273
- 4-2-11　フレキシブル配列メンバ（C99）　274
  - 補足　ポインタは、配列の最後の要素の次の要素まで向けられる　275

第5章

データ構造――ポインタの真の使い方　277

5-1　ケーススタディ1：単語の使用頻度を数える　278

- 5-1-1　例題の仕様について　278
  - 補足　各種言語における「ポインタ」の呼び方　279
  - 補足　参照渡し　280
- 5-1-2　設計　282
  - 補足　ヘッダファイルの書き方について　286
- 5-1-3　配列版　288
- 5-1-4　連結リスト版　292
  - 補足　ヘッダファイルのパブリックとプライベート　298
  - 補足　同時に複数のデータを扱えるようにするには　299
  - 補足　イテレータ　300
- 5-1-5　検索機能の追加　302
  - 補足　倍々ゲーム　305
- 5-1-6　その他のデータ構造　306

5-2　ケーススタディ2：ドローツールのデータ構造　311

- 5-2-1　例題の仕様について　311
- 5-2-2　各種の図形を表現する　312
  - 補足　座標系の話　313
- 5-2-3　Shape型　314
- 5-2-4　検討―他の方法は考えられないか　318
  - 補足　なんでも入る連結リスト　322
- 5-2-5　図形のグループ化　323
- 5-2-6　関数へのポインタの配列で処理を振り分ける　330
- 5-2-7　継承とポリモルフィズムへの道　331
  - 補足　本当に、draw()をShapeに入れていいのか？　332
- 5-2-8　ポインタの怖さ　334
- 5-2-9　で、結局ポインタってのは何なのか？　336

第6章 その他――落ち穂拾い　337

6-1　新しい関数群　338

- 6-1-1　範囲チェックが追加された関数（C11）　338
  - 補足　restrictキーワード　340
- 6-1-2　静的な領域を使わないようにした関数（C11）　341

6-2　落とし穴　344

- 6-2-1　整数拡張　344
- 6-2-2　「古い」Cでfloat型の引数を使ったら　346
- 6-2-3　printf()とscanf()　348
- 6-2-4　プロトタイプ宣言の光と影　349

6-3　イディオム　352

- 6-3-1　構造体宣言　352
- 6-3-2　自己参照構造体　353
- 6-3-3　構造体の相互参照　354
- 6-3-4　構造体のネスティング　355
- 6-3-5　共用体　357
- 6-3-6　無名構造体／共用体（C11）　358
- 6-3-7　配列の初期化　359
- 6-3-8　charへのポインタの配列の初期化　360
- 6-3-9　構造体の初期化　361
- 6-3-10　共用体の初期化　362
- 6-3-11　要素指示子付きの初期化（C99）　362
- 6-3-12　複合リテラル（C99）　363

参考文献　365

第 0 章

本書の狙いと対象読者
―― イントロダクション

0-1 本書の狙い

Cを学習するうえにおいて、最大の難関といわれるのが、ポインタです。
そのポインタを学習するにあたって、よく以下のようなことがいわれます。

> 「コンピュータの、メモリとアドレスの概念がわかってしまえば、ポインタなんて簡単だ」
> 「Cは低級言語だから、先にアセンブラを勉強したほうがよい」

確かに、Cのポインタを理解するには、先にメモリとアドレスの概念を理解するのが手っ取り早いと思います（アセンブラまで勉強する必要があるかは疑問ですが）。ただし、**メモリとアドレスの概念がわかっただけでは、ポインタをマスターすることはできません。**メモリとアドレスの概念は、ポインタを理解するうえにおいて、必要条件かもしれませんが、十分条件ではありません。それから始まる長い長い「どはまりの道」の、最初の一歩でしかないのです。

実際に、初心者がCのポインタではまるパターンを見ていると、以下のようなものが多いようです。

- int *a;とポインタ変数を宣言する……まではよいが、このポインタ変数を、ポインタとして使うときにも*aと書いてしまう。
- int &a;のような宣言を書いてしまう（← C++の話ではない）。
- 「『intへのポインタ』って何なんだろう？ ポインタってアドレスなんだろ？ intへのポインタだろうが、charへのポインタだろうが、いっしょなんじゃないのか？」
- ポインタに1足したら、2バイトとか4バイトとか進む、ということを習って……「ポインタってアドレスなんだろ？ そんなもん1進むに決まってるんじゃないのか？」
- 「scanf()の"%d"では、変数に&を付けて渡すのに、なんで"%s"では、&を付け

なくていいんだろう？」
- 配列名をポインタに代入することを習ったあたりで、配列とポインタを混同してしまい、「領域を確保してもいないポインタを、配列としてアクセスする」とか、「配列名にポインタを代入しようとする」とかいう過ちを犯す。

こういった混乱の原因は、「ポインタはアドレスだ」ということを理解していないところにあるのではありません。本当の理由は、

- Cの「奇怪な」宣言の構文
- 配列とポインタの間の「妙な」交換性

にあるのです。

Cの宣言の構文が「奇怪」であるといわれても、ピンとこない方もいるかもしれません。でも、このような疑問を持ったことはないでしょうか？

- Cの宣言では、[ ]は*よりも優先順位が高い。ゆえに、char *s[10];という宣言は、「charへのポインタの配列」を意味する――逆じゃないか？
- double (*p)[3];や、void (*func)(int a);といった宣言の読み方がわからない。
- int *a;は、aを「intへのポインタ」として宣言する。しかし、式の中での*は、ポインタをポインタでなくすほうに働く。同じ記号なのに、意味が逆じゃないか？
- int *aとint a[ ]は、どのような場合に置換可能なのか？
- 空の[ ]は、どのような場所で使用することができ、どのような意味を持つのか？

本書は、このような疑問に答えるべく書きました。

ちなみに、正直に告白しますと、私の場合、Cの宣言の構文をちゃんと理解できたのは、Cを使い始めてから、実に数年を経てからでした。

おれだけが人並はずれて頭が悪いんじゃなかろうか、なんて考えるのは嫌ですので、私は、「Cの宣言をきちんと理解しているCプログラマーって、実は意外に少ないんじゃないか？」と思っています。何しろ、私自身、Cの宣言をきちんと理解する前から、仕事でばりばりプログラムを書いていましたから。「Cなんて簡単だよ、おれはポインタもちゃんと理解しているよ」と思っているあなただって、**意外と理解はあいまいかもしれません。**

たとえば、以下の事実をご存じでしょうか？

- 配列の中身を参照するときには、a[i]のように[ ]を使うけど、この[ ]は、**配列とはまったく無関係だ。**
- Cには**多次元配列は存在しない。**

　書店で本書を手に取って、「なんだ？　この本はトンデモ本だったのか？」と、そっと棚に戻そうとしたあなた、そういう人にこそ、本書を読んでいただきたいと思います。

　ところで、「Cはアセンブラもどきの低級言語だから、ポインタを理解するにはメモリとアドレスの概念を知らなきゃいけないよ」といわれると、なんだか「ポインタ」というのは、Cに特有の、低レベルで邪悪で凶悪な機能であるかのように思えてきます。

　そんなことはありません。確かに、「Cのポインタ」は、低レベルで邪悪で凶悪な側面も持っていますが、一般にポインタといえば、連結リストや木構造といった「データ構造」を構築するために必須の概念であり、これがなければ、まともなアプリケーションプログラムは構築できません。ですから、ある程度以上本格的なプログラミング言語であれば、まず間違いなくポインタは存在します。Pascalにも、Javaにも、C#にも、Lispにも、Rubyにも、Pythonにも。Javaは最初は「Javaにはポインタがない」などと宣伝していましたが、それは端的に**デマ**であり、いまとなっては信じている人はほとんどいないでしょう。

　本書では、このような、ポインタの真の使い方——データ構造を構築するためのポインタにも触れていきたいと思います。

　ポインタは、本格的なプログラミング言語なら必ずある概念です。

　なのに、なぜ「Cの」ポインタはこれほどまでに難しいといわれてしまうのか——その理由は、Cの宣言まわりの混乱した文法、およびポインタと配列の間の妙な交換性にあります。

　本書では、Cの混乱した文法を解き明かし、「Cに特有のポインタの使い方」を示したうえで、他言語とも共通する「普通のポインタの使い方」についても解説します。

0-2 対象読者と構成

本書の対象読者は、以下のような人です。

- Cの入門書をひと通り読んでみたけれど、やっぱりポインタがよくわからない、という人
- ふだん、なに不自由なくCを使っているが、実は理解が曖昧な人

C言語そのものの入門書ではありませんので、コンパイルのしかたとか`if`文とかの説明はしません。すみませんが別途他の書籍等で勉強してください。

本書の構成は、以下のようになっています。

第1章：まずは基礎から──予備知識と復習
第2章：実験してみよう──Cはメモリをどう使うのか？
第3章：Cの文法を解き明かす──結局のところ、どういうことなのか？
第4章：定石集──配列とポインタのよくある使い方
第5章：データ構造──ポインタの真の使い方
第6章：その他──落ち穂拾い

第1章、第2章では、初心者向けに、「ポインタはアドレスだ」的な観点からの説明を行います。

「アドレス」は、`printf()`すれば実際に値を目で見て確認することができる、非常に具体的でわかりやすい代物です。実際に自分のマシンでポインタの値を表示させてみれば、比較的簡単にポインタの概念をつかむことができるでしょう。

まず、第1章では、C言語の成立過程、すなわち、Cがなんでまたこんな言語に「なっちゃった」のかということ、および、ポインタと配列について説明します。

初心者にとっては、ポインタは、「どうしてこんなものを使わなくちゃいけないの？」と思える代物だと思います。入門書によっては、`a[i]`のように配列を

使って書いていたプログラムを**わざわざ*p++のようなポインタ演算を使った表記に書き直したりして**、「こういうのが**C言語らしい**プログラムだ」などと書いていたりしますが、そんなのを見せられたって、

> C言語らしい？ そりゃそうかもしれないけれど、こんなワケのわからん書き方をすることで、何かいいことがあるわけ？ え？「効率がいい」だって？ なんで？ だいたいそれってホントの話なの？

と思ってしまうのが普通でしょう——そして、**そう思うほうが正解**です。

古めのCの本（とりわけ、後述するK&Rと呼ばれるCのバイブル）では、ポインタ演算を駆使したプログラムを例題として紹介していることが多いのですが、実際のところ**いまとなっては読みにくいだけ**です。しかし、Cの成立過程を知れば、なぜCにこのような**妙な機能**があるのかが見えてきます。

さらに、初心者が必ずひっかかる、配列とポインタのまぎらわしい文法にも触れます。

第2章では、C言語がメモリを実際にどんなふうに使うのかについて説明します。

ここでも、実際にアドレスを目で見える形で表示してみます。Cを動かす環境を持っている人は、ぜひともサンプルプログラムを入力して、実際に実行して試してみてください。

普通のローカル変数、関数の引数、static変数、グローバル変数、文字列リテラル（""で囲まれた文字列）などが、実際にメモリにどう格納されているのかを知ると、C言語の動きが見えてきます。

残念なことに、たいていのCの処理系では、実行時のチェックがまったくといってよいほど行われません。配列の範囲を超えて書き込めば、あっという間に「領域破壊」が起こります。こういうバグは非常に潰しにくいものですが、Cでメモリがどう使われるかを知っていれば、ある程度推測ができるようになります。

第3章では、配列とポインタ周辺の、C言語の文法を説明します。

いったい、なぜCではこれほどまでに「ポインタは難しい」といわれるのか——何度も書いてますが、「ポインタはアドレスだ」なんてことを理解するのは割と簡単なものなのです。これは、実は、C言語の、配列とポインタにかかわる文法が混乱しているのが原因なのです。

Cの文法は、一見首尾一貫しているようで、実は多くの例外が存在します。

ふだん見慣れたあの構文は、いったいどの規則がどのように適用されたものな

のか、そして、どの構文が例外的なものなのかを、第3章では徹底的に解説します。

　ベテランを自負する方でも、第3章だけは、騙されたと思って一度読んでみてください。

　第4章は、実践編です。配列とポインタのよくある使い方を例示します。ここに書かれていることぐらいを知っていれば、たいていのプログラムでは困らないでしょう。

　正直いって、第4章で挙げる例は、Cをバリバリ使っておられる方なら、知っているものが多いと思います。でも、ふだん、ここに書かれている手法を使っている人でも、実は文法の理解は曖昧だったりして、「昔見たことのあるソースのままに書いている」ことが多かったりします。

　第3章を読んでから第4章を読めば、たとえ使い慣れた構文でも、「なんだ、これはそういう意味だったのか！」という発見があるのでは、と思います。

　また、初心者の方にとっては、たとえば「ポインタへのポインタ」（ときどき、**ダブルポインタ**と呼ぶ人もいたりしますが）などが、別段特別なものではなく、単なるポインタの使用法の組み合わせであるということが理解できるかと思います。

　第5章では、ポインタの真の使い方——データ構造の基本について説明します。

　第4章までの例は、割とC言語に特有な話ですが、第5章における「ポインタ」は、他のたいていの言語にもあるポインタの話です。

　どんな言語であっても、プログラミングで最も重要なのは「データ構造」です。C言語でデータ構造を構築する際には、構造体とポインタが重要な役目を果たします。

　「Cでは、ポインタだけじゃなくて構造体もよくわからないんだけど」という人は、ぜひとも読んでみてください。

　第6章は、そこまでに拾い切れなかった落ち穂拾いです。落とし穴やイディオムを挙げます。

　——本書は、類書に比べれば、かなり文法の細目にこだわる本であると思います。

　文法というと、「日本の英語教育は文法偏重でけしからん」などとよくいわれるように、なんだか「知らなくても別に困らないモノ」というイメージがあるような気がします。確かに、我々は、サ行変格活用を知る前から日本語を話してきました。

でも、Cは、日本語のような複雑な自然言語ではなく、たかがプログラミング言語です。

自然言語を文法に沿って解釈することの困難さは、お客様のオフィスの入館証を申請しようと「にゅうかんしょう」とタイプしたら「乳鑑賞」と変換しやがった*MS-IME を見ていてもわかりますが、プログラミング言語なんてのは、しょせん人間が考えた文法で構成されていて、コンパイラというプログラムで完全に解釈しうる程度のものです。

> 「なんかみんなこう書いてるから、同じように書きゃ動くだろ」

では、やっぱりちょっと悲しいですよね。

本書は、初心者の方はもちろん、ある程度経験を積んだプログラマーの方にもぜひ読んでいただきたいと思います。Cの文法を深く知ることで、いままで「決まり文句」のように使ってきた構文が、すっきり納得できることと思います。

どうせなら、「納得」して使いましょう。そのほうが精神衛生上よいですよ。

＊あやうくメールを出してしまうところだったよ！

本書のサポートページについて

本書のサポートページは以下です。

https://kmaebashi.com/seiha2/index.html

本書で扱うソースコードは、ここからダウンロードできます。

本書および上記ページにて提供されているプログラムは、商用、非商用を問わず、自由に複製、改変、再配布していただいてかまいません。ただし、混乱を招かないようにするため、改変版を再配布する場合にはそれが改変版であるとわかるような名称にしてください。

第 1 章

まずは基礎から
── 予備知識と復習

第 1 章 まずは基礎から —— 予備知識と復習

1-1 Cはどんな言語なのか

1-1-1 Cの生い立ち

＊いまだと、UNIXより Linuxのほうが有名かと思いますが、LinuxはLinus TorvaldsがUNIXを実装し直したものです。

＊このアセンブリ言語は、Cのソースを元に、x86-64環境のLinuxにてgccの-Sオプションで出力したものからの抜粋です。

　これは割と有名な話だと思うのですが、Cは、UNIXというオペレーティングシステムを開発するために作られた言語です＊。

　というと、なんだかUNIXより先にCが開発されたようですが、実際は違います。ごく初期のUNIXは、アセンブリ言語により書かれました。

　アセンブリ言語というのは、機械語とほぼ1：1で対応する言語です。たとえば、「1から100までの数を合計するプログラム」をCで書くとList 1-1のようになりますが、これをアセンブリ言語で書くとList 1-2のようになります。＊

List 1-1 assembly.c

```
int i;
int sum = 0;

for (i = 1; i <= 100; i++) {
    sum += i;
}
```

List 1-2 assembly.s

```
        movl    $0, -4(%rbp)         ← 変数sumの領域である-4(%rdp)に0を代入
        movl    $1, -8(%rbp)         ← 変数iの領域である-8(%rdp)に1を代入
        jmp     .L2                  ← ラベルL2にジャンプ
L3:
        movl    -8(%rbp), %eax       ← 変数iの値をレジスタeaxに代入
        addl    %eax, -4(%rbp)       ← レジスタeaxの値を変数sumに加える
        addl    $1, -8(%rbp)         ← 変数iに1を加える
L2:
        cmpl    $100, -8(%rbp)       ← 変数iと100を比較
        jle     .L3                  ← 比較結果がi <= 100であればL3にジャンプ
```

アセンブリ言語には簡単に説明を付けましたが、いまここで理解する必要はありません。とにかくList 1-2を見れば、「こんなので大きなプログラムを書くのは相当大変そうだ」ということは想像できるのではないでしょうか。しかも、アセンブリ言語はCPUごとに異なっており、移植性がありません。

UNIXの作者であるKen Thompsonは、UNIXにはアセンブリ言語ではないプログラミング言語が必要と考え、「B」という言語を開発しました。Bは、1967年にケンブリッジ大学のMartin Richardsが開発したBCPL（Basic CPL）の縮小バージョンでした。ちなみに、BCPLのさらにもとになったのは、1963年にケンブリッジ大学とロンドン大学の共同研究により開発された、CPL（Combined Programming Language）です。

Bは、直接機械語コードを生成するタイプの言語ではなく、コンパイラがスタックマシン用の中間コードを吐き、それをインタプリタで実行するという（JavaやUCSD Pascalのような）処理系であったようです。そのために、Bは遅すぎて、結局UNIX本体の記述に使われることはありませんでした。

その後、1971年に、Ken Thompsonの同僚のDennis Ritchieは、Bを改良してchar型を付け加え、さらにPDP-11[*]の機械語コードを直接出力できるようにしました。この言語は、ごく短い期間でしたが、NB（New B）と呼ばれました。

その後、NBは「C」と呼ばれるようになりました——Cの誕生です。

当時、OSのようなプログラムはアセンブリ言語で書くのが普通でしたし[*]、UNIXも当初はアセンブリ言語で作成されたのですが、上述のようにアセンブリ言語は書くのもメンテナンスするのも移植するのも大変なので、1973年に、Ken ThompsonはUNIXのほぼ全体をCで書き直しました。

このように、Cは、現場の人間が、自分たちの用途のために、必要に応じて作成した言語です。その後もCは、主にUNIXを使うプログラマーのニーズに合わせて、いろいろな人の提案を受けながら、かなり**行き当たりばったりに**機能拡張を繰り返してきました。

その後、Cは爆発的に普及し、OSどころかアプリケーションプログラムの開発にも広く使われるようになったわけですが、**もともと、Cはアセンブラの代替品だった**（いまでも「構造化アセンブラ」と揶揄されたりします）ということは覚えておいてよいかと思います。

[*] かつて存在したコンピュータ企業であるDECのミニコンピュータです。「ミニ」といっても当時のことなので、大型の冷蔵庫ぐらいのサイズです。

[*] ただし、UNIXの前身となったMulticsはPL/Iで記述されていました。

アセンブリ言語？ アセンブラ？

　上の項では「アセンブリ言語」という言葉と「アセンブラ」という言葉が混在していますが、これは別段著者や編集さんの不手際ではありません。

　よくいわれるように、コンピュータ（CPU）は機械語しか実行できません。機械語は単なる数字の羅列ですので、これを人間が読み書きするのはさすがに無理があります*。そこで、機械語でプログラムを書く場合には、実際には機械語と1：1で対応するアセンブリ言語でコードを書き、それを手作業で機械語に直したり（ハンドアセンブルといいます）、アセンブラと呼ばれるプログラムで機械語に直したりしました。つまり、アセンブリ言語を機械語に直す作業がアセンブルであり、それを自動で行うプログラムがアセンブラです。慣用的に、「アセンブリ言語でプログラムを書く」ことを、「アセンブラを使って書く」の意味で「アセンブラで書く」ということもあります。

　ところでアセンブルする前の言語のことを現在はたいてい「アセンブリ言語」と呼びますが、「アセンブラ言語」と呼ばれることもあります。かつてJISでは「アセンブラ言語」と規定されていましたし、情報処理技術者試験の試験要綱にはいまでも「アセンブラ言語」と書いてあります（2016年10月掲載版）。この2つは同じ意味と考えてよいでしょう。

*昔はそれをやる猛者がときどきいたものですが。

Bってどんな言語？

　CはBという言語の発展版だ、ということは、Cの入門書などにもよく書かれていることです。が、たいていの本では、Bに関する説明はこれだけで、Bが具体的にどんな言語だったのかは書いてないようです。

　先にも述べたように、Bは、仮想マシンの上で動くインタプリタ型の言語でした。これは、JavaのようにRun anywhereを実現しよう——などという高邁な思想からこうなったわけではなく、UNIXが最初に動いた環境であるPDP-7のハードウェア上の制限から、インタプリタでしか実装できなかったことによるようです。

　Bは「型のない」言語でした。いま、「型のない言語」というと、JavaScript

とかPythonとかRubyとか、「変数に型がなく、どんな型の値でも代入できる」言語をイメージするかもしれませんが、Bはそんなものではなく、ワード（機種依存のビット数の整数型。PDP-11においては16ビット）しか使えない言語でした。本書の主題であるポインタも、Bでは整数と同じ扱いでした。ポインタは、要するにメモリ上のアドレスですから、マシンによっては整数型と同列に扱うこともできるわけです（このへんのことについては、本章で詳しく述べます）。

Bの文法については、以下のページで読むことができます。

User's Reference to B [1]
　https://www.bell-labs.com/usr/dmr/www/kbman.html

このページのサンプルプログラムを見ると、「adx = &x1」とか「x = *adx++」とか、いまのCでも見る記法がすでに登場していることがわかります。

Bの発展版であるNBは型のある言語でしたが、ポインタと整数をごっちゃにしているBからの移行を容易にするために、Dennis Ritchieは、ポインタの扱いにちょっと工夫を凝らしました。どうも、このへんに、Cのポインタがこれほどまでにわけのわからないものになってしまった原因の一端があるようです。

1-1-2　文法上の不備・不統一

　Cは、現場の人間が自分の必要に応じて作成した言語ですので、きわめて実用性の高い言語である反面、人間工学的（？）にいえば、ちょっと問題があると感じられる面もあります。

　たとえば、

```
if (a = 5) {    ← ==とすべきところを=と書いてしまう
```

というようなミスは、おそらく誰もが一度は犯したことがあるはずです。

　日本語キーボードだと「−」と「＝」に同じキーが割り当てられているので、こんなことも起きます。

```
for (i - 0; i < 100; i++) {    ← [Shift]キーを押しそこねた
```

こんな場合でさえ、コンパイラはエラーにしてくれないことが多いものです。最近のコンパイラなら警告を出してくれるものもありますが、初期のコンパイラは、この手のミスを全部通してしまいました。

`switch case`で`break`を書き忘れるというのも、やってしまいがちなミスです。

幸い、最近のコンパイラでは、はまりやすい構文上の落とし穴については、かなりの部分まで警告を出してくれるようになっています。ですから、コンパイラの警告を無視してはいけません。コンパイラの警告レベルはなるべく上げて、可能なかぎり多くのミスをコンパイラに指摘してもらうようにしましょう。

いい換えると、コンパイラがエラーなり警告なりを出したとき「なんだこの野郎！」と思ってはいけません。「コンパイラさんありがとう」と感謝を捧げてから、ちゃんとバグを潰しましょう。

Point
コンパイラの警告レベルはなるべく上げること。
コンパイラの警告メッセージを無視したり、警告を抑止したりしてはいけない。

1-1-3 Cのバイブル──K&R

Cのバイブルといわれる本、『The C Programming Language』（邦題は『プログラミング言語C[2]』）の初版が出版されたのは、1978年のことです。

この本は、著者の名（Brian KernighanとDennis Ritchie）の頭文字を取って「K&R」と呼ばれ、後述するANSI規格が制定されるまで、Cの文法のリファレンスとして使用されていました。

ちなみに、この本が最初に発行されたとき、出版元のPrentice-Hall社は「当時存在していた130のUNIXサイトにそれぞれ平均9冊ずつくらいは売れるという目算を立てていた」（『Life with UNIX[3]』より）そうです。

もちろん、K&Rは、第1版だけに限って見ても、Prentice-Hall社の最初の見積りを3ケタほど上回って売れています*。もともと自分たちだけで使うつもりで作った言語が、さまざまな歴史的背景により、世界中の人に使われるように

＊amazonの「なか見！検索」で確認したところ、K&R 第2版（訳改訂版）は、2008年9月20日付けで、第2版321刷（！）になっています。この業界の本としては、まさに怪物的なベストセラーです。

なってしまったのです。

その後、1988年（後述するANSI Cの正式な規格化のちょっと前）にK&Rは第2版が出版されました。こちらはANSI C準拠です。

ANSI C以前はK&Rが事実上の標準だったので、ANSI C以前の古いCを「K&R C」と呼ぶ人もいますが、現在入手できるK&RがANSI C準拠であることを考えると、これは誤解を招く表現だと思います。本書では、ANSI C以前のCを指すときには、素直に「ANSI C以前のC」と呼ぶこととします。

また、以下、本書で「K&R」といったときには、日本語版の『プログラミング言語C』の、第2版訳改訂版*を指すこととします。

K&R（第2版）は、日本においても長いこと「バイブル」として信奉されてきました。確かに付録A、付録BはCの言語仕様と標準ライブラリがコンパクトにまとまっていて便利ですが、付録以外の本文部分は、結局のところ入門書であるためか、あまり厳密には書かれていません。誤解を招きそうな表現や、不正確なところもあります。特に例題として出てくるサンプルプログラムは、いまの目線で見ればかなり不適切だと私は思います。

とはいえ、Cプログラマーなら、歴史を知るという意味も含めて、1冊本棚に置いておくべき本ではあるかもしれません。いまどき、これ1冊でCを理解しようというのは無謀とはいわないまでもたいていの人には非効率ですし、後述する新しい規格（C95、C99、C11）には対応していないのですけれども。

＊K&Rの第2版の日本語版は、当初、訳がわかりにくいと不評だったので、訳だけの改訂版が出ています（原書は同じ）。第2版の古い訳は、表紙カバーが緑色、新しいほうは白色になっています。

1-1-4 ANSI C以前のC

ANSI Cの規格が制定されたのは1989年ですから、ANSI Cでさえ、もうずいぶん古い規格です。なのにそれより古いCのことなんていまさら知ってもしょうがないのでは、と思うかもしれません。実際そんな気もしますが、古いCの仕様がいまのCにも影響を与えているところはあるので、まあちょっとお付き合いください。

ANSI C制定以前にも、Cは拡張を重ねていました。

たとえば構造体の一括代入は、K&Rの初版には記述がありませんが、本家Dennis RitchieのCコンパイラでは、K&Rが出版される頃にはすでに実装されていたようです。ある意味で、K&Rの第1版は、出版されたときにはすでに内容が古くなっていたといえます。コンピュータ業界の書籍ではよくあることですが。

そして、ANSI Cにおいて大きく変えられたのは、関数定義の構文の違いとプロトタイプ宣言です。

関数定義は、ANSI C以降はこのように書きますが、

```
void func(int a, double b)
{
  ⋮
}
```

ANSI C以前のCでは以下のように書きました。

```
void func(a, b)
int a;
double b;
{
  ⋮
}
```

そういえばCにおける波括弧（{}）の位置について、if文などでは以下のように{を右に付けるスタイル（K&Rで使われているスタイルなので、K&Rスタイルといいます）で書く人でも、

```
  if (a == 0) {
```

関数定義の場合だけは{を行頭に付けるのはなぜだろう？　と疑問に思ったことはないでしょうか[*]。これは、ANSI C以前のCの書き方からの名残です（ツールなどで関数の開始を行頭の波括弧で判定するものがあった、という事情もあります）。

また、関数のプロトタイプ宣言もありませんでした。ANSI Cであれば以下のようにプロトタイプ宣言をしておけば、

```
void func(int a, double b);
```

この関数を呼び出すときに、引数の数や型が違っていれば、コンパイラがエラーにしてくれます。しかし、昔のCにはこれがなかったため、関数の引数を正確に指定するのはプログラマーの責任でした。いまとなっては危なっかしくてやってられない仕様ですが、なにしろCはアセンブラの代用品ですから問題なかったのでしょう。

ただし、戻り値のある関数については、戻り値の型が何であるかを明示しないと、戻り値を受け取る部分の機械語コードをコンパイラが生成できません。そのため、たとえば三角関数のsin()であれば、以下のように戻り値の型だけを宣言

[*] 実際Javaなどではメソッド定義でも{を右に付けますし。

1-1 Cはどんな言語なのか

*宣言がなければ、すべてintを返す関数とされていました。

する必要がありました*。

```
double sin();   ← 括弧の中が空であることに注意
```

いまのCで、引数がない関数のプロトタイプ宣言を書くとき、以下のように括弧の中にvoidと書かなければいけないのは、

```
void func(void);
```

*その点、C++は古いCとの互換性を捨てたので、このvoidはいりません。

古いCの関数宣言との互換性のため（古い宣言で引数チェックを行わないのか、引数がないことを陽に指定しているかの区別をつけるため）です*。

1-1-5 ANSI C（C89/90）

前述のとおり、K&Rの初版はその後に実装された機能について記載されていませんし、K&Rの記述が必ずしも厳密ではなかったため、処理系によってちょっとずつ動作が異なるということにもなりました。

というわけで、（すったもんだの末）1989年に、ANSI（American National Standards Institute：米国規格協会）において、C言語の標準仕様案が採択されました。

ANSIというのはその名が示すとおりアメリカの規格です。ANSI Cはその後ISOに採択され、ISO-IEC 9899:1990という規格になりました。ANSI Cが1989年でISOの規格になったのが1990年ですから、このバージョンのCは、C89と呼ばれたり、C90と呼ばれたりします。紛らわしいですが内容は同じです。

C89とかC90とかの呼び方だと後述するC95やC99と紛らわしいので、本書では、このバージョンのCをANSI Cと呼ぶことにします*。

*実のところ後続のC95、C99、C11もANSIに採択されているのですが、通常ANSI CといえばC89/C90を指すので本書でもそれに倣います。

ISO-IEC 9899:1990は、その後、日本のJIS規格に採択され、JIS X3010:1993となりました。

いまでもANSI Cを使っているところは多いでしょうから、JIS X3010:1993を入手したい、という人もいるかと思います。ただ、現在、ネットで簡単に購入できるのは、後述するC99に対応したJIS X3010:2003であり、JIS X3010:1993を入手するのはちょっと面倒なようです。日本規格協会（JSA：Japanese Standards Association）に確認したところ（2017年8月現在）によれば、廃止規格もFAXなら注文できるとのことです。*

*昔は、JISハンドブック プログラミング言語編として、CだけではなくFortranやPASCALやAdaの規格も載ったものが1万円以内で購入できて大変お得だったのですが、残念ながらなくなってしまいました。

27

1-1-6 C95

　ISO/IEC 9899:1990は、1995年に、ワイド文字を扱うライブラリが追加され、ISO/IEC 9899/AMD1:1995となりました。AMD1というのはAmmendment1のことで、Ammendmentというのは規格の修正/改正を意味します。

　ここで追加されたのは、**ワイド文字**を扱ったり、ワイド文字と**マルチバイト文字**との相互変換を行うための関数群です。

　Cにおいて文字列といえば基本はcharの配列であり、char型のサイズは1バイト（通常は8ビット）です。アメリカ人ならこの範囲で事足りるのかもしれませんが、我々日本人はひらがなカタカナ漢字といった多くの文字を使う必要があります。こういった文字は種類が多いので、1文字1バイトでは表現できません。

　そこで日本では、Shift_JISとかEUCとかUTF-8といった文字コードを使い、複数バイトを使って日本語の文字列を構築することが多かったと思います。たとえば「"abcあいうえお"」という文字列をShift_JISで表現するのであれば、abcまでは1文字1バイト、あいうえおの部分は1文字2バイトで表現しました。この表現方法がマルチバイト文字列ですが、こういう方法は、1文字の長さが可変長になるので、文字列を文字単位で区切るのが面倒です。たとえばエディタのようなプログラムを作るとして、カーソルを前後に動かしたとき、文字位置を示す変数を1バイト分動かせばよいのか2バイト分進めればよいのかがすぐには区別できません。

　そこで登場したのがワイド文字です。これは、1文字を表現するのに、固定長のwchar_t型を使います。wchar_t型そのものはANSI Cの時点で定められていましたが、それを実用的に使うための入出力関数や変換関数がISO/IEC 9899/AMD1:1995で定められたわけです。

　C95というのはあまりメジャーな呼び方ではないですし、ここで追加された関数は次のC99にも含まれていますから、ISO/IEC 9899/AMD1:1995を特に分けて扱う必要はないと思います。が、日本人にとって日本語の扱いは避けて通れませんからここで簡単に触れました。

　昔から、「Cの文字列はcharの配列」というのが常識でしたが、この常識は、すでに結構崩れているように思います——ただ、本書では、主に初心者が読むことを考慮し、基本的には従来どおり「Cの文字列はcharの配列」という方針で記述するものとします。

1-1-7 C99

　C99は、1999年12月1日にISOで定められたCの規格です。正式な規格名はISO/IEC 9899:1999です。

　C99は、規格制定までは、C9xというコードネームで呼ばれていました。これは、1990年代中には規格を決めることができるだろう、という予測のもとに付けられたコードネームであるわけですが、最終的に決まったのは1999年12月であるわけで、ぎりぎりまでもめたわけです。もめただけのことはあり、多くの機能が追加されました。たとえば以下のようなものです。

- //で始まる1行コメント（C++には以前からあった構文です）。
- 変数をブロックの先頭でなくても宣言できるようになった（これもC++には以前からあった機能です）。
- プリプロセッサの機能拡張。可変長引数など。
- 複素数型、_Bool型といった型の追加。
- 型の指定が厳しくなり、p.27の注で紹介した、宣言のない関数はintを返すものとされる、といったルールが廃止されました*。
- 要素指示子付きの初期化子。「6-3-11　要素指示子付きの初期化（C99）」で説明します。
- 複合リテラル。「6-3-12　複合リテラル（C99）」で説明します。
- 可変長配列（VLA：Variable Length Array）。
- フレキシブル配列メンバ。

　本書は配列とポインタに関する本ですので、最後の2つ、可変長配列とフレキシブル配列メンバについて重点的に説明します。ただし、すべての読者がC99の処理系を使っているわけではないでしょうから、C99の機能については、C99の機能であることがわかるようにして説明するようにします。

　C99はJIS規格にもなっており、規格名はJIS X3010:2003です。これは日本規格協会のWebページから紙またはPDFを購入することができます（2017年10月現在、税込み12,960円）。

　本書で単に「規格」と呼んだ場合、このJIS X3010:2003を指すものとします。規格書が現時点でもっとも入手しやすいためです。

　ちなみに、規格書のPDFはWebからその場でダウンロードできますが、コ

＊K&Rの最初に掲載されている「hello, world.」プログラムは、main()に型指定がないためC99では文法違反です。

ピーしたファイルを半額で大勢に売れば儲かるぞ、と考える不届き者が出ないよう、全ページに購入者の名前が埋め込まれます。余談になりますが、電子書籍の類は、JISの規格書に限らず、別端末で読んだりバックアップを取ったりしたいので、できるだけこういう形式で売っていただきたいものです……

1-1-8 C11

C11は、2011年12月8日に定められたCの規格です。正式な規格名はISO/IEC 9899:2011、現時点での最新版になります。

C11での追加機能としては、マルチスレッド対応、Unicodeサポート、無名共用体などがあるようですが、本書のテーマである配列とポインタに関する機能ではなさそうです。ライブラリ関数の一部を「6-1 新しい関数群」で扱います。

C11の規格書は、現状JIS化されていないので英文しかありませんが、ISOのWebサイトからPDFを購入できます（2017年10月現在198スイスフラン）。これもドラフト版でよければopen-std.orgからダウンロード可能です。

1-1-9 Cの理念

ANSI Cの規格には、Rationale（理論的根拠）という文書が、（規格の一部ではないですが）資料として付属していました。

なお、Rationaleは現在C99版をWebから入手することができます[*]。

　　http://www.open-std.org/jtc1/sc22/wg14/www/C99RationaleV5.10.pdf

Rationaleの一節に「Keep the spirit of C」（Cの精神を保とう）という一節があり、そこで以下のような「spirit of C」が紹介されています。

* 以下の引用部分は、C99版でも、ANSI C当時のものと変わりません。

- プログラマーを信じなさい（Trust the programmer.）
- プログラマーが、理由があって何かをしようとしているとき、それを妨げてはいけない（Don't prevent the programmer from doing what needs to be done.）
- 言語を小さく、シンプルに保とう（Keep the language small and simple.）

- ある1つの操作のためには、たった1つの方法だけを提供しよう（Provide only one way to do an operation.）
- たとえ移植性が保証されなくても、高速にしよう（Make it fast, even if it is not guaranteed to be portable.）

最初の2つが重要です——よくまあ、こんな無茶なことをいってくれるもんだと思うんですが。

Cは、危険な言語です。わずかなミスで大変なことになる落とし穴が随所にあります。

とりわけCでは、たいていの実装では、実行時のチェックがまったくといってよいほどありません。たとえば、配列の範囲を超えて書き込んだ場合、いまどきの言語ではその場でエラーにしてくれますが、Cでは、たいていの処理系で、黙ってそのまま書き込んで、無関係の領域を破壊してしまいます。

Cは、**プログラマーは全知全能である**という理念のもとに設計されています。Cの設計で優先されたのは、

- いかにコンパイラを簡単に実装できるか（Cを使う人が、いかに簡単にプログラムを実装できるか、ではない）
- いかに高速な実行コードを吐くソースが書けるか（いかにコンパイラで最適化して、高速な実行コードを吐くか、ではない）

という点であり、安全性はほぼ完璧に無視されました。なにしろCは、UNIXを作ったようなエキスパートたちが「自分たちで使うためだけに」作った言語なのですから。

幸い、最近のオペレーティングシステムでは、プログラムが明らかに妙な動きをしたときには、その場でプログラムを停止させてくれるようになっています。UNIXでは「Segmentation fault」とか「Bus error」とか。Windowsでは「○○.exeは動作を停止しました」というメッセージが出ますね。

こういうときも「なんだこの野郎！」と思ってはいけません。「OSさんありがとう」と感謝を捧げてから、デバッグに入りましょう。

——とはいえ、OSがプログラムを止めてくれるのは、あくまで幸運なケースに限られます。明らかに変な領域にアクセスに行った場合には、OSが止めてくれることが多いのですが、厄介なのは、ほんの数バイト、配列を超えて書き込んでしまった、という場合です。そういうバグの追及は本当にたいへんです。なにしろ、すぐには症状が出ないことが多いですから。

本書では、第2章で、Cが具体的にメモリをどう使うかを説明しています。それを理解すると、この手の厄介なバグを潰すうえで、多少の助けにはなると思います。

> **Point**
> OSがプログラムを止めてくれるのは、幸運なケースだ。
> 厄介なのは、OSが止めてくれない「ちょっとした」領域破壊だ。

1-1-10　C言語の本体とは

ここでちょっと問題を出します。
以下の単語の中で、C言語で規定されているキーワード（予約語）を挙げてください。

```
if  printf  main  malloc  sizeof
```

答えは……ifとsizeofですね。
printfやmallocはもちろんのこと、mainも、Cのキーワードではありません。
「えっ」と思った人は、手許の書籍なりで調べてみてください。たいていのCの入門書には、Cのキーワードの一覧が載っていると思います。

C以前の多くの言語では、入出力は、言語の機能の一部でした。たとえば、Pascalでは、Cのprintf()相当のことを行うのにwrite()という標準手続きを使います。これはPascalの構文規則の中で特別扱いされています[*]。

それに対し、Cでは、printf()のような入出力の機能は、言語の本体から切り離された単なるライブラリ関数になっています。printf()といえど、コンパイラから見れば、普通のプログラマーが普通に作る関数と、なんら変わるところはありません[*]。

入出力は、プログラマーから見ればprintf()一発ですが、その背後では、オペレーティングシステムにいろいろな要求を出したりなど、かなり複雑な処理を行っています。この手の複雑な処理は、C言語では、言語本体に収めずに、全部ライブラリに放り出しています。

多くのコンパイル型言語では「ランタイムルーチン」と呼ばれる機械語コード

[*] JIS X3008 6.6.4.1の備考によれば、「標準手続き及び標準関数は、手続き又は関数の一般規則には必ずしも従わない。」ことになっています。

[*] 現在は、printf()の引数のチェックをしてくれるコンパイラもありますが……

を、コンパイル（リンク）後のプログラムに「こっそりと」くっつけます。入出力のような機能は、ランタイムルーチンに含まれるわけです。が、Cでは「こっそりと」ランタイムをくっつけなければならないような複雑な機能はほとんどありません*。ちょっとでも複雑な機能は、全部ライブラリに括り出してあるので、明示的にプログラマーが関数を呼ばなければなりません。

これは、Cの欠点でもありますが、利点でもあります。このおかげでCは、処理系を作るのも、習得するのも容易になっているのです。

*当初のPDP-11における処理系では、32ビットの乗除算、および関数の入口と出口での処理を行うランタイムが、こっそりと付けられたようです。

1-1-11　Cは、スカラしか扱えない言語だった

スカラ（scalar）とは、聞き慣れない言葉かもしれません。

簡単にいうと、スカラとは、char、int、double、列挙型などの算術型、およびポインタを指します。それに対して、配列、構造体、共用体のように、スカラをいくつも組み合わせたものを**集成体型**（aggregate）と呼びます。

初期のCでは、**一度に扱えるのはスカラだけ**でした。

よく耳にする初心者の質問に、以下のようなものがあります。

```
if (str == "abc")
```
こんなコードを書いたのですが動きません。strには絶対に「abc」が入っているのに、条件が真にならないようです。どうしてですか？

この質問に対して「これは文字列の内容を比較しているんじゃなくて、ポインタの比較をしているだけなんだよ」と答えることはできますが、別の説明として、

> 文字列ってのは、char型の配列であって、つまりスカラじゃないんだから、Cでは、==一発で比較できるわけないじゃん

という説明の方法もあると思います。

初期のCでは、一度にできることといえば、スカラという「小さな」型を、右から左に動かしたり（代入）、スカラどうしで演算したり、スカラどうしで比較したりすることだけでした。

Cはそういう言語です。入出力はおろか、配列や構造体すら、言語自体の機能でまとめて扱うことを放棄した言語なのです。

ただし、ANSI Cでは、以下の点で、集成体型をまとめて扱うことが可能になっています。

- 構造体の一括代入
- 構造体を関数の引数として渡す
- 構造体を関数の戻り値として返す
- auto変数の初期化

これらの機能は、もちろんそれぞれ非常に便利な機能であり、いまなら積極的に使ってかまわない（というより、使うべき）機能だと思いますが、初期のCには、どれも存在しなかった機能です。Cのポリシーを知るうえでは、初期のCを基準にして考えるのも悪くないように思います。

特に、配列は、ANSI CはおろかC99やC11でもまとめて扱うことはできません。配列を別の配列に一発で代入したり、配列を別の関数に引数として渡したりする手段は、C言語には存在しないのです。

ただ、構造体はまとめて扱えるようになったので（ただし比較はできない）、実際にコーディングする際には、使える機能はじゃんじゃん使うべきでしょう*。

*とはいえ、構造体をそのまま引数として渡すのは、構造体のサイズが大きい場合効率面で不安があるかもしれません。

1-2 メモリとアドレス

第0章にて、以下のように書きました。

> 確かに、Cのポインタを理解するには、先にメモリとアドレスの概念を理解するのが手っ取り早いと思います（アセンブラまで勉強する必要があるかは疑問ですが）。ただし、**メモリとアドレスの概念がわかっただけでは、ポインタをマスターすることはできません。**メモリとアドレスの概念は、ポインタを理解するうえにおいて、必要条件かもしれませんが、十分条件ではなく、それから始まる長い長い「どはまりの道」の、最初の一歩でしかないのです。

メモリとアドレスの概念が、ポインタを理解する必要条件といったからには、ここで「メモリとアドレスの概念」を説明する必要があるでしょう。

1-2-1 メモリとアドレス

現在のコンピュータで**主記憶**として主に使われているのは、ダイナミックRAM（DRAM）と呼ばれるもので、非常に小さな蓄電器（コンデンサとかキャパシタとか呼ばれます）の充電の有無＊で、0か1かのいずれかの状態（これを**ビット**（bit）と呼びます）を表現します。

＊蓄電器が小さすぎて一定時間で放電してしまうので、定期的に書き込み直す（リフレッシュする）必要があり、この特徴から「ダイナミック」RAMと呼ばれます。

1ビットで0か1のいずれかを表現できますので、**2進数**を使えば、たとえば8ビットで0〜255までの数値を表現できます。ふだん我々が使っている10進数が、1桁で0〜9を表現し、10になったら繰り上がるのに対し、2進数は1桁で0〜1を表現し、2で繰り上がる表現方法です。ただ、2進数は桁数が多過ぎて扱いづらいので、実際に人間が見るための表現としては**16進数**もよく使われます。16

進数は、2進数4桁分で繰り上がるので、2進数を4桁ごとに読みかえれば16進数に変換できる、というのがメリットです。16進数は1桁で0〜15までの数を表現する必要があり、数字だけでは足りないのでアルファベットのA〜Fを使います（Table 1-1参照）。

Table 1-1 10進数、2進数、16進数

10進数	2進数	16進数	10進数	2進数	16進数
0	0	0	16	10000	10
1	1	1	17	10001	11
2	10	2	18	10010	12
3	11	3	19	10011	13
4	100	4	20	10100	14
5	101	5	21	10101	15
6	110	6	22	10110	16
7	111	7	23	10111	17
8	1000	8	24	11000	18
9	1001	9	25	11001	19
10	1010	A	26	11010	1A
11	1011	B	27	11011	1B
12	1100	C	28	11100	1C
13	1101	D	29	11101	1D
14	1110	E	30	11110	1E
15	1111	F	31	11111	1F

いまどきのたいていのコンピュータは、8ビットを1つの単位として扱っており、これを**バイト**（byte）と呼びます。そして、1バイトを表現できるメモリをさらにたくさん並べれば、並べただけのバイト数の情報を表現できます。「このPCはメモリを16ギガバイト積んでいる」という場合には、1バイトを表現できるメモリ（8ビット分）が、ざっと16,000,000,000個（160億個）並んでいる*、ということになります——そんな大規模なメモリが1万円ちょっとで買えてしまうのですから、とんでもない時代になったものです。

そして、メモリの内容を読み書きするためには、膨大にあるメモリのうちのどこの情報にアクセスするのか、ということを指定しなければなりません。このときに使う数値が**アドレス**（address）です。メモリ中の各バイトに、0から順に「番地」が振ってある、といまのところは考えておいてください*（Fig. 1-1参照）。

*メモリにおけるキロ、メガ、ギガはそれぞれ1つ下の単位の1024倍ですから、正確には171億7986万9184個になります。

*実際には、これは**物理アドレス**であり、いまどきのPCでプログラマーが普通に扱うアドレス（**仮想アドレス**）とは異なります。「2-1　仮想アドレス」にて後述します。

1-2 メモリとアドレス

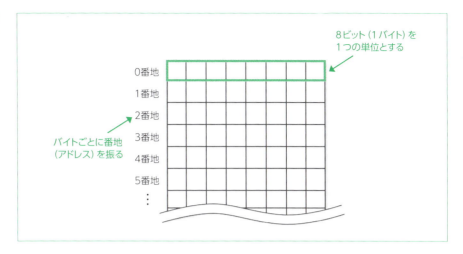

Fig. 1-1 メモリとアドレス

1バイト（8ビット）では0〜255の数しか表現できませんが、1ビット増やせば倍の数値を表現できますから、複数のバイトを組み合わせて、2バイト（16ビット）なら0〜65,535、4バイト（32ビット）なら0〜4,294,967,295の数を表現できます。

アドレスも2進数で表現しますから、アドレスを32ビットで表現するコンピュータ（32ビットOSが動作しているPCはたいていそうです）では、4Gバイト分のアドレスしか表現できません。「32ビットのPCにはメモリは4Gバイト以上積めない」というのはそういう意味です。最近はアドレスを64ビットで表現するPC（64ビットのCPUとOSが動くPC）も普及してきたので、これなら2^{64}バイト、ざっと1680万テラバイトのアドレスを表現できます*。

＊とはいえ、実際の64ビットPCでは、回路の節約のためそこまで多くのメモリは積めません。現状ではその必要もないでしょう。

1-2-2 メモリと変数

Cのプログラムで使う変数の値は、メモリに格納されます。

つまり、各変数にはどこかのアドレスのメモリが割り当てられていて、変数に値を代入するということは、そのアドレスのメモリに値を格納することであるわけです。

Cでは、整数を格納する変数にもchar型、short型、int型、long型といったいろいろな型があり、それぞれ表現できる値の範囲が違いますが、これは、メモリ上で何バイトの領域を占めるのかが型によって違うためです。

第 1 章 まずは基礎から —— 予備知識と復習

前述のように、たとえばintが4バイト（32ビット）なら、正の数だけなら（unsigned intなら）0～4,294,967,295を表現できます。負の値も使う場合は、たとえばffffffffを－1、fffffffeを－2として扱う「2の補数表現」という形式を使えば、半分を負の数に回し、32ビットで－2,147,483,648～2,147,483,647を表現できることになります。

doubleやfloatといった浮動小数点型は、整数とは別の表現形式でメモリに格納されます。現在の処理系では**IEEE754**という規格で定められた方法を使うことがほとんどです*。

それぞれの型が何バイトを占めるのかは、sizeof演算子で確認することができます（List 1-3参照）。

＊Cでは規格でそれを強制はしていませんが、JavaやC#では、言語仕様でIEEE754を必須としています。

List 1-3
sizeof.c

```c
1  #include <stdio.h>
2
3  int main(void)
4  {
5      printf("_Bool..%d\n", (int)sizeof(_Bool));  // C99以降
6      printf("char..%d\n", (int)sizeof(char));
7      printf("short..%d\n", (int)sizeof(short));
8      printf("int..%d\n", (int)sizeof(int));
9      printf("long..%d\n", (int)sizeof(long));
10     printf("long long ..%d\n", (int)sizeof(long long));  // C99以降
11     printf("float ..%d\n", (int)sizeof(float));
12     printf("double ..%d\n", (int)sizeof(double));
13 }
```

私の環境では、以下のような実行結果になりました。

```
_Bool..1
char..1
short..2
int..4
long..8
long long ..8
float ..4
double ..8
```

これはあくまで私の環境ではこうなったというだけであり、それぞれの型が何バイトを占めるのかについては、Cの規格で厳密に決められているわけではありません。ただし、charおよびunsigned charについてはsizeofの結果が1であ

ることが保証されています。また、各整数型について「最低でもこれだけの数は表現できる必要がある」ということは規格で定められています（Table 1-2参照）。

Table 1-2 規格で定める最低限の整数型の大きさ

型	規格が求める範囲
signed char	－127 ～ 127
unsigned char	0 ～ 255
short	－32767 ～ 32767
unsigned short	0 ～ 65535
int	－32767 ～ 32767
unsigned int	0 ～ 65535
long	－2147483647 ～ 2147483647
unsigned long	0 ～ 4294967295
long long（C99以降）	－9223372036854775807 ～ 9223372036854775807
unsigned long long（C99以降）	0 ～ 18446744073709551615

　まず、前ページで「32ビットで－2,147,483,648 ～ 2,147,483,647を表現できる」と書きましたが、Table 1-2ではlongの下限は－2,147,483,647になっています。これは、負の数を表現するのに、広く使われている2の補数表現ではなく、1の補数表現を使っている処理系に対する配慮のためです（意味がわからない人は、いまここで理解する必要はありません）。

　また、intで表現できる整数の範囲について、規格で保証されているのはたった3万ちょっとまで、というのは、いくらなんでも少なすぎるのではないかと思うかもしれません。実際に世間で動いているCのプログラムでも、intにもっと大きな数値を代入しているプログラムはたくさんあるでしょう。もちろんそういうプログラムは、規格に合致している別の処理系に持っていくと動かない可能性があるわけで、**規格厳密合致プログラム**（strictly conforming program）ではありません。ただ、実際問題、いまどきのPCで動かすようなプログラムをintが2バイトなんて処理系[*]に持っていったらどうせ別の問題が起きるので（メモリが足りないとか）、規格が保証する範囲をあまり気にしても仕方がないように思います。

　変数を格納しているメモリ上の領域のことを、Cでは**オブジェクト**（object）と呼びます。また、オブジェクトとして格納されるデータ型（intとかdoubleとか）のことを、**オブジェクト型**（object type）と呼びます[*]。

＊Cは家電などの組み込みプログラムにもよく使われているので、intが2バイトの処理系も存在します。

＊後述しますが、配列やポインタもオブジェクト型です。p.178を参照のこと。

補足 Note　size_t型

　List 1-3では、sizeof演算子によって得られた各型のサイズを、intにキャストしてから表示しています。

　これは、sizeof演算子の返す型は **size_t型** であり、printf()にて%dで表示できるのはint型だからです。私の環境では、size_t型は、long unsigned int型にtypedefされていました。

　32ビットの環境なら、int型もlong型もどちらも32ビットという処理系が多く、そういう場合はsize_t型を%dで表示してもまずは動いたのですが*、現在は64ビットOSも多く、intとsize_tのサイズが異なることが多いので、そのままでは%dで表示することはできません。

　C99からは、printf()の変換指定に%zdが追加されており、これを使うとsizeofの結果を正しく表示できます。ただし、C99の処理系を使っている読者ばかりではないでしょうから、本書ではキャストで対応しました。

* で、懺悔しますと、本書の旧版もsizeofの結果を%dで表示していたのですが。

1-2-3　メモリとプログラムの実行

　あなたがCで書いてコンパイルして作った機械語のプログラム（**実行形式**（executable）と呼びます）も、いったんはハードディスク*に保管するかもしれませんが、いざ実行するときにはメモリに格納されます。

　そして、CPUが、メモリ上に格納されている機械語のプログラムを読みながら順次実行していくわけです。

　プログラムを順次実行するわけですから、「現在どのアドレスの機械語命令を実行しているのか」を示すカウンタが必要です。これを **プログラムカウンタ**（PC）と呼びます。プログラムカウンタは、普通は命令を実行するごとに増加して次の命令を指しますが、条件分岐やループがあれば、一気に増えて命令を飛び越えたり、一気に減って前に戻ったりします。

　プログラムで変数の値を参照したり、変数に値を格納する際は、CPUは変数の格納されたアドレスのメモリに対し読み書きを行います*。

* 最近はSSD（Solid State Drive）であることが多いかもしれません。

* いまどきのPCでは、CPUと主記憶の間には、キャッシュ（cache）と呼ばれる、「高速だが高価なので容量が少ないメモリ」が複数段はさまっていますが、ここでは説明は省略します。

なお、CPUの内部には、**レジスタ**（register）と呼ばれる、機械語における変数のようなものがあります。レジスタは、主記憶よりもずっと高速にアクセスできる代わりに数が非常に少ないので、アクセス頻度が非常に高い変数を（コンパイラの最適化により）レジスタに割り当てたり、計算途中の一時的な値を保持したりするために使います。なかには特殊な意味を持つレジスタもあり、たとえば先に挙げた「プログラムカウンタ」もレジスタの1つです。

ここまでの説明を図にすると、Fig. 1-2のようになります。

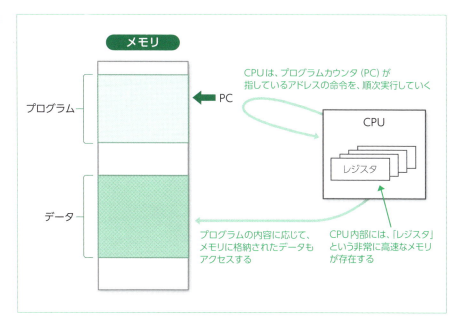

Fig. 1-2 プログラムの実行

メモリとアドレスについて、かなり機械語に近いレベルで説明してきました。

こんなことは、いまどきの高級なプログラミング言語なら、意識しなくてよいことかもしれません。しかし、Cを理解する上では、こういった低レベル*な知識も必要です。

＊これは別段悪い意味ではなく、「ハードウェアに近い」という意味の技術用語です。

1-3 ポインタについて

1-3-1 そもそも、悪名高いポインタとは何か

「ポインタ」という言葉について、K&Rでは以下のように説明しています（p.113 第5章「ポインタと配列」冒頭部分）。

> ポインタは、他の変数のアドレスを内容とする変数であり、Cでは頻繁に使用される。

「アドレス」については前項で説明しましたので、「他の変数のアドレス」とは何か、ということについては、なんとなくイメージできるのではないでしょうか。

ただ、この説明、バイブルにケチをつけるようでなんですが、かなり問題のある表現だと思います。この説明では、まるでポインタといえば「変数」であるかのようですが、実際には必ずしもそうではないからです。

一方、規格のほうでは「ポインタ」という言葉を以下のように定義しています（6.2.5「型」）。

> **ポインタ型**（pointer type）は、**被参照型**（referenced type）と呼ぶ関数型、オブジェクト型又は不完全型から派生することができる。ポインタ型は、被参照型の実体を参照するための値をもつオブジェクトを表す。被参照型Tから派生されるポインタ型は、"Tへのポインタ"と呼ぶ。被参照型からポインタ型を構成することを"ポインタ型派生"と呼ぶ。
> 派生型を構成するこれらの方法は、再帰的に適用できる。

何のことだかさっぱりかもしれませんが（なにしろ規格書なので、そう読みや

すいものではありません)、とりあえず、最初の一句に注目してください。「ポインタ**型**」と書いてありますね。

型、といえば、int型やdouble型が思い浮かびますが、Cには、それと同様に「ポインタ型」という型があるのです。

ただし、大急ぎで付け加えますが、「ポインタ型」という型が単独で存在するわけではなくて、他の型から派生することにより作り出されます。上記の引用でも、後ろのほうに「被参照型Tから派生されるポインタ型は"Tへのポインタ"と呼ぶ」と書いてあります。

つまり、実際に存在する型は「intへのポインタ型」や「doubleへのポインタ型」だということになります。

「ポインタ型」は型ですから、int型やdouble型がそうであるように「ポインタ型の変数」も「ポインタ型の値」もあります。そして——厄介なことに、世間では「ポインタ型」も「ポインタ型の変数」も「ポインタ型の値」も、単に「ポインタ」と呼んでしまうことが多いので、混同しないように気をつけてください。

> **Point**
> 最初に「ポインタ型」がある。
> 「ポインタ型」があるんだから「ポインタ型の変数」も「ポインタ型の値」もある。

たとえば、Cでは、intという型は整数を表します。intは「型」ですから、int型を格納するための変数もありますし、int型の値もあります(「5」とか)。

ポインタ型もそれと同じで、ポインタ型の変数もあり、ポインタ型の値もあります。

そして、「ポインタ型の値」は、実際にはメモリのアドレスのことです。

ここまできたら、あとは実際にプログラムを書いて確かめたほうが理解が早いでしょう。

1-3-2 ポインタに触れてみよう

では、実際にプログラムを書いて、ポインタの値を表示させてみます(List 1-4参照)。

第1章 まずは基礎から —— 予備知識と復習

List 1-4 pointer.c

```c
#include <stdio.h>

int main(void)
{
    int     hoge = 5;
    int     piyo = 10;
    int     *hoge_p;

    /* それぞれの変数のアドレスを表示する */
    printf("&hoge..%p\n", (void*)&hoge);
    printf("&piyo..%p\n", (void*)&piyo);
    printf("&hoge_p..%p\n", (void*)&hoge_p);

    /* ポインタ変数hoge_pにhogeのアドレスを代入する */
    hoge_p = &hoge;
    printf("hoge_p..%p\n", (void*)hoge_p);

    /* hoge_pを経由してhogeの値を表示する */
    printf("*hoge_p..%d\n", *hoge_p);

    /* hoge_pを経由してhogeの値を変更する */
    *hoge_p = 10;
    printf("hoge..%d\n", hoge);

    return 0;
}
```

私の環境(Ubuntu Linux 14.04 LTS x86_64)では、以下のような結果となりました。

```
&hoge..0x7fffe0848e80
&piyo..0x7fffe0848e84
&hoge_p..0x7fffe0848e88
hoge_p..0x7fffe0848e80
*hoge_p..5
hoge..10
```

5～7行目では、int型の変数hoge、piyoと「intへのポインタ」型の変数hoge_pを宣言しています(「hogeって何だ?」という人は、p.50の余談を参照してください)。

7行目のhoge_pの宣言ですが、

```
int *hoge_p;
```

と書くとなんだか「*hoge_p」という変数を宣言しているように見えてしまうかもしれません。しかしここで宣言している変数はあくまで、hoge_pであり、その型が「intへのポインタ」型なのです。これは非常にわかりにくいので、p.49の補足「宣言にまつわる混乱──どうすれば自然に読めるか？」も参照してください。

int型の変数hoge、piyoでは、宣言時にそれぞれ5と10を代入しておきました。

10〜12行目で、**アドレス演算子**&を使用して、それぞれの変数のアドレスを表示しています。私の環境では、以下のような形でメモリに格納されているようですね（Fig. 1-3参照）。

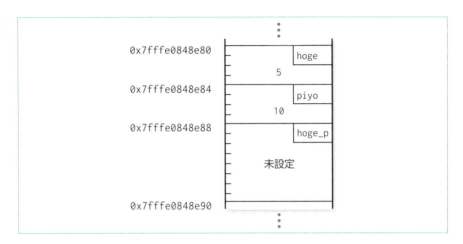

Fig. 1-3
変数の格納状況

今回は、変数をhoge, piyo, hoge_pの順に宣言したら、メモリ上にもその順番で並んでいるようですが、これは私の処理系で今回たまたまこうなっただけで、常にこうなるとは限りません。宣言とは違う順序でメモリに格納されるのはよくあることです。

| Point |
変数は、宣言順にメモリに格納されるとは限らない。

先に「ポインタ型」があるんだから「ポインタ型の変数」も「ポインタ型の値」もある、ということを書きましたが、ここで表示している「アドレス」が、すなわち「ポインタ型の値」そのものなのです。

なお、ポインタの値をprintf()で表示する場合は、例にあるように%pを使います。また、%pに対してはvoidへのポインタを指定することになっているので、List 1-4ではvoid*にキャストしています*。

＊void*は「どんなデータ型でもおかまいなしに指せるポインタ型」です。p.52も参照。

15行目で、ポインタ変数hoge_pにhogeのアドレスを代入しています。hogeのアドレスは、0x7fffe0848e80ですから、メモリはこんな状態になりました（Fig. 1-4参照）。

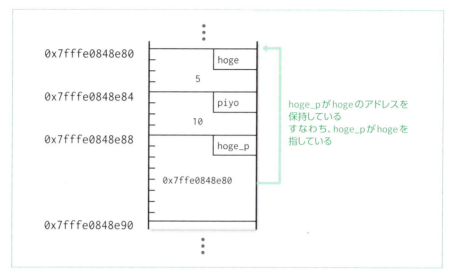

Fig. 1-4
hoge_pにhogeのポインタ値を代入

このように、ポインタ変数hoge_pが別の変数hogeのアドレスを保持しているとき「hoge_pはhogeを指している」といいます。

また、hogeに&演算子を適用して得られるものは「hogeのアドレス」ですが、この「hogeのアドレス」の値を「hogeへのポインタ」と呼ぶこともあります（この場合の「ポインタ」は「ポインタ型の値」のことですね）。

ところで、先に書いたとおり、変数は宣言の順にメモリに確保されるとは限りません。ということは、hogeとpiyoとhoge_pがどんな順で並んでいるのかを意識してもしかたがないわけですから、Fig. 1-4は、Fig. 1-5のように表現することもできます。

こちらの図のほうが「hoge_pがhogeを指している」ことを、より直接に表現していますね。

19行目では、**間接演算子***を使って、hoge_pからポインタを1つ「たぐり寄せて」、その値を表示しています。

ポインタに*を付けると、その指している先のものを表すようになります。

hoge_pは現在hogeを指していますから、*hoge_pは、hogeと同じものを表すことになります。よって、*hoge_pを表示すると、hogeに格納されている値、すなわち5を表示することになります。

Fig. 1-5
Fig. 1-4の別の書き方

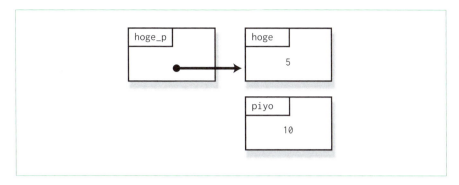

　*hoge_pはhogeと同じものを表していますから、表示するだけではなくて代入もできます。22行目では、*hoge_pに10を代入していますが、これによって、結果的にhogeの値が変更されています。23行目でhogeの値を表示していますが、実行結果では10になっていますね。
　ポインタの基本はこれだけです。まとめると、以下のようになります。

Point
- 変数に&演算子を適用すると、その変数のアドレスが取得できる。このアドレスのことを、その変数へのポインタと呼ぶ。
- ポインタ変数hoge_pが、別の変数hogeへのポインタを保持しているとき「hoge_pがhogeを指している」という。
- ポインタに*演算子を適用すると、そのポインタの指している先のものを表すようになる。hoge_pがhogeを指しているなら、*hoge_pは、hogeと同じものを表す。

1-3-3　アドレス演算子、間接演算子、添字演算子

　上で、&のことをアドレス演算子、*のことを間接演算子と呼びました。
　演算子（operator）といえば、足し算の+などをはじめとして、「（ものによっては複数の）式に対して何らかの演算を行い、その結果の式を返す」記号です。
　そして、Cにおいては、変数のアドレスを取得する&や、ポインタの指す先を参照する*も、また演算子なのです。付け加えると、配列の要素を参照する[]も、**添字演算子**という演算子です。+は「a + b」のように2つの対象（**オペランド**

（operand）といいます）をとるので2項演算子と呼び、&や*は1つのオペランドをとるので単項演算子です。なお、添字演算子[]は配列と添字の2つのオペランドをとる*ので2項演算子と呼んでもよいような気がしますが、規格では「後置演算子」というくくりになっています。

＊正確には、「ポインタと添字の2つのオペランド」です。「1-4-3 添字演算子[]は配列とは無関係だ！」にて後述します。

間接演算子、添字演算子は、足し算の+などと違い、「*a = 5;」のように、演算子の結果の式に代入することができます。これを、演算子の結果の式が**左辺値**（lvalue）である、といったりします。詳細は「3-3-2　左辺値とは何か――変数の2つの顔」を参照してください。

まぎらわしいのは、以下の宣言の中の*のような、ポインタや配列の宣言のときの*や[]です。

```
int *hoge_p;
```

これは、Cにおいては演算子ではありません。ANSI C（JIS X3010:1993）では、「6.1.5.演算子」の項に*や&や[]が挙げられていますが、宣言のときの*や[]は「6.1.6.区切り子」の範疇に入ります*。つまり、**宣言のときの*や[]は、式の中に現れる演算子の*や[]とは、まったくの別物です**。

＊面倒くさいことに、C99では演算子は区切り子の一種となりましたし、C++だと宣言子演算子と呼んだりするのですが。

本書に載っているアドレスの値について―16進表記

　世間のCの入門書では、アドレスの概念を説明する際に「100番地」などという、やけに小さな10進の値を使うことが多いようです。

　確かに、初心者にはそのほうがとっつきやすいかもしれません。が、本書では、あえて16進表記を使いました。これは「アドレスの正体を知ろうと思ったら、実際に表示させてみるのが一番だ」と考えたためです。

　本書のサンプルプログラムの実行例で表示されているアドレスは、すべて、私の環境で実際にプログラムを実行させて得られたものそのままです。

　読者の皆さんも、もし自分がポインタをよく理解していないと思うのでしたら、ぜひサンプルプログラムを実際に打ち込んで、自分の環境でどのようなアドレスが表示されるか実験してみてください。ほぼ間違いなく、私の環境とは異なる値が表示されると思いますが、考え方は同じです。

1-3 ポインタについて

補足 Note　宣言にまつわる混乱――どうすれば自然に読めるか？

Cの変数宣言では、通常、

```
int hoge;
```

のように「型 変数名;」の形で書きます。

しかし、たとえば「intへのポインタ」型の変数は、以下のように宣言します。

```
int *hoge_p;
```

これでは「型 変数名;」の形になっていないので、

```
int* hoge_p;
```

のように、*を型のほうに寄せて書こう、という人がいます。

こう書くと、確かに「型 変数名;」の形になるわけですが、この書き方は、複数の変数を同時に宣言しようとすると破綻します。

```
/* 「intへのポインタ」型の変数を2つ宣言――になっていない！ */
int* hoge_p, piyo_p;
```

また、Cでは、配列も型の一部であるわけですが、たとえば「intの配列」型の変数を宣言するときには、

```
int hoge[10];
```

のように書きます。これは「型 変数名;」の形にできません。

余談ですが、Javaでは「intの配列」型の変数を宣言するときには、通常、

```
int[] hoge;
```

のように書きます※。これなら「型 変数名;」の形になっていますね。少なくともこの点においては、Javaの変数宣言の構文はCよりはだいぶマシです。ただ、Javaは、Cプログラマーが移行しやすくするためか、`int hoge[];`という書き方も併せて許していて、このへんの**中途半端さ**が「いかにもJava」って感じなんですが。

別の考え方として、

```
int *hoge_p;
```

という宣言があったとき、hoge_pに間接演算子*を付けるとint型になりま

※要素数が入っていないのは、Javaでは配列の要素数はnewしたときに決まるからです。

すから、

> ほらほら式の中でhoge_pに*を付けると、int型として扱えるよね。この宣言はつまり、hoge_pに*を付けたものがint型だという意味なんだよ。

という説明をする人もいます。

　この考え方は、確かにそれなりに通用します（たとえば配列でも同じようにいえる）。それに、K&Rによれば、Cの宣言の構文は、「変数が現われ得る式の構文を真似た（p.114）」とのことなので、Cの作者の意向に沿った説明ではあるのでしょう。しかし、それでは

```
int *&hoge;
```

と書くと、int型の変数としてhogeが宣言できるのでしょうか？——やってみるとわかりますが、これはシンタックスエラーです。

　それに、この考え方は、宣言の中にconstが割り込んでくると破綻しますし（式の中じゃconstは書けない）、ポインタ型に添字演算子を適用したり、関数へのポインタに関数呼出し演算子を適用したりするときは、やはり式での見栄えは宣言とは違うものになってしまいます。

　結局、私自身の経験も含めてですが「こんなふうに考えれば、Cの宣言は自然に解釈できるんじゃないか」という試みは、100パーセント確実に、無駄な努力に終わるようです。なぜなら、Cの宣言の構文は、もう**どうしようもないほど不自然で、奇ッ怪で、変態的な**構文なのですから。

　宣言の構文の詳細については第3章で説明します。とりあえずいまのところは「こんなもんだ」と思って読み進めてください。

補足 Note　余談：hogeって何だ？

　本書のサンプルプログラムでは、変数名として、よくhogeとかpiyoという名前を使います。

　何だこりゃ？ と思う人が多いかもしれませんが（あたりまえ）、このhogeという名前は、日本国内では、どうもかなり広く使われているようなのです*。

　変数名やファイル名の命名に困ったとき、助けてくれるのがhogeです。

　通常、変数名には、ちゃんと意味のある名前を付けるべきですが、本書のよ

＊まあ、古い用語なので、いまとなってはおっさんしか使っていない、といううわさもありますが……

うにCの文法自体を説明しようとする場合には、意味のある名前を付けられないこともあります。もちろん、aでもbでもコンパイラは文句をいいませんが、こういう1文字変数名を、初心者向けの本で使うのは、あんまりよくないんじゃないかと私は思います。それをまねして、サンプルじゃない本番のプログラムでまで、1文字変数を使う人が出てきますから。

　それぐらいなら、意味のないことを明示的に示し、かつ、それなりに（4文字とはいえ）長さがあるhogeのほうがずっといいですね（ホントか？）。hogeを最初に使い始めたのが誰なのか、それは誰にもわかりません。現時点での有力な説は、1980年代前半に、日本各地で同時多発的に発生した、というもののようです。詳細は、以下のページを参照してください。

> ほげを考えるページ
> 　https://kmaebashi.com/programmer/hoge.html

以下のTogetterまとめにおいてもhogeの起源を調査しています。

> 「hoge」の起源を求めて
> 　https://togetter.com/li/47113

　ただ、「一番古いhogeの使用例」を発見したとしても、そのhogeが現在使われているhogeにつながるhogeとは限らないわけで、厳密な起源はやはり「誰にもわからない」ように思います。

1-3-4　ポインタとアドレスの微妙な関係

　本章「1-3-1　そもそも、悪名高いポインタとは何か」において、以下のように書きました。

> そして、「ポインタ型の値」は、実際にはメモリのアドレスのことです。

こういわれると、こんなふうに感じる人がいるかもしれません。

> 【よくある疑問（その1）】
> ポインタって、要するにアドレスのことで、アドレスってのはつまり、メモリ

に振られた番地のことなんだろう？ じゃあ、結局、ポインタ型ってのは、intやlongのような整数型と同じじゃないのか？

実は、ある意味では、そういう面もあります。

Cの前身となった言語であるBでは、ポインタも整数も区別がありませんでした。また、ポインタの値を表示する際には、printf()で%pを使うことになっていますが、intとポインタが同サイズである環境（32ビットのWindowsやLinuxなどではたいていそうです）では、%xを使ってもちゃんと表示できるものです*。16進表記が苦手な人は、%dを使えば、たいてい10進表記で見ることができます。

64ビットのOSならintとポインタはサイズが異なることが多いものです。じゃあ64ビットのOSならポインタはlong等ポインタと同じサイズの整数型と同じと考えるとして*、結局、ポインタは整数型と同じと考えてよいのか、というとそういうわけにもいきません。あとの「よくある疑問（その3）」で取り上げますが、たとえば1を足したときの動作がポインタと整数とはまるで異なります。

また、かつてはかなり広く使われていたMS-DOSの処理系では、Intel 8086の機能上の都合から、16ビットの値を2つ組にして20ビットのアドレスを表現していました。こういうものを単純に整数型と同じとみなすわけにはいかないでしょう。

さらに——いや、ここから先は、次の疑問の回答に回しましょう。

> 【よくある疑問（その2）】
> ポインタって、要するにアドレスのことなんだろう？ じゃあ、intへのポインタもdoubleへのポインタも、結局いっしょじゃないか。なんで区別する必要があるんだ？

これまたある意味では、そういう面もあります。

たいていの処理系において、実行時には、intへのポインタだろうと、doubleへのポインタだろうと、表現形式は同じです（たまに、charへのポインタとintへのポインタとで、内部的な表現形式が異なるような処理系もあるようですが）。

それどころか、ANSI Cには「どんなデータ型でもおかまいなしに指せるポインタ型」として、void*という型が用意されています。

*ただし、コンパイラは警告を出すかもしれません。

*C99からは、（オブジェクトへの）ポインタと相互変換可能な整数型としてintptr_tという型が用意されています。

```
1   int hoge = 5;
2   void *hoge_p;
3
4   hoge_p = &hoge;   ← エラーは出ない
5   printf("%d\n", *hoge_p); /* hoge_pの指すものを表示*/
```

1-3 ポインタについて

上記ソースコードで、4行目では、エラーは出ません。

でも、5行目のように、hoge_pに*を付けると……私の環境では、以下のようなエラーになります。

```
warning: dereferencing `void *' pointer
error: invalid use of void expression
```

これは、考えてみれば当然の話で、メモリ上のアドレスだけを教えてもらっても、そこにどんな型のデータが格納されているかわからないかぎり、取り出しようがないわけです。

ただし、上記5行目を、以下のように修正すれば、コンパイルは通りますし、実行もできます。

```
5: printf("%d\n", *(int*)hoge_p); /* hoge_pをint*にキャスト*/
```

ここでは「何を指しているのかわからないポインタ」であったhoge_pを「intへのポインタ」にキャストすることで、コンパイラに情報を与え、int型の値を取り出せるようにしています。

でも、実際問題として、毎回こんなこと書かされてたんじゃ、面倒くさくてしょうがないですよね。

```
int *hoge_p;
```

と宣言しておけば「hoge_pがintへのポインタである」ということは**コンパイラが覚えていてくれる**ので、ポインタを「たぐりよせる」ときには、ただ*を付ければよいわけです。

先にも書きましたが、たいていの処理系において「intへのポインタ」だろうが、「doubleへのポインタ」だろうが、実行時には同じものです。でも、int型の変数に&を付けてそのポインタを取得したとき、そのポインタから取り出す値は、よほどの事情がないかぎり、int型に決まっています。なにせ、intとdoubleとでは、内部的な表現形式が全然違いますから。

ですから、最近の処理系なら、以下のように、double型への変数のポインタを取得して、それをintへのポインタ変数に代入しようとするだけでも、コンパイラが警告を出してくれるはずです。

```
int *int_p;
double double_variable;
```

53

```
/* double型変数へのポインタを、intへのポインタ変数に代入 (ムチャ) */
int_p = &double_variable;
```

ちなみに、私の環境では、以下のような警告が発生しました。

```
warning: assignment from incompatible pointer type
```

さらに「ポインタがどんな型を指しているか、コンパイラが覚えていてくれる」という事実は、次に説明する「ポインタ演算」で、重要な意味を持ちます。

実行時には、型の情報も変数名も、ない

上で「ポインタがどんな型を指しているか、コンパイラが覚えていてくれる」と書きました。

Cの場合、ポインタがどんな型を指しているかを記憶しているのはコンパイラまでで、実行時にはもはやその情報はありません。実行時のポインタの値は単なるアドレスです。そのアドレスからどんな型の値を取り出すかは、コンパイラが生成した機械語コードとしてのみ残ります。ポインタの値の中にも、ポインタの指す先の変数の領域にも、型の情報はありません。よって、たとえばintへのポインタをvoid*にキャストしてしまったら、それがもともとintへのポインタであったことを知ることは不可能です。

また、staticではないローカル変数（自動変数）については、変数名も、コンパイル後のオブジェクトファイルには通常は残りません。まあ、デバッグオプションを付けてコンパイルすれば残ることはありますし、staticなローカル変数やグローバル変数についてはリンク（第2章で説明します）時までは変数名を使いますが、いずれにせよ実行時には変数名は使っていません。Fig. 1-3では、変数のメモリ領域の右肩に「hoge」のように変数名を付けましたが、これはあくまで説明のためです。

コンパイル/リンク後の機械語コードが変数を参照するときは、結局、アドレスを使うのであって、変数名を使うわけではないということです。

ではそのアドレスはどうやって決まるのか、ということについては第2章で説明します。

1-3-5 ポインタ演算

　C言語には、**ポインタ演算**という、他の言語にはあまり例を見ない機能があります。

　ポインタ演算とは、ポインタに整数を足したり引いたりしたり、ポインタどうしで引き算を行う機能です。

　とりあえず、サンプルプログラムでその動きを見てみましょう（List 1-5参照）。

> 【注意！】
> 　実は、List 1-5は、厳密にいえば、Cの規格に従っていません。
> 　規格では、ポインタへの加減算は、ポインタが配列の要素、または配列の末尾を1つ超えたところを指していて、かつ加減算の結果も、配列の要素、または配列を1つ超えたところを指す場合においてのみ認められています（これについては、p.275の補足「ポインタは、配列の最後の要素の次の要素まで向けられる」を参照してください）。それ以外の動作は、すべて未定義です。
> 　今回のサンプルプログラムでは、最終的にhoge_pに4を加えていますから、これは規格に反しています。そのポインタ経由でアクセスするしないに関係なく、です。
> 　でも、ま、たいていの処理系ではこれで動作すると思いますので、ここでは、規格に厳密であることよりも、単純さを選びました。

List 1-5 pointer_calc.c

```c
#include <stdio.h>

int main(void)
{
    int hoge;
    int *hoge_p;

    /* hoge_pに hogeへのポインタを設定 */
    hoge_p = &hoge;
    /* hoge_pの値を表示 */
    printf("hoge_p..%p\n", (void*)hoge_p);
    /* hoge_pに 1加算 */
    hoge_p++;
    /* hoge_pの値を表示 */
    printf("hoge_p..%p\n", (void*)hoge_p);
    /* hoge_pに 3加算した値を表示 */
    printf("hoge_p..%p\n", (void*)(hoge_p + 3));
```

```
18
19      return 0;
20  }
```

私の環境では、以下のような結果となりました。

```
hoge_p..0x7fffc7d60af4   ← 最初の値
hoge_p..0x7fffc7d60af8   ← 1加算した値
hoge_p..0x7fffc7d60b04   ← 1加算したあとで、3加算した値
```

9行目で、hoge_pにhogeへのポインタを設定し、11行目でその値を表示しています。私の環境では、hogeは、アドレス0x7fffc7d60af4番地に格納されているようですね。

13行目で、++演算子を使って、hoge_pに1加算しています。

これを表示してみると……1加算したのだから1増えているかと思いきや、0x7fffc7d60af4から0x7fffc7d60af8へ、なぜか4増えています。

17行目では、1加算したあとのhoge_pに、3を加算した値を表示していますが、0x7fffc7d60af8から0x7fffc7d60b04に、12増えています。

ここがポインタ演算の特徴的なところで、Cでは、ポインタに1を加算すると、**そのアドレスはそのポインタが指す型のサイズだけ**増加します。今回は、hoge_pは「intへのポインタ」で、私の環境ではintのサイズが4だったため、アドレスは、1加算すると4バイト、3加算すると12バイト進みました。

> **Point**
> ポインタにn加算すると、ポインタは「そのポインタが指す型のサイズ×n」だけ進む。

【よくある疑問（その3）】
ポインタって、要するにアドレスのことなんだろ？
だったら、1足したら1進むに決まってるじゃないか！

これは非常にもっともな疑問です。が、これを理解するには、C言語における配列とポインタとの微妙な関係——なぜCにはポインタ演算などという妙な機能があるのか——を理解する必要があります。

それについては、もうちょっと先で説明しますので、とりあえずいまのところは、疑問のままにしておいてください。

1-3-6　ヌルポインタとは何か？

ポインタには、**ヌルポインタ**（null pointer）という特別な値があります。

ヌルポインタとは、何も指していないことが保証されているポインタのことです。ヌルポインタを表す定数値として、通常はマクロNULLを使用します。

ヌルポインタは、有効などんなポインタと比較しても等しくならないことが保証されていますので、ポインタを返す関数の異常時の戻り値として使えます。また、第5章で説明する連結リストのようなデータ構造では、末尾のデータに「もう次はないよ」という意味でヌルポインタを入れたりします。

いまどきの環境なら、ヌルポインタを経由して参照するとOSが異常を検知して即座にプログラムを停止させてくれることが多いので、ポインタ変数は必ずNULLで初期化するようにすれば、無効な（未初期化の）ポインタを間違って使ってしまった場合にすぐにバグに気づくことができるでしょう。

通常のポインタは、その指す先の型により、明確に区別されます。「intへのポインタ」を「doubleへのポインタ」変数に代入すれば、最近のコンパイラなら警告を出すのは先に書いたとおりです。しかし、NULLだけは、相手がどんな型を指すポインタであるかに関係なく、代入したり、比較したりできます。

ヌルポインタをわざわざキャストしてから、代入したり比較したりしているプログラムを見たことがありますが、**無駄**です。ソースもかえって読みにくくなるようです。

NULLと0と'¥0'と

よく見る間違ったコーディングとして、文字列の終端にNULLを使っている、というものがあります。

```
/*
 * 通常、Cの文字列は'¥0'で終端しているが、strncpy()は、
 * srcがlenより長い場合に'¥0'で終端させない迷惑な関数なので、
 * ちゃんとCの文字列形式にする関数を書いた（つもり）
 */
void my_strncpy(char *dest, char *src, int len) {
```

```
    strncpy(dest, src, len);
    dest[len] = NULL;  ← 文字列を終端させるのにNULLを使っている！！
}
```

このコードは、環境によっては動いてしまいますが、間違っています。文字列は「**ナル文字**（'¥0'）」で終端するのであって、ヌルポインタで終端するわけではないからです*。

ナル文字とは、規格によれば、「すべてのビットが0であるバイトを**ナル文字** (null character) という」と定められています (5.2.1)。つまりは、値がゼロのchar型ですね。

ナル文字を表現するには、通常'¥0'を使います。しかし、'¥0'は文字定数なので、実は定数の0と同じです。びっくりするかもしれませんが、'¥0'や'a'の型は、charではなくintになります*。

そして、私の環境では、NULLはstdio.hで以下のように定義されています*。

```
#define NULL ((void*)0)
```

0がvoid*にキャストされており、要するにポインタなので、これをcharの配列に代入すれば、いまどきのコンパイラなら警告が出るはずです。

ところで、このNULLの定義を見て、

> なんだ、ヌルポインタってのは、要するにゼロ番地のことなのね。
> C言語では、ゼロ番地には、有効なデータを格納しないように決めてるんだろう、きっと。場合によっては1バイトもったいないけど、そんなのたいしたことじゃないし——

と思う人がいるかも知れません。

その推測は、割といい線を突いてはいますが、ちょっとはずしています。

確かに、たいていの処理系において、「ゼロ番地」はヌルポインタとして扱えるようです。しかし、世の中には、ハードウェアの都合などでヌルポインタの値がゼロでない処理系も存在します。

たまに、構造体を確保すると、その領域をmemset()でゼロクリアしてから使う人がいます。また、Cには、動的なメモリ確保の関数として、malloc()とcalloc()が用意されていますが、ゼロクリアされているほうがよいだろうと、calloc()を好んで使う人もいます。これは、再現性の薄いバグを出さない、という点からすれば有効なポリシーだと思います。が……

memset()やcalloc()でゼロクリアした領域は、単にビットがゼロで埋まっているというだけのことです。よって、そうやってクリアした構造体のメ

---

*JISの規格書では、英語のnull characterを「ナル文字」と呼び、null pointerは「空ポインタ」と呼んでいます。しかし、世間で「空ポインタ」と呼んでいる人は私は見たことがないですし、「ナルポインタ」と呼ぶ人もあまりいないようなので、本書では、「ナル文字」と「ヌルポインタ」で統一します。

*ただし、C++では話が違います。

*いまどきのヘッダファイルはネストしてたり#ifdefの塊だったりしますが、たとえばgccなら-Eオプションでプリプロセッサだけ動かせば、いま、自分の環境での定義がどうなっているのか調べることができます。

1-3 ポインタについて

ンバにポインタが含まれるとき、そのポインタが、ヌルポインタとして使えるかどうかは、あくまで処理系に依存します。

ちなみに、浮動小数点数も、ビットパターンがゼロだからといって、値がゼロとは限りません*。

＊整数型はゼロになるのですが、それに依存したコーディングをするのは、私には非常に汚く感じられます。

こう聞くと、

> ああなるほど、だからマクロNULLを使うのか。ヌルポインタの値がゼロでない処理系では、NULLに別の値が#defineされているんだね。

……と思う人がいるかも知れません——が、**実はそれもはずれ**だというのがこの問題の奥の深いところです。

たとえば、以下のプログラムをコンパイルしてみましょう。

```
int *p = 3;
```

私の環境では、以下のような警告が出ました。

```
warning: initialization makes pointer from integer without a cast
```

3はあくまでint型であり、ポインタとint型は型が異なるので、コンパイラは警告を出してくれているわけです。いまどきの処理系なら、たいていはそうでしょう。

では次に、以下のプログラムをコンパイルしてみます。

```
int *p = 0;
```

なんと、今度は警告が出ません。

int型の値をポインタに代入したから警告が出るというのなら、3だと警告が出るのに、0だと警告が出ないというのは、普通に考えればかなりヘンです。

これは、Cでは、「0という定数は、ポインタとして扱うべき文脈では、ヌルポインタとして扱われる」からです。今回の例では、代入相手がポインタなので、「ポインタとして扱うべき」だと**コンパイラが判断して**、定数0をヌルポインタに読み替えました。

このように、定数0は、ポインタとして扱うべき文脈ではどうせコンパイラが特別扱いをしますので、ヌルポインタの値がゼロでない処理系でも、ヌルポインタの代わりに定数の0を使うのは合法です。

そのため、NULLが以下のように定義されている処理系もあります。

```
#define NULL 0
```

ただ、「ポインタとして扱うべき文脈」であることが、コンパイラにわからない局面もあります。

その局面とは、

・プロトタイプ宣言していない関数の引数
・可変長引数の関数の、可変部の引数

です。

ANSI Cでは、プロトタイプ宣言が導入されたので、ちゃんとプロトタイプ宣言を使っているかぎり、「ポインタを渡そうとしている」ことが、コンパイラにわかるようになりました。

しかし、`printf()`に代表される可変長引数の関数の、可変部の引数の型は、コンパイラにはわかりません。そして——厄介なことに、定数のNULLは、可変長引数の関数において、引数の終わりを示すのに使われることがあるのです（UNIXのシステムコール`execl()`がその代表）。

そういう場合、単なる定数の0を渡しているプログラムは、移植性が低いということになります。*

さて、この項、補足のくせにありえないぐらい長々と書いてきましたが、とりあえず初心者の方は、単に以下のように覚えておけばよいでしょう。

・ヌルポインタを示すには、NULLを使う。
・ナル文字には`'¥0'`を使う。

C++では、作者のBjarne Stroustrup自身が、ヌルポインタを示すのに「0」を使うことを推奨していたりして面倒くさいのですが……

＊このあたりのことは、C言語FAQ[4](http://www.kouno.jp/home/c_faq/)でも、1章を費やして議論されています。

1-3-7 実践——関数から複数の値を返してもらう

Cのポインタについて説明すると、「なぜポインタなどというものを使わなければいけないのかがわからない」と言う人がいます。

この疑問に対して、ときどき「ポインタを使ったほうが高速なプログラムが書けるからだ」とか、「ハードウェアに密着したプログラムが書けるからだ」と答える人がいますが、速度を気にしたり、ハードウェアに密着したプログラムを書いたりしなくても、Cで実用的なプログラムを書くにはポインタは必須です。たとえば、以下のようなケースでポインタを使用します。

1-3 ポインタについて

1. 関数から複数の値を返してもらう。
2. 配列をアクセスする。Cにおいて、配列をアクセスする際には必ずポインタを使用します。「え？」と思った人は、「1-4-3 添字演算子[ ]は、配列とは無関係だ！」で説明しますので読んでみてください。
3. 連結リストや木構造のようなデータ構造を表現する。第5章で説明します。

ここでは、1. の「関数から複数の値を返してもらう」ことについて扱います。

関数から返してもらう値が1つだけなら、戻り値を使えばよいでしょう。しかし、たとえば「ある点のx座標とy座標を取得する関数を作りたい」という場合、x座標とy座標の2つの値を返さなければいけません。そういう場合は、引数でポインタを渡します。

List 1-6では、main()関数の変数x, yについて、そのアドレスを関数get_xy()に渡し、get_xy()側でそのアドレスに値を格納しています。

List 1-6
get_xy.c

```c
#include <stdio.h>

void get_xy(double *x_p, double *y_p)
{
    /* 仮引数x_p, y_pの値とアドレスを表示する。 */
    printf("x_p..%p, y_p..%p\n", (void*)x_p, (void*)y_p);
    printf("&x_p..%p, &y_p..%p\n", (void*)&x_p, (void*)&y_p);

    /* 引数で渡されたアドレスに、値を格納する。 */
    *x_p = 1.0;
    *y_p = 2.0;
}

int main(void)
{
    double x;
    double y;

    /* 変数x, yのアドレスを表示する。 */
    printf("&x..%p, &y..%p\n", (void*)&x, (void*)&y);

    /*
     * 引数として変数x, yのアドレスを渡し、
     * get_xy()側で、そのアドレスに値を格納してもらう。
     */
    get_xy(&x, &y);

```

```
28        /* 受け取った値を表示する。 */
29        printf("x..%f, y..%f\n", x, y);
30
31        return 0;
32   }
```

私の環境では、以下のような結果になりました。

```
&x..0x7fffef685f20, &y..0x7fffef685f28
x_p..0x7fffef685f20, y..0x7fffef685f28
&x_p..0x7fffef685ef8, &y_p..0x7fffef685ef0
x..1.000000, y..2.000000
```

get_xy()内で指定した1.0, 2.0という値を、main()関数に返すことができていることがわかります。

なお、実験のため、20行目で変数x, yのアドレスを、get_xy()側でも6行目で**仮引数**x_p, y_pの値を、7行目でアドレスを表示しています。これを図にすると、Fig. 1-6のようになります。

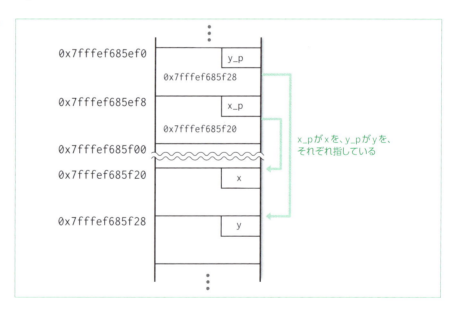

Fig. 1-6 関数から複数の値を返してもらう

関数get_xy()に、引数としてmain()関数のx, yのポインタを渡し、それを経由して値を書き込んでいることがわかります。Cでは、こういうことは、ポインタを使わない限り実現できません。

なんとなく、List 1-7のようなプログラムでも、x, yに値を入れてもらうこと

ができるような気がするかもしれませんが、無理です。

List 1-7
get_xy_bad.c

```c
1  #include <stdio.h>
2
3  void get_xy(double x, double y)
4  {
5      /* 仮引数x, yの値とアドレスを表示する。 */
6      printf("get_xy: x..%f, y..%f¥n", x, y);
7      printf("get_xy: &x..%p, &y..%p¥n", (void*)&x, (void*)&y);
8      x = 1.0;
9      y = 2.0;
10 }
11
12 int main(void)
13 {
14     double x = 10.0;
15     double y = 20.0;
16
17     printf("main: &x..%p, &y..%p¥n", (void*)&x, (void*)&y);
18     get_xy(x, y);
19
20     printf("x..%f, y..%f¥n", x, y);
21
22     return 0;
23 }
```

List 1-7の実行結果は、私の結果では以下のようになりました。見てのとおり、main()関数のx, yに1.0, 2.0を代入することはできていません。x, yの値は、14〜15行目で初期化した値である、10.0, 20.0のままです。

```
main: &x..0x7fff78ba6cf0, &y..0x7fff78ba6cf8
get_xy: x..10.000000, y..20.000000
get_xy: &x..0x7fff78ba6cc8, &y..0x7fff78ba6cc0
x..10.000000, y..20.000000
```

List 1-7では、17行目、6〜7行目で、それぞれmain()関数におけるx, yのアドレスと、get_xy()関数におけるx, yの値とアドレスを表示させています。見てのとおり、これらはそれぞれ別のアドレスに格納されているわけですから、別の変数です。get_xy()関数内のx, yの値をいくらいじっても、main()関数のx, yの値を変更することはできません。

Cにおける関数呼び出しでは、引数を値として渡します。これを**値渡し**（call by value）と呼びます。

get_xy(x, y)のようにx, yという変数を渡したつもりでも、呼び出され側の関

数に渡されるのは、その時点でx, yに代入されていた値です（実際、List 1-7の6行目のprintf()では、10.0, 20.0が表示されています）。そして、その値は、呼び出された側の関数の仮引数に代入（コピー）され、以後、仮引数は普通のローカル変数と同じように使えます。

この挙動は、List 1-6のようにポインタを渡す場合でも、List 1-7のようにdouble型を渡す場合でも変わりません。

「関数から複数の値を返してもらう」というのは、実際のプログラムでもよく見られるパターンです。特に、関数の戻り値は成功/失敗のステータスを返すために使われてしまうことが多いので、それに加えて別の値を返そうとすれば、このようにポインタ経由にするしかありません。初心者にもなじみが深いのは、キーボードから値を入力するscanf()ではないでしょうか。scanf()も、&hogeのようにして変数へのポインタを渡し、scanf()側で値を詰めてもらいます。

なお、C++やC#といった言語では、**参照渡し**という機能があり、これを使うと、Cのように陽にポインタを使わなくても、引数に変数を指定して値を受け取ることができます。しかし、Cには参照渡しはありません。Cでできることは、**ポインタを値渡し**することで、ポインタの指す先に値を詰めてもらうことだけです。

仮引数と実引数

どうも「仮引数」とか「実引数」とかいう言葉は、Cのたいていの入門書において、説明はされていても、さらっとしかされていなくて、ときどき、どっちがどっちかわからなくなる言葉のような気がします。

関数を呼び出すときに実際に渡す引数が、**実引数**です。

```
func(5);    ← この「5」が、実引数
```

それを受け取る側が、**仮引数**です。

```
void func(int hoge)    ← このhogeが、仮引数
{
   ⋮
}
```

以後「仮引数」とか「実引数」とかの言葉はポンポン出てきますので、混乱しないように。

1-4 配列について

1-4-1 配列を使う

配列とは、同じ型の変数が、決まった個数だけ、ずらりと並んだものを指します。とりあえず、使ってみましょう（List 1-8参照）。

List 1-8
array.c

```c
#include <stdio.h>

int main(void)
{
    int array[5];
    int i;

    /* 配列arrayに値を設定 */
    for (i = 0; i < 5; i++) {
        array[i] = i;
    }

    /* その内容を表示 */
    for (i = 0; i < 5; i++) {
        printf("%d\n", array[i]);
    }

    /* arrayの各要素のアドレスを表示 */
    for (i = 0; i < 5; i++) {
        printf("&array[%d]... %p\n", i, (void*)&array[i]);
    }

    return 0;
}
```

実行結果はこうなりました。

```
0
1
2
3
4
&array[0]... 0x7fff04819160
&array[1]... 0x7fff04819164
&array[2]... 0x7fff04819168
&array[3]... 0x7fff0481916c
&array[4]... 0x7fff04819170
```

5行目で、配列型の変数として、arrayを宣言しています。

9〜11行目では、arrayの各要素に値を設定しています。ここでは単純に、array[0]に0を、array[1]に1を、という具合に、順に代入しています。

14〜16行目で、その内容を表示しています。これが、実行結果の先頭の5行ですね。

19〜21行目では、配列の各要素のアドレスを表示させています。実行結果を見ると、アドレスが4バイトずつずれていることがわかりますね。

私の環境では、intのサイズはちょうど4バイトですから、メモリ上のイメージはFig. 1-7のようになります。このように、配列は、メモリ上に連続して配置されています。

Fig. 1-7
配列のイメージ

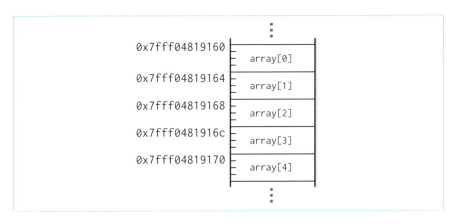

本章「1-3-5 ポインタ演算」にて「ポインタにn加算すると、ポインタは、『n×そのポインタが指す型のサイズ』だけ進む」ということを説明しました。

それがここで生きてきます。詳しくは次の項で説明します。

補足 Note Cの配列はゼロから始まる

Cでは、以下のように配列を宣言すると、

```
int hoge[10];
```

ここで10と指定しているのは配列の要素数であり、Cでは配列の添字はゼロから始まりますから、この宣言では、hoge[0]～hoge[9]までが使えるようになります。hoge[10]は使えません。

この規則は、よく初心者を混乱させるようです。

たとえば世界初のプログラミング言語であるFORTRANでは、配列は1から始まります。世界初の言語でこうなっているということは、人間にとって、「1から数える」ことが自然なのかもしれません。

でも、ちょっと考えてみてください。

たとえば、私の職場は、名古屋の某ビルの5階にありますが、1階分の階段を10秒で駆け上がる人が、地上から5階まで行くには、何秒かかるでしょう——50秒？ 残念、40秒です。

中学校で「等差数列」というのを習ったと思いますが、等差数列の第n項は「初項＋公差×(n－1)」です。いちいち1を引くのが面倒ですね。

1900年代は、19世紀ではなく、大半が20世紀です。さらにややこしいことに、2000年は21世紀ではなく、20世紀です。

これらの問題は、それぞれ、

- ビルの、地面と同じ高さの階を0階と数えていれば、
- 数列の最初の項を、第0項と数えていれば、
- 最初の世紀を0世紀と数えていれば、西暦の最初の年を0年と数えていれば、

回避できた問題です。

この手の「1つ違い」問題は、プログラミングにおいてもよく発生するのですが、一般に、ゼロを基準として番号付けすれば、問題を回避できることが多い（つねにではないけれど）ことが知られています。

納得いかない人のために、もうちょっとプログラミングに即した例を出します。

C言語では、2次元配列（正確には「配列の配列」）を使うことはできますが、

＊C99では幅が可変な2次元配列を作ることができますが、ローカル変数（自動変数）のみです。

幅がコンパイル時にわかっていなければなりません＊。

そこで、1次元配列で、幅が可変の2次元配列を無理やり代用しようとすると、こんな感じになります。

```
/* widthを1行当たりの幅として、line行、col桁の要素を参照する*/
array[line * width + col]
```

もし、最初の行を第1行、最初の桁を第1桁と数え、かつ、配列arrayが1から始まっていたとすると、こんなふうにlineを調整してやらなければいけません。

```
array[(line-1) * width + col]
```

Cの配列がゼロから始まるのには、1つには文法的な都合もあります（後述）。でも、1から始まる配列より、ゼロから始まる配列のほうが、慣れればはるかに使いやすいものです。

> いまどきメモリはいっぱいあるんだから、配列を1個大きく宣言して、添字は1から使おう。

なんて**姑息な手**を考えるより、ゼロから始まる配列に慣れましょう——FORTRANのプログラムの移植でもしてるんじゃないかぎり。

1-4-2 配列とポインタの微妙な関係

先に説明したように、ポインタにn加算すると、「そのポインタが指す型のサイズ×n」だけ進むのでした。

ということは、配列中のある要素を指しているポインタにn加算すると、n個先の要素を指すことになります。

以下のプログラムで実験してみましょう。

List 1-9
array2.c

```
1  #include <stdio.h>
2
3  int main(void)
4  {
5      int array[5];
```

```
 6      int *p;
 7      int i;
 8
 9      /* 配列arrayに値を設定 */
10      for (i = 0; i < 5; i++) {
11          array[i] = i;
12      }
13
14      /* その内容を表示（ポインタ版）*/
15      for (p = &array[0]; p != &array[5]; p++) {
16          printf("%d\n", *p);
17      }
18
19      return 0;
20  }
```

実行結果はこうなりました。List 1-8の実行結果の前半部分と同じですね。

```
0
1
2
3
4
```

15行目のfor文では、最初に、ポインタ型変数pをarray[0]に向けてやり、array[5]（存在しないけれど）を指すようになるまで、p++で順に進めています（Fig. 1-8参照）。

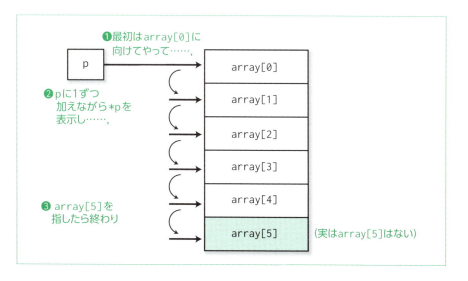

Fig. 1-8 ポインタを使って配列の内容を表示する

++演算子を使ってポインタに1加算すると、ポインタがsizeof(int)分だけ先に進むのがミソですね。

ところで、15〜17行目は、以下のように書き換えてもかまいません（以後しばらく、このプログラムのことを「書き換え版」と呼ぶことにします）。

```
/* ポインタを使って配列の内容を表示する。書き換え版*/
p = &array[0];
for (i = 0; i < 5; i++) {
    printf("%d¥n", *(p + i));
}
```

この書き方では、ポインタ型変数pの値を1ずつ進めるのではなく、pは固定したままで、表示するときにiを加えています。

——ところでこの書き方、読みやすいと思いますか？

少なくとも私には、p++を使う書き方も、*(p + i)とする書き方も、とても読みにくく感じます。最初の例のように、array[i]と書いたほうが、ずっと読みやすいと思うのですが……

実は「ポインタ演算を使う書き方は読みにくいので、**こんな書き方はやめてしまおう**」というのが、本書の主張です。

ただし、善し悪しは別として、Cには現実に、ポインタ演算という**妙な**機能があります。Cに、なぜポインタ演算という妙な機能があるのかは、もうちょっと先で説明します。

1-4-3　添字演算子[]は、配列とは無関係だ！

ところで、上の「書き換え版」のプログラムでは、このようにして、ポインタを配列の先頭に向けていました。

```
p = &array[0];
```

これは、以下のように書いてもよいことになっています。

```
p = array;
```

これについて、以下のように説明する人がいます。

1-4 配列について

> Cでは、配列名のあとに[]を付けずに、配列名だけ単独で書くと「配列の先頭要素へのポインタ」という意味になります。

※まあ、論理学を駆使して、せいいっぱい好意的に解釈すれば、この説明を「必ずしも間違っているわけではない」と強弁することは可能かもしれませんが、実際にこの説明を聞いた人がどう解釈するかを考えれば、ずばり「間違っている」といってしまってよいと思います。

この際、あえてはっきり書くとしましょう――上記の説明は、間違っています※

実際は、「[]を付けないで書くと、先頭要素へのポインタという意味になる」**わけではなく**、[]があろうがなかろうが、**式の中では、配列はその先頭要素へのポインタに読み替えられる**のです。

何を言っているのかわからない、という人が多そうですので、順を追って説明します。

&array[0]をarrayに置きかえると、「書き換え版」のプログラムをさらに以下のように書き換えることができます。

```
p = array;   ← ここが変わっただけ
for (i = 0; i < 5; i++) {
    printf("%d¥n", *(p + i));
}
```

ところで、このプログラムの*(p + i)の部分ですが、これはp[i]のように書いてしまってもよいのです。

```
p = array;
for (i = 0; i < 5; i++) {
    printf("%d¥n", p[i]);
}
```

つまり、

```
*(p + i)
```

と、

```
p[i]
```

は、同じ意味になります。後者の書き方は、前者の書き方の簡便記法ということになります。

さて、この例では、最初にp = array;という代入を行っていますが、pは、最初に代入されてから、一度も変更されません。だったら、なにもわざわざpのような変数を導入しなくても、直接arrayを書いてしまってもよいのではないでしょうか。

```
for (i = 0; i < 5; i++) {
    printf("%d\n", array[i]);
}
```

……あれれ、なんだか、もとに戻ってしまいましたね。

結局、

```
p[i]
```

という書き方は、

```
*(p + i)
```

という書き方の簡便記法であり、**それ以外の意味は、まったく、どこにも、全然、カケラもないのです**。それは、array[i]のように、配列名に直接[]を付けたときも変わりません。なぜなら、array[i]のように書いたときも、arrayは「配列の先頭要素へのポインタ」に読み替えられているからです。

つまり、「ポインタはなんだか難しいから俺はおとなしく配列を使おう」と、普通に

```
int array[5];
```

のように配列を宣言し、array[i]のようにしてアクセスしていたときも、**あなたはすでにポインタを使っていた**ということになります。単なる配列アクセスに見えても、この場合もarrayはポインタに読み換えられており、array[i]は*(array + i)と解釈されるからです。

なお、「式の中では、配列はその先頭要素へのポインタに読み替えられる」という規則には、3つのマイナーな例外があります。第3章で詳述します。

そして、いささか逆説的ですが、**添字演算子[]は、配列とは無関係だ**ということになります。少なくとも文法上は。

Cの配列の添字が、ゼロから始まる理由の1つは、ここにあります。

> **Point**
> 【超重要!!】
> 式の中では、配列は「その先頭要素へのポインタ」に読み替えられる。
> 3つほどマイナーな例外はあるが、後ろに[]が付くかどうかは**関係ない**。

> **Point**
> p[i]は、*(p + i)の簡便記法だ。
> 添字演算子[]には、もともとそういう意味しかなく、配列とは無関係だ。

　念のため書きますが、[]が配列とは無関係だというのは、あくまで、式の中に表われる添字演算子[]についての話です。

　宣言の中の[]は、やっぱり配列を意味します——前にも書きましたが、宣言の中の[]と、式の中の[]とは、意味が全然違うのです。式の中の*と宣言の中の*も、やっぱり意味が全然異なります。こういうことが、Cの宣言を異様にわかりにくいものにしていると思うのですが……詳しくは第3章で説明します。

　ところで、一般にa + bはb + aと書き換えても意味は変わりませんから、*(p + i)は、*(i + p)と書くこともできます。そして、p[i]は、*(p + i)の簡便記法ですから、実は、i[p]のように書くこともできるのです。

　配列の内容を参照するときに、通常はarray[5]のように書きますが、5[array]のように書いても、正しく内容を参照できます——が、こんな書き方は、ソースを読みにくくするだけで、何のメリットもないでしょう。

> **Point**
> p[i]は、i[p]のように書くこともできる。

> **Point**
> 【上のポイントに関するもっと大事なポイント】
> でも書くな。

　——実のところ、Cではポインタと整数は型が違うので、コンパイラにしてみればi[p]をエラーにすることは容易ですし、本来であればエラーにすべきものであったと思います。i[p]と書いて役に立つケースなんて、わざと読みにくいプログラムを書く場合以外*、あると思えませんから。

　C言語FAQでは、i[p]と書けることについて、以下のように記述されています。

> このとんでもない交換可能性は、よくC言語について扱う文章の中で、誇らしく思うかのように記述されているが国際難解Cプログラムコンテスト以外では役に立たない。

＊IOCCC
（The International Obfuscated C Code Contest：国際難読化Cコードコンテスト）というものがあり、そういう場では役に立つかもしれませんが。

Cがこれを許してしまっているのは、ポインタと整数の区別のなかったBの影響かもしれませんが、少なくとも「誇らしく思う」ようなことではないと思います。

>
> **シンタックスシュガー**
>
> p[i]は、*(p + i)の簡便記法ですから、実際には、[]なんて演算子はなくてもかまわない、ということになります。少なくともコンパイラにとっては。
>
> ただし、人間にとっては、*(p + i)なんて書き方はやっぱり読みにくいですし、書くにも（タイプ量が増えて）たいへんです。そこで、人間にとってわかりやすくするため（だけ）に、[]という演算子が導入されているのです。
>
> このように、人間にわかりやすくするため（だけ）に導入された機能のことを、プログラミング言語を人間にとって甘く（とっつきやすく）するという意味で、syntax sugarとか、syntactic sugarとか呼ぶことがあります（以降、「シンタックスシュガー」と表記）。

1-4-4 ポインタ演算という妙な機能はなぜあるのか？

配列の中身をアクセスしたいのなら、素直に添字を使えばいいのに、なぜCには、ポインタ演算などという妙な機能があるのでしょう？

これは、1つには、Cの先祖であるBからの影響があるようです。

p.22の補足でも触れましたが、Bは「型のない」言語でした。Bで使える型は、ワード（要するに整数型）だけであり、ポインタも整数として扱っていました（浮動小数点数なんて上等なものは、影も形もなかったようです）。そして、Bは仮想マシンの上で動くインタプリタでしたが、その仮想マシンでは、アドレスをワード単位に振っていました（「1-2-1 メモリとアドレス」に書いたように、いまの普通のコンピュータは、バイト単位です）。

Bのアドレスはワード単位だったので、ポインタ（ただアドレスを表現しているだけの単なる整数ですが）に1加えれば、自動的に配列の次の要素を指すことになりました。そして、これを引き継ぐために、Cに「ポインタに1加えると、その指す型のサイズだけ進む」という規則が導入されたようです[*]。

[*] このあたりのことは『The Development of the C Language[5]』という論文（というかエッセイというか）に記載されています。Dennis RitchieのWebページから取得可能です。

1-4 配列について

p[i]が*(p + i)のシンタックスシュガーだ、という規則は、Bでもまったく同じでした。もっとも、こちらの(p + i)は、単純に整数どうしの加算だったわけですが*。

そして、もう1つの理由は、昔はポインタ演算を駆使したほうが高速なプログラムを書くことができた、ということです。

> *よって、Bでは、p[i]をi[p]と書けるのは「当たり前」だったわけですが、これがそっくりCに継承されたようです。とほほ。

配列は、たいていの場合ループでぐるぐる回していろいろな処理をするために使います。通常、こんな形になりますね。

```
for (i = 0; i < LOOP_MAX; i++) {
    /*
     * ここに、array[i]を使ったいろいろな処理が入る。
     * array[i]は、何度も登場する。
     */
}
```

array[i]は、ループ中に何度も出現するわけですが、そのたびごとに「array + (i * 1要素のサイズ)」に相当する掛け算と足し算を行っていたのでは、当然効率は悪くなります。

それに対し、ポインタ演算を使用した以下のプログラムでは、

```
for (p = &array[0]; p != &array[LOOP_MAX]; p++) {
    /*
     * ここに、*pを使ったいろいろな処理が入る。
     * *pは、何度も登場する。
     */
}
```

*pがループの中に何度出現しても、そのような計算は、ループの終わりの1回の足し算だけで済みます。

K&R p.119には「ポインタを使うほうが一般に高速である」という記述がありますが、これがその根拠であると思われます。

しかし——これは**あくまで昔の話**です。

現在のコンパイラは最適化が進んでおり、ループの中の共通部分式の括り出しという作業は、コンパイラの最適化の基本です。現在の通常のCコンパイラであれば、配列、ポインタのどちらを使用しても、効率にはっきり差が出るようなことはまずありません。まったく同じ機械語コードを出力することも多いものです。

結局、Cのポインタ演算という機能は、初期のCコンパイラにおいて、**最適化の手を抜くために付けられた機能**だと思ってよいでしょう。Cが、もとも

と、現場の人間が目の前の問題を解決するために作った言語であることを思い出してください。UNIX以前にはOSはたいていアセンブラで書いていたことを考えれば、多少読みにくかろうがたいした問題ではなかったと思われます。それに、当時の環境では、凝った最適化機能を持つコンパイラを動かすには無理があったのでしょうから、Cのポインタ演算という機能は、**Cが開発された当初には**、必要な機能だったのだろうと思います。しかし……

1-4-5 ポインタ演算なんか使うのはやめてしまおう

Cのバイブルといわれる K&R には「ポインタを使うほうが一般に高速であるが……」などという、前述の**時代錯誤**な記述があります。

しかし、現状のコンパイラなら、先に述べたように、ポインタ演算を使おうが添字を使おうが、ほとんど変わらないレベルの実行コードを生成します。

だったら……もう、ポインタ演算*なんて使うのはやめてしまって、素直に**添字アクセスすればいい**のではないでしょうか？

K&Rは、多くの人がバイブルとして信奉するテキストですが、私は、この本は、たとえば新人研修のテキストとしては使いたくありません。サンプルプログラムの中で、あまりにもポインタ演算を乱用しているからです。

*++argv[0]なんてワケのわからない表現をうれしそうに（？）使われても困ります。

K&Rには、strcpy()の実装として以下のような例が載っていて（p.129）、

> ＊添字演算子[]もポインタ演算のシンタックスシュガーですが、ここでは「ポインタ演算」といえば、ポインタに明示的に足したり引いたりする構文を指すことにします。

```
/* strcpy: tをsにコピーする；ポインタ版3 */
void strcpy(char *s, char *t)
{
    while (*s++ = *t++)
        ;
}
```

これは一見してわかりにくいように見えるが、この記法はかなり便利なものであり、Cプログラムでよく見かけるという理由から、こうした慣用法はマスターすべきである。

と書いてありますが「一見してわかりにくいように見える」なら、やっぱり書く

べきではないでしょう*。

巷に溢れるCの入門書では、ポインタ演算を駆使したコードのほうが、添字を使ったコードよりも、

- 効率がよい、とか、
- C言語らしい、とか、

説明しているようです。が「効率がよい」というのは、すでに幻想にすぎません。だいたい、こんな「みみっちい」最適化は、人間サマがちまちまやるより、コンパイラに任せるべきことです。

「C言語らしい」というのは……確かにそうかもしれません。しかし、「C言語らしく」書くことで、ソースが読みにくくなってしまうのなら、そんな悪習は捨ててしまうほうが世のため人のためです。

学校の宿題などで、添字を使っていったんプログラムを完成させておきながら「この前の例題をポインタを使って書き直してきなさい」なんてこともよくあるようです。

はっきりいってムダでしょう。こんな宿題を出されたら、添字を使ったプログラムをそっくりそのまま提出し、文句をいわれたら、

> えー、添字演算子[]は、ポインタ演算のシンタックスシュガーにすぎないんだから、結局これだってポインタを使ってるじゃないですか！

と反抗するのもよいですし、それでも文句をいわれたら、添字バージョンで p[i]となっているところをそっくり機械的に *(p + i) に書き換えるのもよいでしょう。ま、それで単位を落としても、私は責任取れませんが。

どうも、Cの世界では、添字を使って書くよりポインタ演算を使うほうが「カッコいい」というイメージがあるように思います。

でも……こんなどうでもいいところで**粋がる**よりも、プログラマーとして勉強しなきゃいけないことはもっともっと山のようにあると思うんですよ。

もちろん、どんな規則にも例外はあるわけで、たとえば、「巨大なcharの配列に、いろんな型のデータが無理やり突っ込んであって、その中から何バイト目のデータを取り出したい」という場合、ポインタ演算を使ったほうが（まだ）読みやすい——といった状況は存在します。

また、既存のコードで、ポインタ演算を使ったものが存在している以上、Cプログラマーたるものポインタ演算を使ったコードも読めなくては話にならない、という悲しい現実もあります。

---

*特にこのコードだと、ループ終了後、ポインタはナル文字の次を指していますから、あとに続けて別の文字列をコピーする場合などに、いかにもバグを誘発しそうです。

とはいえ、せめてこれから新規に書き下ろすコードについてはなるべく添字を使って書いたほうが、自分のためにもあとでコードを読む人のためにもずっとよいと思います。

> **補足 Note　引数を変更してよいのか？**
>
> 先ほど例に挙げたK&Rに載っている`strcpy()`の実装例では、仮引数の`s`や`t`を、`++`を使って直接更新しています。
>
> 確かに、Cでは仮引数はあらかじめ値が設定されたローカル変数と同じように使えますから、値を変更するのは文法的には問題ありません――が、私は、そういうことはしないようにしています。
>
> 関数の引数は、呼び出し元にもらった大事な情報です。これをうかつに変更してしまうと二度と戻ってきません。引数を変更するようなコーディングをしていると、あとで後ろに処理を追加したり、デバッグのためにちょっと変数の内容を表示してみようという場合に困ります。
>
> それに、引数には何らかの意味のある名前が付いているはずです(この意味でも、先の`strcpy()`は悪い例だと思う)。引数を変更するコーディングというのは、引数を、その名前の意味に反して「転用[*]」している場合が多いように思います。
>
> ちなみに、AdaやEiffelやScalaでは、入力として渡された引数は変更できないようになっています[*]。

* ループカウンタ代わりにするとか。

* 内部的には、たいていCと同じような引数の渡し方をしているのだと思いますが。

1-4-6　関数の引数として配列を渡す(つもり)

さて、ここらで1つ実用的な例を出しましょう。

英文のテキストファイルを読んで、そこから1つずつ単語を取ってくる関数を考えます。

呼び出し形式は、`fgets()`をまねて、以下のような形にします。

```
int get_word(char *buf, int buf_size, FILE *fp);
```

戻り値は、単語の文字数とし、ファイルを最後まで読んでしまったときには、

1-4 配列について

EOFを返すことにします。

単語の定義は、厳密に考えると難しいので、ここでは、Cのisalnum()マクロ（ctype.h）で真を返す文字が連続したものを単語と考えるとしましょう。それ以外の文字は、すべて空白文字と同じとします。

単語がbuf_sizeより長かった場合は、面倒なので、とっととその場でexit()するとしましょう。

この仕様の関数に、テストドライバとして適当なmain()をくっつけると、List 1-10のようなプログラムになります。

List 1-10
get_word.c

```c
#include <stdio.h>
#include <ctype.h>
#include <stdlib.h>

int get_word(char *buf, int buf_size, FILE *fp)
{
    int len;
    int ch;

    /* 空白文字の読み飛ばし */
    while ((ch = getc(fp)) != EOF && !isalnum(ch))
        ;

    if (ch == EOF)
        return EOF;

    /* ここで、chには、単語の最初の文字が格納されている */
    len = 0;
    do {
        buf[len] = ch;
        len++;
        if (len >= buf_size) {
            /* 単語が長すぎるのでエラー */
            fprintf(stderr, "word too long.\n");
            exit(1);
        }
    } while ((ch = getc(fp)) != EOF && isalnum(ch));

    buf[len] = '\0';

    return len;
}
```

```
34  int main(void)
35  {
36      char buf[256];
37
38      while (get_word(buf, 256, stdin) != EOF) {
39          printf("<<%s>>¥n", buf);
40      }
41
42      return 0;
43  }
```

　main()で宣言した配列bufに対して、get_word()側で値を詰めています。
　main()からは、引数としてbufを渡していますが、関数の実引数は式の中なので「配列の先頭要素を指すポインタ」に読み替えられます。よって、それを受ける側のget_word()では、

```
int get_word(char *buf, int buf_size, FILE *fp)
```

のように、char *で受けることになるわけです。
　そして、get_word()の中では、buf[len]のようにしてbufの内容を操作することができます。buf[len]は、*(buf + len)のシンタックスシュガーだからです。
　get_word()側で添字演算子を使ってbufの内容をアクセスしていると、いかにもmain()から、bufという配列が渡されたかのように見えます。しかし、それは錯覚で、main()から渡されているのは、あくまでbufの先頭要素へのポインタです（Cはもともと、スカラしか扱えない言語だったことを思い出してください——p.33参照）。
　正しく言うと、Cでは、関数の引数として配列を渡すことは**できません**。しかし、このように、先頭要素へのポインタを渡すことで、配列を引数として渡したかのように扱うことができます。

> **Point**
> 配列を関数の引数として渡したければ、先頭要素へのポインタを渡す。

　ただし——普通にintなどを引数として渡すときと、この例のように配列を引数として渡すときとでは、その渡し方に決定的な違いがあります。
　Cでは、引数はすべて値渡しで、関数に渡されるのはコピーなのでした。この例でも、get_word()に渡されているのは、bufの先頭要素へのポインタのコピーです。ただし、bufという配列そのものは、main()とget_word()で同じものを

参照しています。コピーが渡っているわけではありません。だからこそ、get_word()で文字列を詰めて返すことができるわけです。

ときどき、これを指して、「Cでは配列は参照渡しされる」と言い出す人がいますが、繰り返しますがCでは引数はすべて値渡しです。get_word()の例では、配列bufの先頭要素へのポインタが値渡しされているだけです。

また、初心者にありがちな質問として、「scanf()でintの値を入力してもらう場合には変数名に&を付けて渡すのに、なぜ文字列を入力してもらう場合は&を付けなくてよいの？」というものがありますが、その質問にもここで答えましょう。scanf()で文字列を入力してもらう場合、charの配列を渡しますが、「配列は式の中では先頭要素へのポインタに読み替えられる」という規則によりポインタになっており、そのポインタが値渡しされているので、scanf()側で呼び出し元の配列に結果を詰めることができるのです。

配列を値渡しするなら

もし、なんらかの事情で、引数としてどうしても配列のコピーを渡したいのであれば、一応方法はあります。配列全体を構造体のメンバにしてください。p.33で説明したように、Cはもともとスカラしか扱えない言語でしたが、構造体については、比較的早期から、一括して扱うことができるようになっていますから。

ただし、この方法は効率上問題があることは意識しておく必要があります。配列が巨大な場合、いちいちコピーをとっていたら、遅くなるかもしれません。

ちなみに私の場合、昔、オセロゲームの思考ルーチンを作ったとき、盤面を表現する2次元配列をこの方法で値渡ししたことがあります。この手のゲームの思考ルーチンでは「ここでこう打ったらこうなる」という巨大な木構造を再帰的にたどりつつ最善手を探すので、1手打つごとに盤面のコピーを作成する必要があるのでした——でも、このテクニックを使ったのは、このときぐらいだったような気がします。

1-4-7 関数の仮引数の宣言の書き方

　get_word()の引数bufについて、本書のサンプルプログラムでは以下のようにchar *としていますが、

```
int get_word(char *buf, int buf_size, FILE *fp)
```

「あれ？ おれはずっとこういうふうに書いてきたぞ」

```
int get_word(char buf[], int buf_size, FILE *fp)
```

という人がいるかもしれません。
　関数の仮引数の宣言の場合に限り、配列の宣言はポインタに読み替えられます。
　たとえば、

```
int func(int a[])
```

は、

```
int func(int *a)
```

に、コンパイラにより特別に読み替えらえられます。

```
int func(int a[10])
```

のように要素数が入っていても**無視**されます。
　これもシンタックスシュガーの1つです。
　注意しなければいけないのは、int a[]がint *aと同じ意味を持つのは、Cの文法の中で、唯一このケースだけである、ということです。詳しくは第3章にて説明します。

> **Point**
> 下記の仮引数宣言は、全部同じ意味になる。
>
> ```
> int func(int *a)    /* パターン1 */
> int func(int a[])   /* パターン2 */
> int func(int a[10]) /* パターン3 */
> ```
>
> **パターン2とパターン3は、パターン1のシンタックスシュガーだ。**

補足 なぜCは、配列の範囲チェックをしてくれないのか？

　Cでは、通常、配列の範囲チェックの機能がありません。おかげで、添字の範囲を超えて書き込んでしまうと、**領域破壊**という厄介な現象が起こります。早い段階で、オペレーティングシステムが異常を見つけてSegmentation faultとか「○○.exeは動作を停止しました」とかのメッセージを出してくれる場合はまだタチがよいのですが、運が悪いと隣の変数の内容を破壊したまま動き続け、ずっとあとになってとんでもないところで影響が出たりします。

　範囲チェックをつねに行うのは遅くなるから嫌だとしても、せめて、コンパイル時にオプションを付けて、デバッグモードでコンパイルしたときぐらい、配列の添字の範囲チェックをしてくれればいいのに……と思うのは私だけではないはずです。

　でも、ちょっと考えてみてください。

　`int a[10];`のように配列を宣言し、その内容を参照するときにはつねに`a[i]`のように書く言語なら、範囲チェックも容易でしょう。でも、Cでは、配列は、式の中ではとっととポインタに読み替えられてしまいます。また、配列の中の任意の要素を、別のポインタ変数を使って指すこともできますし、そのポインタ変数は、勝手に足したり引いたりできます。

　配列の内容を参照するとき、`a[i]`のように書けますが、これは単に`*(a + i)`のシンタックスシュガーにすぎないのでした。

　また、他の関数に配列を渡すとき、実際には先頭要素へのポインタを渡すわけですが、このとき、配列のサイズは自動では渡されません。前述の`get_word()`では`buf_size`という引数で`buf`のサイズを渡しましたが、その関係は書いた人間だけが知っていることであり、コンパイラにはわかりません。

　こんな言語で、配列の範囲チェックのコードをコンパイル時に生成するのは、他言語に比べれば相当厄介です。

　どうしても範囲チェックを行いたいのなら、ポインタを構造体のようにして、ポインタ自体に自分の取りうる範囲を実行時に持たせるという方法が考えられます。ただし、それをやってしまうと、実行性能に大きく影響するでしょうし、非デバッグモードでコンパイル済みのライブラリと、ポインタの互換性がなくなってしまいます。

　結局、現時点で実用に供されているコンパイラで、配列の範囲チェックをしてくれるものは、ほとんど存在しないと思います。インタプリタの処理系なら、範囲チェックをしてくれるものもあるようなのですが。

1-4-8 C99の可変長配列――VLA

長いこと、Cの配列といえばサイズが固定で、malloc()による動的メモリ確保を行わない限り、ソースファイルにサイズを直接記述する必要がありました。たとえば以下の配列宣言では、10という固定サイズの配列を宣言しています。

```
int array[10];
```

ISO C99からは、自動変数（staticでないローカル変数）に限り、この「10」のところに変数を入れられるようになりました。これを**可変長配列**（VLA：Variable Length Array）と呼びます。なお、昔から、Cではmalloc()により可変長の領域を確保するテクニックも「可変長配列」と呼ぶことが多かったのですが[*]、紛らわしいので、本書ではC99の可変長配列は「VLA」、malloc()によるものは「**動的配列**」と呼び分けようと思います（動的配列については第2章および第4章で扱います）。

VLAのサンプルをList 1-11に挙げます。

[*] こちらは規格で正式に定められた名称ではありません。

List 1-11 vla.c

```c
1  #include <stdio.h>
2
3  int main(void)
4  {
5      int size1, size2, size3;
6
7      printf("整数値を3つ入力してください\n");
8      scanf("%d%d%d", &size1, &size2, &size3);
9
10     // 可変長配列の宣言
11     int array1[size1];
12     int array2[size2][size3];
13
14     // 可変長配列に適当に値を代入する
15     int i;
16     for (i = 0; i < size1; i++) {
17         array1[i] = i;
18     }
19     int j;
20     for (i = 0; i < size2; i++) {
21         for (j = 0; j < size3; j++) {
22             array2[i][j] = i * size3 + j;
```

```
23          }
24      }
25
26      // 代入された値を表示する
27      for (i = 0; i < size1; i++) {
28          printf("array1[%d]..%d\n", i, array1[i]);
29      }
30      for (i = 0; i < size2; i++) {
31          for (j = 0; j < size3; j++) {
32              printf("\t%d", array2[i][j]);
33          }
34          printf("\n");
35      }
36      printf("sizeof(array1)..%zd\n", sizeof(array1));
37      printf("sizeof(array2)..%zd\n", sizeof(array2));
38 }
```

実行結果は以下のようになりました。ユーザーがキーボードから入力した数字に応じた配列が確保できていることがわかります。

```
整数値を3つ入力してください
3 4 5    ← キーボードから入力する
array1[0]..0
array1[1]..1
array1[2]..2
        0       1       2       3       4
        5       6       7       8       9
        10      11      12      13      14
        15      16      17      18      19
sizeof(array1)..12
sizeof(array2)..80
```

* scanf()については p.91の補足「scanf()について」も参照してください。

　List 1-11では、8行目で、scanf()にて値を3つ入力させ*、1つめの値をサイズとする1次元配列array1と、2つめと3つめの値を使った2次元配列array2を宣言しています（11〜12行目）。このように、関数の先頭でないところで変数を宣言できるのも、C99の新機能です。

　この配列に対して適当に値を入力したうえで、それを表示しています。10行目、14行目、26行目の「//で始まるコメント」もC99の新機能です。

　36〜37行目では、sizeof演算子を使ってarray1、array2のサイズを表示しています。実行時にキーボードから入力した値を元にサイズが決まっていることがわかります（私の環境ではintは4バイトです）。

ANSI Cまでは、sizeof演算子の返す値といえばコンパイル時に決まっているものでしたが、ISO C99ではこのように実行時に決まることもあるわけです。

「やった！ すごい！ 完璧！ 超便利！」と思うでしょうか？

——VLAが使えるのはあくまでstaticでないローカル変数だけであり、グローバル変数では使えませんし、構造体のメンバをVLAで可変長にすることもできません*。そうなると使いどころは割と限定されそうですが、それにしても便利な局面は多々あるかと思います。ただ、残念ながら、C11においてVLAは**オプション機能に格下げされました**。マクロ __STDC_NO_VLA__ が定義されていたら、その処理系にはVLAの機能はありません。

＊C99では構造体に可変長のメンバを含めるフレキシブル配列メンバという機能が追加されていますが、これはVLAとは別物です。

第 2 章

実験してみよう
―― Cはメモリを
どう使うのか

第2章 実験してみよう——Cはメモリをどう使うのか

仮想アドレス

「1-2 メモリとアドレス」では、メモリとアドレスについて、以下のように説明しました（p.36）。

> そして、メモリの内容を読み書きするためには、膨大にあるメモリのうちのどこの情報にアクセスするのか、ということを指定しなければなりません。このときに使う数値が**アドレス**（address）です。メモリ中の各バイトに、0から順に「番地」が振ってある、といまのところは考えておいてください。

「いまのところは」考えておいてください、というからには、本当はそうではないわけです。実際、いまどきのコンピュータは、通常そんなに単純ではありません。

現在のPCなどのOSはマルチタスク環境を提供しており、複数のプログラム（プロセス）を同時に実行することができます。

では、同時に実行されている2つのプログラムで、それぞれ変数のアドレスを表示させてみたとして、そのアドレスが一致する可能性はあるでしょうか？ 物理的なメモリに対し0から順にアドレスが振られていて、そのアドレスを&演算子で取得するのなら、そんなことはありえないはずですよね。

では、実験してみましょう。まず、List 2-1をコンパイルして、実行形式を作成してください。

私の場合、実行形式の名前は、vmtestとしました。

List 2-1 vmtest.c

```
1  #include <stdio.h>
2
3  int hoge;
4
5  int main(void)
6  {
7      char        buf[256];
```

```
 8
 9      printf("&hoge...%p¥n", (void*)&hoge);
10
11      printf("Input initial value.¥n");
12      fgets(buf, sizeof(buf), stdin);
13      sscanf(buf, "%d", &hoge);
14
15      for (;;) {
16          printf("hoge..%d¥n", hoge);
17          /*
18           * getchar()で入力待ちの状態にする。
19           * リターンキーを叩くごとに、hogeの値が増加する。
20           */
21          getchar();
22          hoge++;
23      }
24
25      return 0;
26  }
```

いまどきの環境なら、たいていマルチウィンドウ環境が提供されていると思いますので、端末アプリ（Windowsならコマンドプロンプトなり PowerShell なり）を、新たに2個起動してください。なお、このとき、この2つのウィンドウをまったく同じように起動しないと、このあとの実験がうまくいかない可能性があります。Windowsなら、2つともスタートメニューから出せばよいでしょう。

そして、その両方のウィンドウで（必要とあればそれぞれcdして）、先ほどのプログラムを実行してみてください。

私の環境では、次ページのFig. 2-1のような結果になりました。

9行目にて、`printf()`でグローバル変数hogeのアドレスを表示しています。そして、12行目の`fgets()`でプログラムは入力待ち状態になって停止しますから、起動直後の段階では、2つのウィンドウで起動したプログラムは両方とも生きているはずです。なのに——hogeのアドレスは、**まったく同じになっています。**

この2つのプログラムにおけるhogeは、Cのプログラムから見る分にはまったく同じアドレスですが、それぞれ別の変数です。Input initial value. というプロンプトに応じて、適当な値を入力してやってください。その値がhogeに代入され（13行目）、16行目の`printf()`で表示されます。その後、`getchar()`で入力待ちになりますから、エンターキーを叩くごとに、hogeの値がインクリメントされて表示されるはずです。実行例を見るとわかるように、この2つのhogeは、まったく同じアドレスなのに、それぞれ別の値を保持することができています。

第 2 章　実験してみよう——Cはメモリをどう使うのか

Fig. 2-1
2つのプロセスで
同時に変数のアドレスを
表示すると……

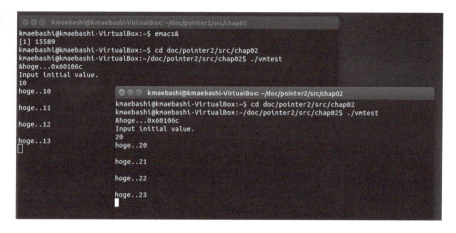

　私はこの実験をWindows10とVirtualBox内のUbuntu Linuxとで行いましたが、両方の環境でこのような結果が得られました（コンパイラはgcc）。
　この実験でわかるように、いまどきの環境では、ポインタをprintf()で表示して見える値は、物理的なメモリのアドレスそのものではありません。

＊小規模な組込みシステムだとまた話は違うでしょうが。

　いまどきのPC等の環境なら＊、アプリケーションプログラムには、**プロセスごとに独立した**「仮想アドレス空間」が与えられます。これはC言語とは関係なく、OSとCPUが連携して行う仕事です。OSとCPUが頑張ってプロセス（プログラム）ごとに独立したアドレス空間を与えてくれるおかげで、私のようなおっちょこちょいなプログラマーがうっかりバグを入れて、意図しない領域に書き込んでしまっても、システムそのものがコケたり、他のプロセスに迷惑をかけるようなことがないようになっているのです。
　もちろん、実際に何かを記憶するには物理的なメモリが必要です。仮想アドレス空間に物理メモリを割り当てるのは、OSの仕事です。
　そのとき、領域ごとに「この領域は読み込み専用」とか「この領域は読み書き可能」とかの設定をしたりもします。
　プログラムの実行コードなどは、通常は書き込み禁止なので、別のプロセスと物理メモリを共有することもあります＊。また、重たいプログラムをいくつも動かして物理メモリが足りなくなった場合、オペレーティングシステムは、現在参照されていない部分をハードディスクに退避して、物理メモリを空けることがあります（**メモリスワッピング**（memory swapping）といいます）。プログラムが再びその領域を参照した場合には、（おそらくは別の部分をまたディスクにほうり出して）またディスクからメモリに書き戻します。これらの作業はすべてオペレーティングシステムが舞台裏で行うことであり、アプリケーションプログラムは背

＊現在では、プログラムの一部を共有する**共有ライブラリ**という手法も一般的です。データの領域でさえ、書き込まれる瞬間までは共有されていたりします。

後で起きているこういった作業を知ることはありません――ディスクがカタカタ鳴って、動作が極端に遅くなるけれど。

　こういう芸当ができるのも、仮想アドレスのおかげです。アプリケーションプログラムに、物理メモリのアドレスを直接見せていないからこそ、オペレーティングシステムが勝手に領域を再配置できるのです（Fig. 2-2参照）。

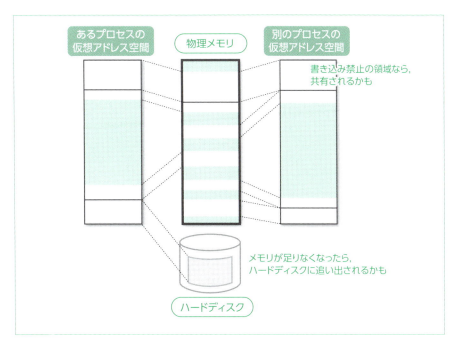

Fig. 2-2
仮想記憶の概念図

| Point |
いまどきの環境なら、アプリケーションプログラムに見えるのは、仮想アドレス空間だ。

補足 Note　scanf()について

　List 2-1では、ユーザーに整数の数値を入力してもらうのに、

```
fgets(buf, sizeof(buf), stdin);
sscanf(buf, "%d", &hoge);
```

という2段階の手順を踏んでいます。
　一般的なCの入門書では、

```
scanf("%d", &hoge);
```

のようにして数値を入力させることが多いようですが、この場合、そのように書いてしまうと、期待どおりの動きをしません。おそらく最初の`getchar()`が入力待ちの状態にならずに抜けてしまうはずです。
　この問題は`scanf()`の仕様によるものです。
　`scanf()`は、入力を行単位で解釈するのではなく、文字が連続してやってくるストリームとして解釈します（改行文字も1つの文字です）。
　`scanf()`は、ストリームから文字を読み込みつつ、変換指定子（`%d`とか）にマッチする部分について変換を行います。
　そして、たとえば変換指定子が`%d`のとき、

```
123<改行>
```

という入力があったとすれば、`scanf()`は、123までをストリームから消費して、**改行文字はストリームに残します**。よって、次の`getchar()`が、その取り残された改行文字を食べてしまうわけです。
　また、`scanf()`が変換に失敗した場合（たとえば、`%d`を指定しているのに英文字が入力されたなど）、`scanf()`はその部分をストリームに残します。
　`scanf()`は、戻り値として、代入に成功した変換指定子の数を返しますが、ちゃんとエラーチェックをしているつもりで、

```
while (scanf("%d", &hoge) != 1) {
    printf("入力エラーです。 もう一度入力してください。");
}
```

こんなプログラムを書いてしまうと、ユーザーが一度でも入力ミスしたらこのプログラムは無限ループに入ります。入力ミスした分の文字列を、次の`scanf()`がまた読み込もうとするからです。
　List 2-1のように、`fgets()`と`sscanf()`を組み合わせて使うことで、この手の問題を（ほぼ）避けることができます。
　もっとも、`fgets()`でも、第2引数で指定している以上の長さの文字列を一度に入力されると、その分はストリームに残ってしまいます。今回のプログラムは、自分で使うためのテストプログラムですから、そのあたりの対応は手を抜いています。

ちなみに、scanf()に複雑な変換指定子を指定してこの問題を回避することもできますが、fgets()を使うほうが楽だと私は思います。

なお、この問題を解決するためにfflush(stdin);を使う人もいますが、その対処法は**間違っています。**

fflush()は出力ストリームに対して使うものであり、入力ストリームには使えません。規格では、入力ストリームに対するfflush()の動作は未定義になっています。

未定義、未規定、処理系定義

上で、「入力ストリームに対するfflush()の動作は未定義になっています」と書きました。

未定義の動作（undefined behavior）というのは、規格には、「可搬性がない若しくは正しくないプログラム構成要素を使用したときの動作、又は正しくないデータを使用したときの動作であり、この規格が何ら要求を課さないもの。」と記載されています。つまり、規格上「未定義」とされているコードを実行したら、何が起きても文句はいえません。よくいわれるたとえ話として、「鼻から悪魔が飛び出しても仕様には反しない」というものがあります。

似た言葉として**未規定の動作**（unspecified behavior）というものがありますが、これは「この規格が、二つ以上の可能性を提供し、個々の場合にどの可能性を選択するかについて何ら要求を課さない動作」と定義されています。たとえば関数の引数の評価順序は未規定ですので、「hoge(func1(), func2())」という式においてfunc1()とfunc2()のどちらが先に呼び出されるかはわかりません。ただし、順序はわからないとはいえ、func1()もfunc2()も呼び出すコードが生成されることは保証されています。

また、**処理系定義の動作**（implementation-defined behavior）は、「未規定の動作のうち、各処理系が選択した動作を文書化するもの」とあります。たとえばcharが符号付きかどうかは、処理系定義です。処理系はどちらを選択してもよいですが、それは文書化されていなければなりません。

2-2 Cのメモリの使い方

2-2-1 Cにおける変数の種類

> * 規格では「有効範囲 (scope)」と「結合(linkage)」とは別々に定義されていて、ブロックで囲むのはスコープ、staticとexternはリンケージ(結合)を制御します。
> いわゆるグローバル変数は、scopeがfile scopeで、linkageがexternal linkage(外部結合)ということになります。
> ただ、プログラマーの感覚としては、どちらも名前空間の制御であることに変わりはないので、本書ではまとめて「スコープ」と呼んでしまっています。

Cの変数は、**スコープ**（scope：有効範囲）*と**記憶域期間**（storage duration）という2つの軸で分類することができます。

まずはスコープから見ていきます。Cの変数には、段階的なスコープがあります。

小さなプログラムを書いている間は、スコープの必要性をあまり感じないかもしれません。しかし、何万行、何十万行というプログラムでは、スコープがないとやっていられません。スコープが変数の有効範囲を絞ってくれることで、名前の衝突を気にしなくてよくなったり、遠く離れたところで変数の内容が書き換えられることを気にしないでよくなったりします（もっとも、Cの場合、領域破壊やポインタ経由の書き込みで、見えないはずの変数が書き換えられる可能性があったりしますが……）。

Cの変数のスコープには、以下のものがあります。

1. **グローバル変数**

   関数の外側で定義した変数は、デフォルトでグローバル変数になります。
   グローバル変数はどこからでも見える変数です。プログラムを複数のソースファイルに分けて分割コンパイルする場合、グローバル変数は、宣言さえすれば、別のソースファイルからでも参照することができます。

2. **ファイル内static変数**

   グローバル変数のように関数の外側で定義した変数でも、staticを付けると、スコープはそのソースファイル内に限定されます。static指定された変数は、他のソースファイルからは見ることができません（関数も同様です）。

staticとは、英語的には「静的」という意味ですし、後述する記憶域期間の制御においてもこのキーワードを使うのですが、「スコープをファイル内に限定する」という全然違う機能に、同じstaticというキーワードを使ってしまうのは、これまたCのいい加減さの現れに思えます。

3. ローカル変数

関数の中で宣言した変数は、ローカル変数になります。ローカル変数は、宣言を含むブロック（{}で囲まれた範囲）の中でだけ参照することができます。ローカル変数というと、通常は関数の先頭で宣言しますが、関数の内部にあるブロックの先頭でもローカル変数を宣言することが可能です。スコープはそのブロック内に限定されますので、たとえば「2変数の内容を交換するのに、ちょっとだけ一時変数を使いたい」というような場合には便利です。また、C99からは、C++やJavaやC#同様、ブロックの途中でもローカル変数を宣言できるようになりました。

ローカル変数は、そのブロックを抜けた時点で解放されます。解放されたくない場合（もう一度そのブロックに入ってきたときに同じ値を保持していてほしい場合）には、staticを付けて宣言します（後述）。

次は、**記憶域期間**について見ていきます。Cには、以下の2つの記憶域期間があります。

1. 静的記憶域期間（static storage duration）

グローバル変数、ファイル内static変数、static指定を付けたローカル変数は、**静的記憶域期間**を持ちます。これらの変数を、総称して**静的変数**と呼ぶこともあります。

静的記憶域期間を持つ変数は、プログラムの開始から終わりまでの寿命を持ちます。言い換えると、メモリ上の同一のアドレスに存在し続けます。

2. 自動記憶域期間（auto storage duration）

static指定のないローカル変数は、**自動記憶域期間**を持ちます。このような変数を**自動変数**と呼びます。

自動記憶域期間を持つ変数は、そのブロックに入ると同時に領域が確保され、ブロックを抜けると解放されます*。これには、通常スタックという仕組みが使われます。詳細は、「2-5 自動変数（スタック）」で説明します。

＊実装上は、自動変数の領域の確保は「ブロックに入るとき」ではなくて「関数に入るとき」にまとめて行っている処理系が多いかと思います。

それから、「変数」ではないですが、Cでは、malloc()関数を使用して動的なメモリ確保を行うこともできます。malloc()で確保した領域は、free()で解放

するまでの寿命を持ちます。

　プログラム中でなんらかのデータを保持するには、メモリ上のどこかにそれだけの領域を取らなければならないわけですが、まとめると、Cでは、そのメモリ領域の寿命に以下の3種類があるということです。

1. **静的変数**
   寿命は、プログラムの開始から終了まで。
2. **自動変数**
   寿命は、その変数が宣言されたブロックを抜けるまで。
3. **malloc()で確保した領域**
   寿命は、free()するまで。

> **Point**
> Cでは、領域の寿命が3種類ある。
>   1. 静的変数。寿命は、プログラムの開始から終了まで。
>   2. 自動変数。寿命は、ブロックを抜けるまで。
>   3. malloc()で確保した領域。寿命は、free()するまで。

補足 Note 記憶域クラス指定子

　Cの文法では、以下のキーワードが「記憶域クラス指定子」として定義されています。

```
typedef extern static auto register
```

　しかし、これだけたくさんある「記憶域クラス指定子」の中で、本当に「変数の記憶域期間を指定するため」に実際に使われているのは、実はstaticだけです[*]。
　externは「他のどこかで定義されている外部変数を、ここでも見られるようにしよう」という意味ですし、autoはデフォルトなので指定する必要がありません。registerは、コンパイラに対して最適化のヒントを与えるのに使います。これを付けると優先的にレジスタに割り当てられる（そのため、&演算子が適用できなくなります）のですが、最近はコンパイラの出来がよいので普通使いません。typedefに至っては、変数ではなく型名を定義するのに、構文の都合だけで記憶域クラス指定子に入れられています。

＊しかも、staticも、関数の外で使うと、記憶域期間ではなく、スコープを制御します……

やけにいっぱいある「記憶域クラス指定子」に惑わされないようにしてください。

2-2-2 アドレスを表示させてみよう

　前述のように、Cの変数には何段階かのスコープがあり、また、それとは別に「記憶域期間」の区別があります。また、malloc()で動的にメモリを確保することも可能です。
　これらが、実際にメモリ上にどのように配置されているか、テストプログラムを書いて見てみることにしましょう（List 2-2）。

> 【注意！】
> 実は、List 2-2は（も？）、厳密にはCの規格に従っていません。
> 後述するとおり、28行目、29行目で「関数へのポインタ」をprintf()で表示していますが、そのためにvoid*にキャストしています。関数へのポインタは、intへのポインタやcharへのポインタとは違い、void*にキャストすることはできません。実際、gccでは、gcc拡張機能をOFFにする-pedanticオプションを付けると、このキャストにより以下の警告が出ます。
>
> ```
> warning: ISO C forbids conversion of function pointer to object pointer type
> ```
>
> printf()における変換指定子%pはvoid*には対応していますが、関数へのポインタを表示するための変換指定子は、（C99でもC11でも）ありません。よって、現状では、関数へのポインタをprintf()で表示する「正しい」方法はありません。
> ただ、たいていの処理系では、警告は出るにしても動作すると思いますので、ここでは、規格に厳密であることよりも、実際にアドレスを表示してみてメモリ上の配置を「実感」していただくことを選びました。

List 2-2
print_address.c

```
1  #include <stdio.h>
2  #include <stdlib.h>
3
4  int           global_variable;
5  static int    file_static_variable;
```

```
 6
 7  void func1(void)
 8  {
 9      int func1_variable;
10      static int local_static_variable;
11
12      printf("&func1_variable..%p\n", (void*)&func1_variable);
13      printf("&local_static_variable..%p\n", (void*)&local_static_variable);
14  }
15
16  void func2(void)
17  {
18      int func2_variable;
19
20      printf("&func2_variable..%p\n", (void*)&func2_variable);
21  }
22
23  int main(void)
24  {
25      int *p;
26
27      /* 関数へのポインタの表示 */
28      printf("func1..%p\n", (void*)func1);
29      printf("func2..%p\n", (void*)func2);
30
31      /* 文字列リテラルのアドレスの表示 */
32      printf("string literal..%p\n", (void*)"abc");
33
34      /* グローバル変数のアドレスの表示 */
35      printf("&global_variable..%p\n", (void*)&global_variable);
36
37      /* ファイル内static変数のアドレスの表示 */
38      printf("&file_static_variable..%p\n", (void*)&file_static_variable);
39
40      /* ローカル変数の表示 */
41      func1();
42      func2();
43
44      /* mallocにより確保した領域のアドレス */
45      p = malloc(sizeof(int));
46      printf("malloc address..%p\n", (void*)p);
47
48      return 0;
49  }
```

私の環境では、実行結果は以下のようになりました。

```
func1..0x40057d
func2..0x4005b1
string literal..0x400760
&global_variable..0x601054
&file_static_variable..0x60104c
&func1_variable..0x7fff7faef52c
&local_static_variable..0x601050
&func2_variable..0x7fff7faef52c
malloc address..0x1d12010
```

　変数のアドレスを表示する、といっておいてのっけからなんですが、List 2-2の28〜29行目では、関数へのポインタを表示させています。

　「1-2-3　メモリとプログラムの実行」でも説明したとおり、コンパイラにより機械語に変換された実行形式は、いざ実行する際にはメモリに格納されます——ということは、当然のことながら、関数の機械語コードも、どこかのアドレスに配置されているわけです。

　Cでは、ちょうど配列が式の中ではポインタに読み替えられるように、式の中の「関数」は「その関数へのポインタ」という意味になります。それに対し、関数呼出し演算子の「()」を適用することで関数呼び出しが行われます。28〜29行目のfunc1、func2には「()」が付いていませんから、関数呼び出しは起きず、関数へのポインタとなります。そして、それは通常、その関数の先頭アドレスを意味します。

　32行目では、""で囲まれた文字列（**文字列リテラル**）のアドレスを表示しています。

　Cでは、文字列は「charの配列」として表現されます。文字列リテラルの型も「charの配列」なのですが、**式の中では配列は「先頭要素へのポインタ」に読み替えられる**ので、式の中で"abc"のように書くと、この文字列が格納されている領域の先頭アドレスを意味することになります。

　35行目ではグローバル変数のアドレスを、38行目ではファイル内static変数のアドレスを、それぞれ表示させています。

　41行目、42行目では、関数func1()とfunc2()を呼び出して、12行目と20行目で自動変数のアドレスを、13行目では、staticなローカル変数のアドレスを表示しています。

　またmain()に戻って、46行目では、malloc()で確保した領域のアドレスを表示しています。

　——さて、実際に表示されたアドレスを見てみましょう。

　アドレスの順番に並べ直すと、Table 2-1のようになりますね。

第 2 章　実験してみよう——Cはメモリをどう使うのか

Table 2-1 アドレス一覧

アドレス	内容
0x40057d	関数func1()のアドレス
0x4005b1	関数func2()のアドレス
0x400760	文字列リテラル
0x60104c	ファイル内static変数
0x601050	staticなローカル変数
0x601054	グローバル変数
0x1d12010	mallocにより確保された領域
0x7fff7faef52c	func1()での自動変数
0x7fff7faef52c	func2()での自動変数

　見たところ「関数」と「文字列リテラル」が、かなり近い領域に置かれています。また、静的な変数は、ローカル変数だろうとファイル内のstatic変数だろうとグローバル変数だろうと、かなり近い位置に配置されているようです。そこから少し離れてmalloc()の領域が来て、はるか離れて自動変数の領域が存在します。そして、func1()の自動変数と、func2()の自動変数とには、まったく同じアドレスが割り当てられています。

　私の環境における各領域のアドレスを図解すると、こんな感じになっているといえます（Fig. 2-3参照）。

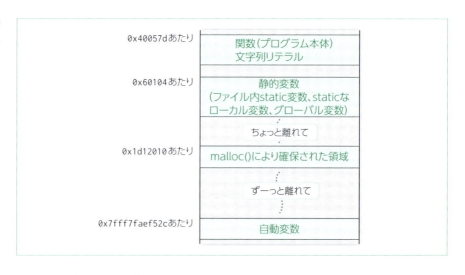

Fig. 2-3 いろいろなアドレス

＊これはセキュリティ上の配慮によります。p.120の補足「OSによるバッファオーバーフロー脆弱性対策」を参照のこと。

　Fig. 2-3を見ると、各領域の間に結構な隙間が空いているように見えますが、もちろんこの「隙間」の部分には、物理メモリは割り当てられていませんから、メモリが無駄になっているわけではありません＊。仮想記憶のなせる業です。

　以下の節で、それぞれの領域について説明します。

2-3 関数と文字列リテラル

2-3-1 書き込み禁止領域

　私の処理系では、関数（プログラム）本体と文字列リテラルは、隣接したアドレスに配置されているようです。

　これは偶然ではなく、いまどきのたいていのOSでは、関数本体と文字列リテラルをひっくるめて、1つの**書き込み禁止領域**に配置するためです。

　関数（プログラム）本体は、書き換えることはまずありえないので、書き込み禁止領域に配置されます。ちなみに大昔には、機械語のプログラムが自分自身を書き換えるようなテクニックは割と普通に使われたものですが[*]、現在はそういうテクニックはOSにより禁じられていることがほとんどです。

　自分自身を書き換えるようなプログラムは読みにくいものですし、実行プログラムが書き込み不能になっていれば、同じプログラムを同時に複数起動した場合に、物理アドレス上でプログラムを共有することで物理メモリを節約できます。また、いざメモリが不足した場合には、実行可能プログラムはどうせディスク上にありますから、メモリスワッピング用の領域にすら吐き出さずに捨ててしまうことも可能です。

　文字列リテラルは、いまどきのまともな処理系なら書き込み禁止領域に配置しますが、かつては、書き換え可能な領域に配置する処理系もありました。そのため、gccには`-fwritable-strings`というオプションがあり、これを指定することで文字列リテラルを書き換え可能にすることもできたのですが、バージョン4.0以降、このオプションも無効になっています。規格ではANSI Cの時点で文字列リテラルの書き換えは未定義になっていますし、もう書き換え不能と考えるべきでしょう。

[*] 私も使ったことあります——Z80って、サブルーチンコールは絶対アドレスをじかに指定するしかないもんで……とかいい始めると完璧に年寄りの昔話ですねこりゃ。

2-3-2 関数へのポインタ

関数は、式の中では「関数へのポインタ」に読み替えられるので、funcのように書くと、その関数へのポインタが取得できます。List 2-2で実験したとおりです。

「関数へのポインタ」は、結局単なるポインタ（アドレス）ですから、関数へのポインタ型の変数に代入することもできます。

関数へのポインタ型は、対象の関数の戻り値や引数によっても異なる型になります。たとえば、

```
int func(double d);
```

というプロトタイプの関数があったとき、関数funcへのポインタを格納するポインタ変数は、以下のように宣言します。

```
int (*func_p)(double);
```

この変数宣言は、ぱっと見て「わけがわからない」かと思います。だからCの宣言の構文は変態的だというのですが、いまここで愚痴ってもしょうがないので置いておいて（詳細は第3章で説明します）、まずは使い方を説明します。

List 2-3が、関数へのポインタを使用したサンプルプログラムです。

List 2-3 func_ptr.c

```c
1  #include <stdio.h>
2
3  /* 引数に1.0を足して表示する関数 */
4  void func1(double d)
5  {
6      printf("func1: d + 1.0 = %f¥n", d + 1.0);
7  }
8
9  /* 引数に2.0を足して表示する関数 */
10 void func2(double d)
11 {
12     printf("func2: d + 2.0 = %f¥n", d + 2.0);
13 }
14
15 int main(void)
16 {
17     void (*func_p)(double);
```

```
18
19      func_p = func1;
20      func_p(1.0);
21
22      func_p = func2;
23      func_p(1.0);
24
25      return 0;
26  }
```

実行結果は以下のようになりました。

```
func1: d + 1.0 = 2.000000
func2: d + 2.0 = 3.000000
```

　List 2-3では、引数に1.0を足して表示する関数func1()と、2.0を足して表示する関数func2()を用意しておき、19行目ではfunc_pにfunc1()を設定してから「func_p(1.0);」という呼び出しを行い、22行目ではfunc2()を設定してから同様に「func_p(1.0);」という呼び出しを行っています。呼び出している部分だけ見れば、どちらも「func_p(1.0);」と書いてあるにもかかわらず、1回目の呼び出しではfunc1()が、2回目の呼び出しではfunc2()が呼び出されているのがミソです。

　func_p(1.0)という形式の関数呼び出しは、関数へのポインタfunc_pに対し、**関数呼出し演算子**である「()」を適用する、という意味です。これは、普通に「printf("hello.¥n");」と書いたときも変わりません。このときのprintfも、式の中では「関数へのポインタ」に読み替えられているからです。

　配列において、普通にarray[i]のように書いて要素にアクセスしたときもarrayは「配列の先頭要素へのポインタ」に読み替えられていましたが、関数においても同じようなことが起きていると考えればよいでしょう。

　「関数へのポインタ」を変数に格納するというテクニックは、実用的には、以下のようなケースで使用します。

1. GUIのボタンを表示するときに「そのボタンが押されたら呼び出される関数」を、ボタンに覚えておいてもらう。
2. 複雑な処理をライブラリ化するが、処理の一部をカスタマイズしたい場合、たとえばソートのプログラムについて比較処理だけを外部から与えるようにする（標準ライブラリのqsort()はその一例）。
3. 「関数へのポインタの配列」により処理を振り分ける。

最後の「関数へのポインタの配列」は、別途第5章で扱うことにしましょう。

2-4 静的変数

2-4-1 静的変数とは

　静的変数は、プログラムの起動から終了まで、存在し続ける変数です。よって、(仮想) アドレス空間上で、固定の領域を占有します。

　静的な変数には、グローバル変数、ファイル内static変数、static指定を付けたローカル変数がありますが、これらは、スコープが異なるのでコンパイル時／リンク時にこそ違う意味を持つものの、**実行時には似たようなものとして扱われます**。

2-4-2 分割コンパイルとリンク

　Cでは、複数のソースファイルによりプログラムを構成し、それぞれ別々にコンパイルしてから、結合することができます。これは、大規模プログラミングでは、非常に重要なことです。そりゃそうです。100人のプログラマーが、一斉に1つのソースファイルをいじり回すことはできませんから。

　そして、関数 (static指定のないもの) とグローバル変数に関しては、**名前が同じであれば**、ソースファイルをまたいでも同じものとして扱われます。この作業を行うのが**リンカ** (linker) と呼ばれるプログラムです (Fig. 2-4参照)。

　リンカに名前を結合してもらうために、各オブジェクトファイルは、**シンボルテーブル** (symbol table) という表を備えていることが多いものです (詳細は実装依存)。たとえばUNIXでは、たいてい、nmというコマンドで、オブジェクト

ファイルのシンボルテーブルを覗くことができます。

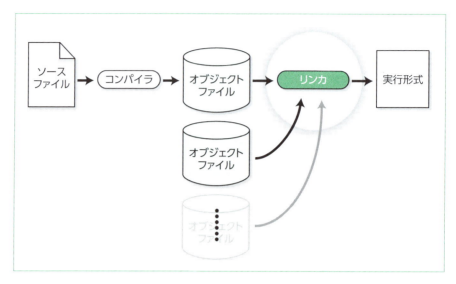

Fig. 2-4 リンカ

UNIXに特有のコマンドの話で申し訳ないですが、試しに、print_address.c（List 2-2参照）をcc -cオプションでコンパイルしてprint_address.oを作成し、このオブジェクトファイルに対してnmを実行してみましょう。私の環境では、以下のような出力が得られました。

```
0000000000000000 b file_static_variable
0000000000000000 T func1
0000000000000034 T func2
0000000000000004 C global_variable
0000000000000004 b local_static_variable.2064
0000000000000054 T main
                 U malloc
                 U printf
```

この出力を見てわかることは、まず、ファイル内static変数や、ローカルなstatic変数のように、結合の必要のないものまでシンボルテーブルには記載されている、ということです。

ファイル内static変数やローカルなstatic変数のスコープはソースファイルを超えませんから、他ファイルのシンボルと結合する必要はありません。しかし、静的変数は、リンカになんらかのアドレスを割り当ててもらわなければなりませんから、シンボルテーブルに記載されます。ただし、グローバル変数とは、フラグが違います（フラグとは、シンボル名の前に表示されている、bとかTと

かです)。グローバル変数のフラグがCであるのに対し、外部との結合のないシンボルは、ローカルであるかファイル内static変数であるかにかかわりなく、フラグbが付けられていますね。

ローカルなstatic変数であるlocal_static_variableには、何やら.2064とかいうオマケがくっついていますが、これは、ローカルなstatic変数は、1つの.oファイルの中でも名前の重複がありうるので、識別を付けるためでしょう。

関数名には、TまたはUのフラグが付いているようです。このファイルの中で実際に定義されている関数名にはTが、外部で定義されていて、呼んでいるだけの関数名にはUが付いているようですね。

リンカは、この情報をもとに、それまで「名前」でしかなかったものに具体的なアドレスを割り当てるわけです*。

シンボルテーブルに、自動変数がまったく登場しなかったことに注意してください。自動変数のアドレスは、実行時に決まるので、リンカの管轄外なのです。

これについて、次の節で述べます。

＊現在は共有ライブラリをダイナミックリンクするのが普通なので、現実にはこんなに単純ではないですが……

第 2 章　実験してみよう——Cはメモリをどう使うのか

2-5　自動変数（スタック）

2-5-1　領域の「使い回し」

　List 2-2で実験したところ、func1()の自動変数func1_variableと、func2()の自動変数func2_variableとは、まったく同じアドレスに存在していることがわかりました。

　自動変数は、宣言された関数を抜けたあとでは使えませんので、func1()を抜けたあとで呼び出されたfunc2()で、同じ領域を使い回しても、まったく問題ないわけです。

> **Point**
> 自動変数の領域は、関数を抜けたら別の関数呼び出しで使い回される。
> 自動変数のアドレスは、関数の呼び出し方により変動し、一定とは限らない。

2-5-2　関数呼び出しで何が起きるか？

　自動変数が具体的にメモリにどう格納されるかを、もう少し詳しく、次のテストプログラムで実験してみることにします（List 2-4参照）。

List 2-4 auto.c

```
1  #include <stdio.h>
2
3  void func(int a, int b)
4  {
```

```
5      int c, d;
6
7      printf("func:&a..%p &b..%p\n", (void*)&a, (void*)&b);
8      printf("func:&c..%p &d..%p\n", (void*)&c, (void*)&d);
9  }
10
11 int main(void)
12 {
13     int a, b;
14
15     printf("main:&a..%p &b..%p\n", (void*)&a, (void*)&b);
16     func(1, 2);
17
18     return 0;
19 }
```

実行結果は、私の環境では、以下のようになりました。

```
main:&a..0x7fff89124e78 &b..0x7fff89124e7c
func:&a..0x7fff89124e4c &b..0x7fff89124e48
func:&c..0x7fff89124e58 &d..0x7fff89124e5c
```

図にすると、Fig. 2-5のようになりますね。

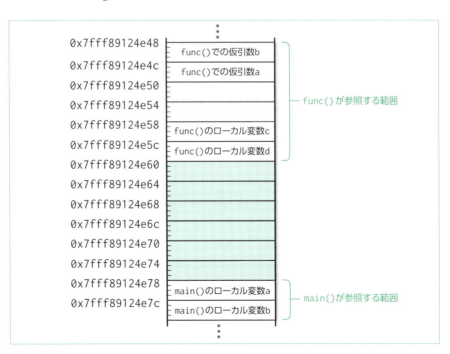

Fig. 2-5
ローカル変数と引数の
アドレス

main()が参照する領域（main()のローカル変数のアドレス）と、func()が参照する領域（func()のローカル変数、およびmain()から渡された引数のアドレス）を比べると、func()が参照する領域のほうがより小さいアドレスを持つようです。

Cでは、関数呼び出しごとに、新たに呼び出された関数のための領域が、それまでの領域の上に「積み上げられるように」確保されていきます。関数からリターンすると、その領域は解放されて、また次の関数呼び出しの際に使用されます。おおざっぱに図にすると、Fig. 2-6のような感じになります。

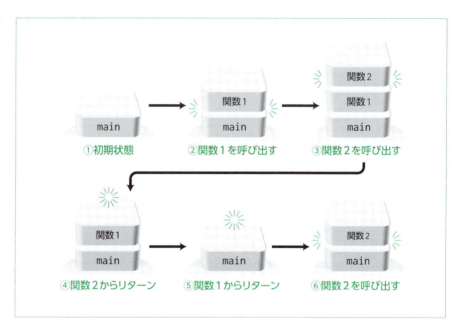

Fig. 2-6
関数呼び出しの概念図

このように「積み上げるように」使用するデータ構造を、一般に**スタック**（stack）と呼びます。

スタックは、配列などを使って、プログラマーが自前で実装することもありますが、たいていのCPUには、スタックを使用する機能が組み込みで備わっていて、Cの処理系は通常それを使います。Fig. 2-3で、自動変数の領域の上に、広大な空き領域があったことを思い出してください。そこにスタックがニョキニョキ伸びていくわけです。

Point
Cでは、通常、自動変数はスタックに確保される。

2-5 自動変数（スタック）

　自動変数をスタックに確保することで、領域の使い回しができるので、メモリの節約になります。

　また、自動変数をスタックに確保することは、再帰呼び出し（「2-5-6　再帰呼び出し」を参照）において、重要な意味を持ちます。

　Cでは、最も素朴な実装を想定すると、関数呼び出しの手順は以下のようになります——なお、以下の説明はあくまで「素朴な実装」についてのものなので、いまどきの処理系にはあてはまらないことがあります。というか、私の使っている環境でもあてはまっていません（よって、Fig. 2-5には一致しません）。ただし、昔の処理系は実際にこのような動作になっており、いまの処理系でも見かけ上は同じように動くように作られていますから、考え方を学ぶにはまずはこれでよいでしょう。

① 呼び出し側が、実引数の値を**後ろから順に**スタックに積みます*。

② 関数コールに関連する復帰情報（リターンアドレスなど）をスタックに積みます。Fig. 2-5で、薄い緑色になっているところに相当します。
「リターンアドレス」とは、関数が処理を終えたあと、戻るべきアドレスです。関数は、どこから呼んでも必ず呼んだところの次の処理に戻ってきますが、それはリターンアドレスをスタックに積んでいるから可能になっているのです。

③ 呼び出し対象である関数のアドレスにジャンプします。

④ その関数で使用する自動変数の領域分だけ、スタックを伸長させます。①から④までに伸長した分のスタックが、その関数が参照する領域となります。

⑤ 関数の実行中、複雑な式を評価するために、計算途中の値をスタックに置くこともあります。

⑥ 関数の実行が終了すると、ローカル変数分の領域を解放し、復帰情報を使用してもとのアドレスに復帰します。

⑦ 呼び出し側で、引数をスタックから除去します。

　func(1, 2)という呼び出しがあったとすれば、スタックは、Fig. 2-7のように使われることになります。

＊引数を後ろから順にスタックに積む理由は、「2-5-5　可変長引数」で明らかになります。

Fig. 2-7
func(1, 2)という呼び出しでのスタックの使われ方

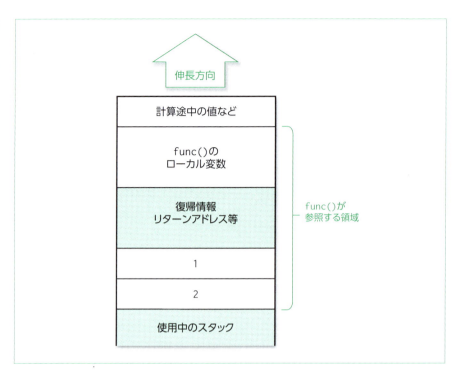

 呼び出し規約──Calling Convention

　Cでは分割コンパイルが可能ですし、関数呼び出しはコンパイルの単位であるソースファイルをまたぎます。また、事前にコンパイルされたライブラリなどとリンクすることもできます。「Windowsでコンパイラにgccを使い、Windowsが標準で提供するライブラリを呼び出す」ということも普通にあるでしょう。ということは、「関数呼び出し時の引数の渡し方」は、それぞれのコンパイラが勝手に決めることはできません。

　そこで、OSおよびCPUごとに、呼び出し方を定める必要があります。これを**呼び出し規約**（calling convention）と呼びます。

　本書で説明した呼び出し方は、x86系のプロセッサではcdeclと呼ばれる呼び出し規約です。この方法ではすべての引数をスタックに積んで渡します。

　ただ、最近はCPUの進歩により使えるレジスタの数が増えてきたので、インテルの64ビットCPU（x86_64アーキテクチャ）では、いくつかの引数をレ

ジスタ経由で渡します。「1-2-3　メモリとプログラムの実行」でも書いたように、レジスタは主記憶よりずっと高速だからです。Microsoftのx86_64呼び出し規約では4個まで、Linuxなどで使用しているSystem V AMD 64 ABIという呼び出し規約では、整数とポインタは6個、浮動小数点数は8個をレジスタで渡します。Fig. 2-5にて、func()での仮引数がfunc()のローカル変数よりも上に積まれているのは、レジスタ経由で渡した値をあらためて主記憶に置き直しているからです*

32ビットOSの時代は、LinuxやBSD系のOSではcdeclがデフォルトだったので、実際に&演算子を使って変数のアドレスを表示すれば、「引数を後ろからスタックに積んでいる」ことなどを直接観察できたのですが（本書の旧版ではそうしています）、技術が進むほど「素朴な実装」とはかけ離れた動きをするようになって、初学者のハードルを上げているように思います——後述しますが、引数を後ろからスタックに積むのは、可変長引数の仕組みと密接に結びついており、それを学ぶには「素朴な実装」が一番わかりやすいと思うからです。

＊主記憶に置き直すならレジスタで渡しても速くならないじゃん、と思うかもしれませんが、&演算子を使わないコードに最適化オプションを付けてコンパイルしたら、直接レジスタを使うようになりました。

2-5-3　自動変数をどのように参照するのか

p.54の補足「実行時には、型の情報も変数名も、ない」において、「staticではないローカル変数（自動変数）については、変数名も、コンパイル後のオブジェクトファイルには通常は残りません」と書きました。また、「2-4-2　分割コンパイルとリンク」の終わりでは「自動変数のアドレスは、実行時に決まるので、リンカの管轄外なのです」と書きました。

自動変数のアドレスが実行時に決まる、ということは、ここまで説明してきました。では、実際にコンパイル済みの機械語コードがローカル変数を参照する際は、具体的にどのように参照するのでしょうか。

これはもう、ぐだぐだ説明するより、アセンブリ言語を見るほうが早いかと思います。私の環境（x86_64）に特化した説明になってしまいますが、考え方はどのCPUでもだいたい同じです。

2つの引数を受け取り、足し合わせて返すadd_func()関数を考えます（List 2-5参照）。

List 2-5
add_func.c

```
1  int add_func(int a, int b)
2  {
3      int result;
4
5      result = a + b;
6
7      return result;
8  }
```

これを、gccの-Sオプションでアセンブリ言語に変換したもの（抜粋）がList 2-6です。

List 2-6
add_func.s

```
1   add_func:
2   .LFB0:
3       .cfi_startproc
4       pushq   %rbp              ← %rbpレジスタをスタックに退避
5       .cfi_def_cfa_offset 16
6       .cfi_offset 6, -16
7       movq    %rsp, %rbp        ← %rspレジスタを%rbpレジスタにコピー
8       .cfi_def_cfa_register 6
9       movl    %edi, -20(%rbp)   ← %ediの内容を引数aにセット
10      movl    %esi, -24(%rbp)   ← %esiの内容を引数bにセット
11      movl    -24(%rbp), %eax   ← bの内容を%eaxにセット
12      movl    -20(%rbp), %edx   ← aの内容を%edxにセット
13      addl    %edx, %eax        ← %edxと%eaxを加算し、%eaxにセット
14      movl    %eax, -4(%rbp)    ← %eaxをresultにセット
15      movl    -4(%rbp), %eax    ← resultを%eaxにセット
16      popq    %rbp              ← %rdpレジスタをスタックから回復
17      .cfi_def_cfa 7, 8
18      ret                       ← 呼び出し元に戻る
19      .cfi_endproc
```

アセンブリ言語を見てびびってしまう人もいるかと思いますが、ここで出てきている命令はごく少数なので、順に読んでいけばたいしたことはないでしょう。

まず、ピリオドで始まる行はアセンブラに対する命令（ディレクティブ）なので無視してかまいません。

4行目に「pushq %rbp」とありますが、これは、「%rbp」という名前のレジスタの内容をスタックにプッシュする（積む）ことを意味します。そして7行目で、%rspというレジスタの内容を%rbpにコピーしています。movqとかmovlという命令は、オペランド（引数のようなもの）を2つ取り、左のオペランドの値を右のオペランドにコピー（move）する命令です。

2-5 自動変数（スタック）

%rbpレジスタは、**ベースポインタ**（base pointer）と呼ばれるレジスタ＊で、このレジスタが指すアドレスを基準にしてローカル変数にアクセスします。%rspは**スタックポインタ**（stack pointer）と呼び、スタックのてっぺんを指します。スタックポインタの値をベースポインタにコピーしたということは、ベースポインタは、現在、スタックのてっぺんを指しています。

＊これはx86/x86_64用語で、一般には**フレームポインタ**（frame pointer）と呼ぶことが多いかもしれません。

そして、9行目と10行目で、関数呼び出し時にレジスタ経由で渡された値を仮引数の領域にコピーしています。%edi、%esiはそれぞれレジスタです。「-20(%rbp)」というのは、ベースポインタから20バイト引いたアドレスを意味します。このように、ベースポインタから一定距離離れた場所が、仮引数やローカル変数のアドレスとなります。図にすると、Fig. 2-8のようになっていることがわかります。Fig. 2-5とも見比べてみてください。

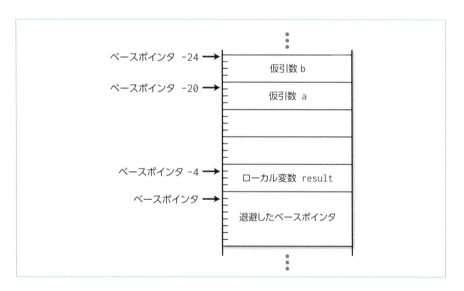

Fig. 2-8
ベースポインタとローカル変数

11行目、12行目で、ローカル変数の内容をレジスタに格納し、13行目で加算を行っています。その上で、それをローカル変数resultに格納し（14行目）、さらにresultの内容をレジスタ%eaxに格納しています。これは、関数の戻り値はレジスタ%eaxに格納する、と呼び出し規約で決まっているからです。

その後、4行目でスタックに退避した値をベースポインタに復帰させ、呼び出し元に戻ります。

いきなりアセンブリ言語が出てきてびっくりしたかもしれませんが、こうして見てみれば、ローカル変数がベースポインタからのオフセットで参照されていることを実感できるのではないでしょうか。

自動変数の領域は、関数を抜けたら解放される！

初心者の方は、以下のようなプログラムを書いてしまうことがあるようです。

```
/* intを文字列に変換するプログラム */
char *int_to_str(int int_value)
{
    char buf[20];

    sprintf(buf, "%d", int_value);

    return buf;
}
```

このプログラムは、おそらく正常に動作しません*。

＊環境によっては動いてしまうかもしれませんが、それは偶然です。

理由は、もうおわかりでしょうが、自動変数 buf の領域は関数を抜けた時点で解放されているからです。

この関数をとりあえず動作するようにするためには、buf を、

```
static char buf[20];
```

のように宣言する方法があります。これなら、buf の領域は静的に確保されますので、関数を抜けても解放されることはありません。

しかし、そうしてしまうと、この関数を 2 回続けて呼び出したとき、最初の呼び出しで得られた文字列の内容が、2 回目の呼び出しで「こっそりと」変更されてしまう、ということになります。

```
str1 = int_to_str(5);
str2 = int_to_str(10);
printf("str1..%s, str2..%s¥n", str1, str2);  ← さて、なんと表示されるでしょう？
```

プログラマーの意図としては、おそらく「str1..5, str2..10」と表示してほしかったのでしょう。でも、このプログラムでは、そうはなってくれませんね。

こういう関数は、思わぬバグを呼ぶものです*。また、マルチスレッドのプログラミングにおいても問題になります。

＊標準ライブラリに strtok() という関数があり、この関数も似たような性質を持つので、よく怨嗟の声を聞きます。

それを避けるため、malloc() による動的なメモリ確保を使う方法（「2-6 malloc() による動的な領域確保（ヒープ）」を参照のこと）もありますが、これはこれで、使う側に free() の手間を押し付けることになります。

呼び出し元で配列のサイズの上限がわかっているのなら、get_word.c でそ

うしたように、呼び出し元で配列を用意してやって、そこに結果を詰めてもらうようにするのがよいでしょう。呼び出し元で配列サイズの上限が決められないなら、`malloc()`を使うしかないですね。

2-5-4 典型的なセキュリティホール —バッファオーバーフロー脆弱性

たとえば、自動変数で以下のように配列を宣言したとして、

```
int hoge[10];
```

範囲チェックを誤って、配列の領域を超えたところにまで書き込んでしまったとしましょう。何が起きるでしょうか？

ちょっと超えただけなら、隣の自動変数の内容を壊すぐらいで済むかもしれません。が、もっと、ずっと先まで破壊してしまったら？

自動変数はスタックに確保されるのでした。それは配列であっても同じです。よって、図にすると、こんな感じになっているはずです（Fig. 2-9参照）。

Fig. 2-9 配列のスタック上でのイメージ

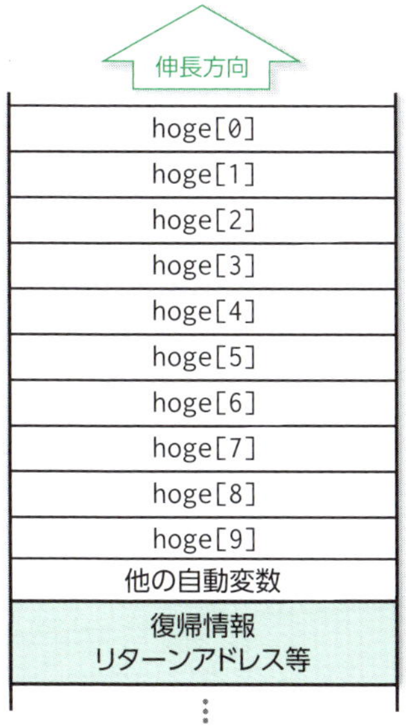

```
        伸長方向 ↑
    ┌─────────────┐
    │   hoge[0]   │
    ├─────────────┤
    │   hoge[1]   │
    ├─────────────┤
    │   hoge[2]   │
    ├─────────────┤
    │   hoge[3]   │
    ├─────────────┤
    │   hoge[4]   │
    ├─────────────┤
    │   hoge[5]   │
    ├─────────────┤
    │   hoge[6]   │
    ├─────────────┤
    │   hoge[7]   │
    ├─────────────┤
    │   hoge[8]   │
    ├─────────────┤
    │   hoge[9]   │
    ├─────────────┤
    │  他の自動変数 │
    ├─────────────┤
    │    復帰情報   │
    │ リターンアドレス等 │
    │      ⋮       │
```

第2章　実験してみよう——Cはメモリをどう使うのか

　ここで、配列hogeの領域を、大きく超えて書き込んでしまうと、その関数の復帰情報まで破壊することになります。ということは——その関数から**戻ることができなくなります**。

　バグありプログラムの挙動を追っていて、どうも関数の処理は最後まで行っているようなのに、呼び出し元に復帰していないようだ、という場合は、これを疑うべきでしょう。

　こういう場合は、デバッガでも、クラッシュした箇所が特定できないことが多いようです。デバッガも、スタックに積まれた情報を使用しますから、スタックを盛大に破壊してしまうと追えなくなってしまうわけです。

　しかし、このようにプログラムがクラッシュしてしまうのならまだマシで、自動変数の配列のオーバーランで復帰情報（リターンアドレス）を上書きすることができてしまう、という事実は、**セキュリティホールにすらなりえます**。

　配列の範囲チェックをちゃんとやっていないプログラムに対し、悪意を持った攻撃者がわざと巨大なデータを食わせると、リターンアドレスが、その悪意を持ったデータにより書き換えられてしまいます。そして、その関数の実行が終われば、処理はその偽のリターンアドレスから再開されるわけですから、そこに（これまた入力データとして）攻撃用の機械語コードを入れておけば、攻撃者はそのプログラムに任意の機械語コードを実行させることができてしまいます。これを**バッファオーバーフロー脆弱性**と呼びます*。

　よく、脆弱性発見のニュースで「任意のコードが実行可能な脆弱性」と報じられることがありますが、バッファオーバーフロー脆弱性はそのような脆弱性の一種です。

　バッファオーバーフローによりリターンアドレスを上書きするプログラムのサンプルを、List 2-7に載せておきます。

＊**バッファオーバーラン脆弱性**と呼ばれることもあります。

List 2-7
buffer_overflow.c

```
 1  #include <stdio.h>
 2
 3  void hello(void)
 4  {
 5      fprintf(stderr, "hello!¥n");
 6  }
 7
 8  void func(void)
 9  {
10      void *buf[10];
11      static int   i;
12
13      for (i = 0; i < 100; i++) {   ← オーバーラン!!
```

```
14          buf[i] = hello;
15      }
16  }
17
18  int main(void)
19  {
20      int buf[1000];
21      buf[999] = 10;
22
23      func();
24
25      return 0;
26  }
```

コンパイルするといくつか警告が出るかもしれません。私の環境では、関数へのポインタをvoid*の変数に格納しているところ（14行目。print_address.cと同様）と、配列bufの未使用の警告（10行目、20行目）が出ました。今回は実験なので無視してください。

すべての環境でそうなるとは限りませんが、私の環境では、これを実行すると「hello!」が何回も表示され、その後Segmentation faultで落ちました。

ソースコードの見た目上、どう見てもhello()を呼び出してはいないのに、なぜかhello()が呼び出されています。

これは、13～15行目のループにて、配列bufの要素数（10）を超えたところに書き込むことで、リターンアドレスを関数hello()へのポインタで上書きしているからです。関数へのポインタは、通常その関数の機械語コードの開始アドレスですから、リターンアドレスをこれで上書きすることで、func()から戻るつもりがhello()にジャンプする、という現象が起きます。スタックはしばらく先までhello()へのポインタで埋めてあるので、hello()終了後もまたhello()にジャンプします。

今回は、ソースコード中で配列にhello()へのポインタを格納しましたが、ネットワークなど、外部からくるデータを配列に格納する際に範囲チェックをさぼっていたら、外部からの攻撃により任意のアドレスにジャンプさせられる可能性がある——任意のコード実行可能な脆弱性になりうる、ということが実感できるのではないでしょうか。

昔から、Cの標準ライブラリにはgets()という関数があり、これは、fgets()のように標準入力から1行入力を行う関数ですが、fgets()と違って、バッファのサイズを渡すことができません。よって、gets()側では、**配列の範囲**

チェックは不可能です。Cでは、配列を引数として渡すとは、ただ配列の先頭要素へのポインタを渡すことに過ぎず、呼び出され側で、その配列のサイズを知ることはできませんから。

そして、gets()は、標準入力、すなわち「外部から」の入力を配列に格納しようとします。よって、gets()を使っているプログラムには、わざと巨大な行を含むデータを食わせることで、故意に配列のオーバーランを起こし、リターンアドレスを書き換えることができてしまいます。

1988年にインターネットで繁殖した、有名な「インターネットワーム」は、このgets()の脆弱性を突いたものでした。

このような理由から、現在はgets()は時代遅れの関数と見做されています。gccではずいぶん前から警告が出ましたし、C11において、ついに削除されました。

これは別にgets()に限った話ではなく、たとえばscanf()でも、"%s"を使えば同じ結果を招きます（ただ、scanf()のほうは、"%10s"のように指定することで、文字列の最大長を制限できるようになっています）。また、strcpy()やsprintf()においても、その時点で必要なバッファサイズが確実に予測できなければ、やはりバッファオーバーフローを招きます。それを回避するために、たとえばC99からはsnprintf()、C11からはsprintf_s()のような関数が用意されています。「6-1-1 範囲チェックが追加された関数（C11）」にて後述します。

OSによるバッファオーバーフロー脆弱性対策

バッファオーバーフロー脆弱性は、「任意のコード実行可能な脆弱性」になり得ます。これは脆弱性の中でももっともタチが悪いものです。しかも、Cでは、「プログラマーが配列の範囲チェックを怠る」という、実にありがちなバグでこの脆弱性が発生します。

このように、あまりに危険な脆弱性なので、プログラマーの良識にまかせるだけでなく、OSのレベルでも対策が取られてきました。

1つは、**アドレス空間配置のランダム化**（**A**ddress **S**pace **L**ayout **R**andomization: ASLR）という機能です。これは、プログラムの起動時に、スタックやヒープのアドレスをある程度ランダムに決定する、というものです。

バッファオーバーフロー脆弱性では、攻撃者はスタック上のリターンアドレスを書き換えて、別途読み込ませた攻撃用コードの先頭にジャンプさせます。

攻撃用コードを読み込ませる方法としては、どうせプログラムが配列の範囲チェックをさぼっているのなら、プログラムに大量のデータを食わせることで、リターンアドレスを上書きすると同時にスタック上に注入するのが楽でしょう。そして、そうして埋め込んだ攻撃用コードの先頭アドレスでリターンアドレスを上書きするわけです。しかし、スタックの領域がランダムに配置されるとなると、攻撃者は攻撃用コードの先頭アドレスを予測できなくなりますから、攻撃が困難になります。

とはいえ、攻撃者は攻撃用コードの先頭アドレスを必ずしもバイト単位で正確に指定する必要があるわけではありません。冒頭部分を何もしない命令（NOPといいます）で埋めておけば、そのNOP部分のどこにジャンプさせてもよいわけです。また、条件によっては、攻撃者は複数回攻撃を行うことができるかもしれません。そう考えると、ASLRによる防御も、必ずしも完全とはいえないと思います。というか、セキュリティホール以前に、配列の範囲チェックをさぼってプログラムが落ちるとすればそれはバグなので、直しておくべきものです。

別の対策として、**データ実行防止**（**D**ata **E**xecution **P**revention：DEP）という機能もあります。これは、CPUの機能を使用して、スタックやヒープの機械語コードを実行できないようにする、というものです。ただし、たとえばJavaなどの言語のJIT（**J**ust **I**n **T**ime）コンパイラなどは、まさにデータ領域に機械語コードを生成してそれを実行したいわけですから、DEPがあると動きません。このようなプログラムでは、ヒープからメモリを確保する際に、実行禁止のフラグを立てない特別なメモリ確保用の関数を使う必要があります。

2-5-5 可変長引数

　Cでは、可変長の引数を取る関数を作ることができます。典型的なのは、みなさんおなじみの`printf()`でしょう。`printf()`は、第1引数である書式指定の文字列に含まれる変換指定子（%dとか）の数だけの式を、第2引数以降に与えます。

　p.111にて、素朴な実装では実引数の値を後ろから順にスタックに積む、と書きました。スタックに積むなら積むで素直に前から積めばよいのに、と思うかもしれませんが、これを後ろから積むのは、可変長の引数を実現するためです。

たとえば、

```
printf("%d, %s\n", 100, str);
```

のような呼び出しがあったとき、スタックは、Fig. 2-10のような状態になっているはずです。

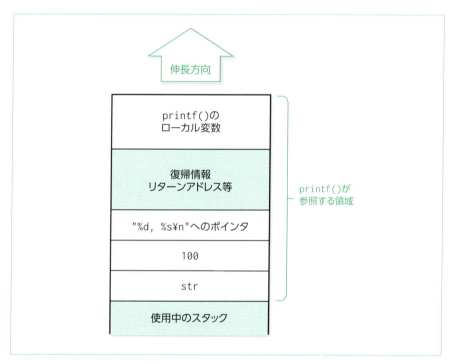

Fig. 2-10 可変長引数を持つ関数の呼び出し

このとき重要なのは、引数をいくつ積もうが、最初の引数のアドレスが特定できるということです。図を見ると、最初の引数（"%d, %s\n"へのポインタ）は、printf()のローカル変数から見て、必ず一定の距離だけ離れたところにあることがわかります。最初の引数が取得できれば、たとえばprintf()の場合は、「"%d, %s\n"」という文字列を解析することで、その続きにどんな引数がいくつきているかがわかります。残りの引数は、最初の引数の続きに並んでいるはずですから、順番に追っていけば、取り出すことができます。

もし、引数を前から順にスタックに積んでいたら、最後の引数を見つけることはできても、最初の引数はどこにあるのかわかりません。後ろからスタックに積むことで、可変長引数を実現できるわけです。

最初の引数が取得できれば、以降はそこから順に続きの引数が並んでいるはず

2-5 自動変数（スタック）

……とはいうものの、実際にはいろいろ処理系に依存する部分があるので、ANSI Cでは、移植性を高めるために、stdarg.hというヘッダファイル※において、可変長引数を使うためのマクロ群を提供しています。

※ANSI C以前のCでは、varargs.hというヘッダファイルを使いました。これとstdarg.hとでは、使い方がかなり違います。

それでは、stdarg.hを使用して、実際に可変長引数の関数を作ってみるとしましょう。

printf()に似せた、tiny_printf()を考えます。

tiny_printf()は、第1引数で以下に続く引数の型を指定し、第2引数以降で、表示する値を指定します。

```
tiny_printf("sdd", "result..", 3, 5);
```

この例では、第1引数の"sdd"により、あとに続く引数が「文字列、int、int」であることを指定しています（printf()のように、sが文字列、dが整数値を表すことにします）。そして、上の例では、第2引数以降で、文字列（"result.."）と、整数を2つ渡しています。

そして、実行すると、以下のように表示されます。

```
result.. 3 5
```

printf()と違って、改行文字の出力を指定するのがちょっと煩わしいので、デフォルトで改行するようにしてあります。

ソースはこんな感じになります（List 2-8参照）。

List 2-8 tiny_printf.c

```
1  #include <stdio.h>
2  #include <stdarg.h>
3  #include <assert.h>
4
5  void tiny_printf(char *format, ...)
6  {
7      int i;
8      va_list    ap;
9
10     va_start(ap, format);
11     for (i = 0; format[i] != '\0'; i++) {
12         switch (format[i]) {
13           case 's':
14             printf("%s ", va_arg(ap, char*));
15             break;
16           case 'd':
17             printf("%d ", va_arg(ap, int));
```

```
18                break;
19            default:
20                assert(0);
21        }
22    }
23    va_end(ap);
24    putchar('\n');
25 }
26
27 int main(void)
28 {
29    tiny_printf("sdd", "result..", 3, 5);
30
31    return 0;
32 }
```

　5行目から、関数定義が始まります。仮引数宣言での「...」という書き方はあまりなじみがないかもしれませんが、プロトタイプ宣言でもこのように書きます。プロトタイプ宣言で、引数を途中から「...」と書くと、その部分について、引数のチェックが抑止されます。

　8行目で、va_list型の変数apを宣言しています。va_list型というのは、stdarg.hで定義されている型です[*]。私の環境（gcc）ではこれは__gnuc_va_listというgccの組み込み型になっていましたが、昔は単純にchar*のtypedefだったりしました。ひとまずは、なんらかのポインタであると理解しておいてください。

　そして、10行目には、va_start(ap, format);という記述がありますが、これは「ポインタapを、引数formatの次の位置に向けてやる」ことを意味します。

　これで、可変長部分の引数の「頭出し」ができましたので、以後は、14行目、17行目にあるように、va_arg()マクロに、apと、引数の型を指定すれば、順次可変長部分の引数を取り出すことができます。

　23行目のva_end()は、va_start()と対にして書くことになっています。可変長引数をレジスタ渡しする処理系では、va_start()でメモリを割り当ててそこに引数を格納し、va_end()で解放したりするようです。

　va_arg()マクロは、引数apを次の引数に進めますが、プログラムの処理上、apを進めてしまったあとでまた元の位置に戻したくなることもあるでしょう。その場合、apを進める前に、以下のようにしてコピーを取っておけばよいと思うかもしれませんが、

[*] おそらくvariable argument listの略なのだろうと思います。

```
   va_list ap_copy = ap;
```

処理系によってはこれではうまくいきません。さきほど「ひとまずは、なんらかのポインタであると理解しておいてください」と書きましたが、実際にはポインタではない（処理系定義の謎の型だったり、要素数1のポインタの配列だったり）ことがあるためです。そのようなケースでapを複製するために、C99からはva_copy()マクロが用意されています。

ここで気をつけなければならないことは、可変長の引数を取る関数では、引数を前から順に、型を指定しながら取得していく必要があるので、その際に型と引数の終わりがわからなければ実装できない、ということです。

printf()は、表示をきれいに整形するには便利ですが、ちょっとした出力には大袈裟に感じることもあります。そこで、単純に、出力したいものをコンマ区切りで並べれば出力できるような関数、つまり以下のように、

```
writeln("a..", 10, " b..", 5);
```

と指定すると、

```
a..10 b..5
```

のように表示する関数を作ろうと思っても、Cでは、そういう関数を作ることはできません。なぜなら、この仕様では、writeln()の側で引数の型と個数を知ることができないからです。

ところで——可変長の引数を持つ関数の作り方を覚えると、なんだかそれがカッコいいような気がして、なんでもかんでも可変長引数で実装したくなる、というケースがあるようです。私がそうでした[*]。

しかし、可変長引数の関数では、プロトタイプ宣言による引数の型チェックがききません。また、呼び出された側では、呼び出し側が正しく引数を渡していると全面的に信用して動くことしかできません[*]。これらの点から、可変長引数を使った関数は、デバッグが難しくなりがちです。可変長引数は、そうしないとソースが書きにくくてどうしようもない、という場合のみ、使うようにしましょう。

[*] 私の場合、XViewでの関数の使い方を見て、カッコいいと思ってしまったのでした。若さゆえの過ちというやつですな。

[*] gccなどではprintf()で書式指定子と実際の引数とで型が食い違っていると警告してくれますが、それはあくまでもコンパイラがprintf()を特別扱いしているからです。printf()はあまりにもよく使う関数ですから。

補足 Note: assert()

List 2-8の20行目には、assert(0);という記述があります。

assert()は、assert.hで定義しているマクロで、

```
assert(条件式);
```

のように使います。

そして、条件式が真のときは何も起きませんが、偽のときには、メッセージを出力してプログラムを強制終了します。

よく、

```
/* ここでは必ずstr[i]は'¥0'のはず */
```

こんなコメントを見かけることがありますが、これではプログラムの可読性を上げる役には立っても、実行時には何一つチェックをしてくれるわけではありません。それぐらいなら、

```
assert(str[i] == '¥0');
```

と書くほうが、バグが確実に検出できるのでずっとよいと思います。

List 2-8では、assert(0);と、引数にゼロ（偽）を指定していますから、この場所を通るだけでプログラムは強制終了されてしまいます。プログラム自体にバグがないかぎり、このswitch文では、defaultにくることは絶対にないので、これでよいわけです。

異常時の対応として「プログラムの強制終了」という手を使うことには、異論を唱える人も多いようです。確かに、ユーザーが変な操作をしたとか、ちょっと変なファイルを食わせたとか程度のことで、あっさり死んでしまうプログラムでは困ります。

しかし、そのような「外的な要因」ではなく、プログラム自身にバグがないかぎり絶対に起こりえない状況においては、さっさと異常終了すべきだと思います。「戻り値でエラーステータスを返して……」なんて悠長なことをやってると、呼び出し元がチェックをさぼってたら*バグを見逃すことになります。

だいたい、Cのような、領域破壊しまくりの言語で、明らかなバグが検出されたということは、そのプログラムの動作はまるで保証できないということです。エラーステータスを返そうにも、スタックが壊れていたらreturnすらできません*。

＊よくあることです
(´･_･`)

＊領域破壊を起こさず、例外処理機構を持つ言語なら、例外を返すのが正しい対応だと思います。

＊大事なデータを編集中なら、緊急セーブぐらいはしてほしいと思いますけどね。もちろん、普通とは違うファイル名で。

バグありプログラムは、さらにまずい状況を引き起こす前に、さっさと殺してしまいましょう＊。

デバッグライト用の関数を作ってみよう

デバッグのために、printf()で変数の値を表示する、ということは、広く行われていることです＊。

＊「デバッガを使え！」という声が聞こえてきそうですが、printf()デバッグのほうが向いている状況は多々あります。

しかし、デバッグ用に埋め込んだprintf()をデバッグ終了後に削るのもたいへんです。そこで、

```
#ifdef DEBUG
printf(表示したい内容);
#endif /* DEBUG */
```

といった書き方を勧める本もあるようですが……こんなものをソース中に大量に埋め込んだら、**読みにくくてしょうがありません**。

そこで、

```
debug_write("hoge..%d, piyo..%d¥n", hoge, piyo);
```

のように、printf()風に書ける関数が欲しくなります。

しかし、printf()は、可変長引数を持つ関数ですので、単純にdebug_write()関数でprintf()を呼び直すような実装はできません。だからといって、printf()は、自前で実装するにはちと複雑すぎます。さあ困った。

そういう場合のために、標準ライブラリには、vprintf()とかvfprintf()といった関数が用意されています。

```
void debug_write(char *fmt, ...)
{
    va_list ap;
    va_start(ap, fmt);
    vfprintf(stderr, fmt, ap);   ← 引数にapを渡すところがポイント
    va_end(ap);
}
```

ただ、この方法では、たとえばdebug_write()関数でフラグを見てデバッグモードのときだけデバッグ用の出力をする、という対処は可能ですが、debug_write()関数の呼び出しのオーバーヘッドは避けることができません。

マクロなら、コンパイル時に完全に抹殺できるのですが、ANSI Cまでは、マクロには、可変長引数を渡すことができませんでした。

そこで、以下のようにマクロを定義しておいて、

```
#ifdef DEBUG
#define DEBUG_WRITE(arg) debug_write arg
#else
#define DEBUG_WRITE(arg)
#endif
```

こんな感じで使う、という技があります。

```
DEBUG_WRITE(("hoge..%d\n", hoge));
```

括弧を2重に付けなければならない、というのが難点ですね。

別の方法として、デバッグモードでないときにはDEBUG_WRITEを「(void)」に定義してしまうという技もあります。そうすれば、展開したときには(void)("hoge..%d\n", hoge)のようになり、これは、「カンマ演算子で連結された式をvoidにキャストしたもの」という意味になります。優秀なコンパイラなら、最適化により全体を抹殺してくれるでしょう。

C99ではマクロが可変長引数を取ることができるようになったので、以下のように書けるようになりました。

```
#ifdef DEBUG
#define DEBUG_WRITE(...) debug_write(__VA_ARGS__)
#else
#define DEBUG_WRITE(...)
#endif
```

ファイル名や関数名や行番号も出力したければ、以下のように書けます。

```
#define DEBUG_WRITE(...) \
  (debug_write("%s:%s:%d:", __FILE__, __func__, __LINE__),\
   debug_write(__VA_ARGS__))
```

__func__はC99から追加された「あらかじめ定義された識別子」で、(ダブルクォートで囲まれた) 関数名を意味します。また、__FILE__はファイル名、__LINE__は行番号にそれぞれプリプロセッサで置換されます (こちらはANSI Cからあった機能です)。

あるいは、ちょっとした出力なら、こんなマクロをint、double、char*について用意しておくほうが気軽かもしれません。

```
#define SNAP_INT(arg) fprintf(stderr, #arg "...%d\n", arg)
```

このマクロは、以下のように使うと、

```
SNAP_INT(hoge);
```

こんな出力が出ます（原理はプリプロセッサのマニュアルを調べてください）。

```
hoge...5
```

　さらに補足ですが、デバッグ用の出力は、通常の`printf()`で出力すると、出力がバッファリングされているために、プログラムが異常終了したときなど肝心のところが出力されていない、ということが起こります。デバッグ用の出力は、`fprintf()`で`stderr`に吐く*か、ファイルに出すなら、`setbuf()`関数を使ってバッファリングを止めておきましょう。

＊`stderr`は、標準でバッファリングを行わない。

2-5-6 再帰呼び出し

　Cでは、通常、自動変数の領域をスタックに確保します。これは、領域を使い回してメモリを節約するほかに、**再帰呼び出し**（recursive call）を可能にする、という、重要な意味があります。

　再帰呼び出しとは、関数が、自分自身を呼び出すことです。

　しかし、再帰呼び出しを苦手に感じるプログラマーは多いようです。

　苦手に感じる理由としては、再帰自体の難解さももちろんあるでしょうが、1つには「何の役に立つのかわからん」という点もあると思うのです。

　世間のCの入門書では、階乗の計算やフィボナッチ数列などを例題にしていたりするようですが、あの例題はどうも適切とは思えません——だって、階乗なんて、**ループで書いたほうがずっと簡単でわかりやすい**じゃないですか。

　現実のプログラムで再帰呼び出しを使うのは、私の場合、木構造やグラフ構造を渡り歩くときが圧倒的に多いです。が、ここでサンプルに挙げるには、ちょっと規模が大きくなってしまいます。

　そこで、ここでは、「木構造を渡り歩く」のに比較的近い例として、「順列の数え上げ」を挙げます。

　順列というのは、高校生以上の人は授業で習ったと思いますが、「異なるn個の中からr個を取り出して並べたときのすべての並べ方」のことです。

第 2 章 実験してみよう――Cはメモリをどう使うのか

たとえば1～5の数字の中から3個を選ぶ場合の順列は、以下の60通りになります。

```
1 2 3, 1 2 4, 1 2 5, 1 3 2, 1 3 4, 1 3 5, 1 4 2, 1 4 3, 1 4 5, 1 5 2, 1 5 3, 1 5 4,
2 1 3, 2 1 4, 2 1 5, 2 3 1, 2 3 4, 2 3 5, 2 4 1, 2 4 3, 2 4 5, 2 5 1, 2 5 3, 2 5 4,
3 1 2, 3 1 4, 3 1 5, 3 2 1, 3 2 4, 3 2 5, 3 4 1, 3 4 2, 3 4 5, 3 5 1, 3 5 2, 3 5 4,
4 1 2, 4 1 3, 4 1 5, 4 2 1, 4 2 3, 4 2 5, 4 3 1, 4 3 2, 4 3 5, 4 5 1, 4 5 2, 4 5 3,
5 1 2, 5 1 3, 5 1 4, 5 2 1, 5 2 3, 5 2 4, 5 3 1, 5 3 2, 5 3 4, 5 4 1, 5 4 2, 5 4 3
```

順列は順番に意味があることに注意してください。上の一覧を見てもわかるように、「1 2 3」と「3 2 1」は別々に数えられています。

nとrを受け取り、そのすべての順列を表示するプログラムを作ることを考えます。基本的な考え方は以下のとおりです（上の例も、この考え方に基づき並べられています）。

- 1つめの数字は、1～nのうちどれを選んでもよい。ここではすべての順列を表示するので、1～nをfor文で回して順に使用する。
- 2つめ以降の数字は、1～nのうち、それまでに使用されていないものを選択する。
- 上記を、r回繰り返す。

ソースコードをList 2-9に挙げます。

List 2-9 permutation.c

```c
 1  #include <stdio.h>
 2
 3  /* nの最大数 */
 4  #define N_MAX (100)
 5
 6  /* 数字を使用したら、その添字の要素を1にする */
 7  int used_flag[N_MAX + 1];
 8
 9  int result[N_MAX];
10  int n;
11  int r;
12
13  void print_result(void)
14  {
15      int i;
16
17      for (i = 0; i < r; i++) {
18          printf("%d ", result[i]);
19      }
```

2-5 自動変数（スタック）

```
20        printf("\n");
21    }
22
23    void permutation(int nth)
24    {
25        int i;
26
27        if (nth == r) {
28            print_result();
29            return;
30        }
31
32        for (i = 1; i <= n; i++) {
33            if (used_flag[i] == 0) {
34                result[nth] = i;
35                used_flag[i] = 1;
36                permutation(nth + 1);
37                used_flag[i] = 0;
38            }
39        }
40    }
41
42    int main(int argc, char **argv)
43    {
44        sscanf(argv[1], "%d", &n);
45        sscanf(argv[2], "%d", &r);
46
47        permutation(0);
48    }
```

　このプログラムは**コマンド行引数**からnとrを受け取ります。実行時は以下のようにコマンド名の後ろに数字を2つ付けてください（エラーチェックも何もしていないので、コマンド行引数を付け忘れるとこのプログラムはクラッシュします。ひどい手抜きですが……）。

```
> permutation 5 3
1 2 3
1 2 4
    :
```

　List 2-9では、44行目、45行目で、コマンド行引数からnとrを取得し、グローバル変数*n、rに設定しています。

　47行目で、関数permutation()を呼び出しています。permutation()の引数である「nth」は、現在何番目の数字を扱っているかを示します（最初の数字は0

*この程度の用途でグローバル変数を使うべきではないと思いますが、今回の例では、引数で渡すものを明確にするためにあえてグローバル変数を使用しています。

131

番目と数えます)。

　permutation()関数では、最初の呼び出しではnthは0ですから、27行目のif文には引っかからずに32〜39行目のforループに入ります。ここでnth番目の数字を決めています。使用済みの数字は配列used_flagでフラグを立ててありますから33行目のif文でよけて、34行目にて結果を格納する配列resultに数字を設定し、35行目で使用済みフラグを立てます。そして、36行目で、permutation()関数、つまり自分自身を呼び出しています。これが**再帰呼び出し**です。

　再帰呼び出しを行う際に、引数としてnth + 1を渡していますから、今度はresult配列の次の要素を設定することになります。そして、nthがrに等しくなった時点で、現在のresultをprint_result()関数で表示してリターンします。

　この動きを図にすると、Fig. 2-11のようになります。あまり図が大きくならないように、ここではnとrが3のケースを図にしています。

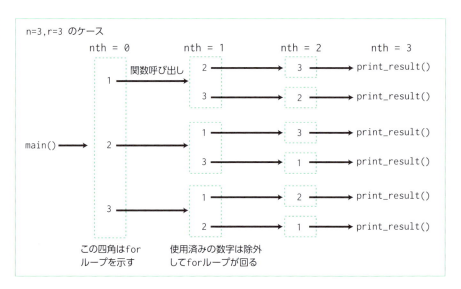

Fig. 2-11
順列の数え上げ

　こういうことができるのは、関数permutation()におけるローカル変数iおよび引数のnthが、スタックに確保されているためです。nth = 0のときのiと、nth = 1のときのiは、それぞれ別の領域に確保されていますから、再帰呼び出しから戻ってきたときにはforループを続きから再開できるわけです。

　こういうプログラムを、再帰を使わずに書こうとすると、ちょっと面倒なことになります。

　食わず嫌いはやめて、再帰にも慣れてください。

2-5-7 C99の可変長配列（VLA）におけるスタック

「1-4-8　C99の可変長配列——VLA」で書いたとおり、C99にはVLAという機能があり、自動変数に限り配列を可変長にできるVLAという機能があります。

なぜ「自動変数だけ」VLAが使えるかといえば、自動変数はスタックに確保されるためです。静的な記憶域期間を持つ変数と違い、スタックは実行時に伸ばすことができるので、可変長の配列を配置することができるわけです。

VLAのサンプルソースは「1-4-8　C99の可変長配列——VLA」のList 1-11にて示しましたが、それを少し直して、配列やローカル変数のアドレスを表示するようにしたのがList 2-10です。実際にその配列に値をセットしたり、表示したりする部分は省略しています。また、配列以外のローカル変数の配置を見るため、var1、var2、var3を追加しています。

List 2-10
vla2.c

```c
#include <stdio.h>

void sub(int size1, int size2, int size3)
{
    int var1;
    int array1[size1];
    int var2;
    int array2[size2][size3];
    int var3;

    printf("array1..%p\n", (void*)array1);
    printf("array2..%p\n", (void*)array2);
    printf("&var1..%p\n", (void*)&var1);
    printf("&var2..%p\n", (void*)&var2);
    printf("&var3..%p\n", (void*)&var3);
}

int main(void)
{
    int size1, size2, size3;

    printf("整数値を3つ入力してください\n");
    scanf("%d%d%d", &size1, &size2, &size3);

    sub(size1, size2, size3);
}
```

実行結果は以下のようになりました。

```
整数値を3つ入力してください
3 4 5
array1..0x7fff63fe85c0
array2..0x7fff63fe8560
&var1..0x7fff63fe861c
&var2..0x7fff63fe8620
&var3..0x7fff63fe8624
```

図にすると、Fig. 2-12のようになります。

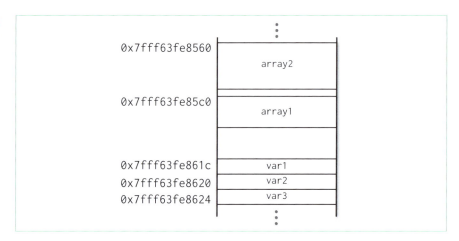

Fig. 2-12 VLAのメモリ配置

ところで、VLAでは配列が可変長なので、Fig. 2-12におけるarray2やarray1のサイズは実行時に変化します。ということは、「2-5-3 自動変数をどのように参照するのか」で書いた「ベースポインタから固定長離れた場所を見る」といった方法では、ローカル変数にアクセスできない、ということを意味します。実際、List 2-10の「整数値を3つ入力してください」に対して異なる値を入力すると、変数間の間隔が変わりました。

```
整数値を3つ入力してください
5 6 7
array1..0x7fffe268d350
array2..0x7fffe268d2a0
&var1..0x7fffe268d3bc
&var2..0x7fffe268d3c0
&var3..0x7fffe268d3c4
```

このような状態でローカル変数をアクセスするために、コンパイラは、size1やsize2、size3の値を実行時に確認して参照位置をずらすようなコードを生成します。

2-6 malloc( )による動的な領域確保（ヒープ）

2-6-1 malloc()の基礎

Cでは、malloc()を使って動的に領域を確保することができます。

malloc()は、引数で指定されたサイズのメモリの塊を確保して、その先頭へのポインタを返す関数です。以下のように使用します。

```
p = malloc(size);
```

メモリ確保に失敗した（メモリが足りない）場合、malloc()はNULLを返します。
malloc()で確保した領域は、使い終わったらfree()により解放します。

```
free(p);    ← pの指す領域を解放
```

以上が、malloc()の基本的な使い方になります。

このように、動的に（実行時に）メモリを割り当て、任意の順序で解放できる記憶領域のことを、通常、**ヒープ**（heap）と呼びます*。

＊Cの言語仕様で定められた言葉ではありません。

英語的には「heap」という単語は、（干し草などが）うず高く山になって積んであるようなものを指すようです。malloc()は、そのメモリの山からメモリを分けてもらう、という意味で「ヒープからメモリ領域を取ってくる関数」ということになります。

malloc()の主な使用例として、以下のようなものがあります。

1. 構造体を動的に確保する

読書家の人は、自分がどんな本を持っているか、コンピュータで管理したいと思っているかもしれません。書店で本を買ってきたら「あっ！ この本はもう持っ

第 2 章 実験してみよう──Cはメモリをどう使うのか

※そういうこともあって、最近は電子書籍ばかり買ってますねえ。

ていた！」とか、また、特にマンガなどでは、自分が何巻まで持っているのかわからなくて、重複して買っちゃったりとか……よくあることです（え？ 私だけ？）※。

というわけで「蔵書管理プログラム」を作ろうと思ったとします。

以下のような構造体BookDataで、本1冊分のデータを管理するとして、

```
typedef struct {
    char title[64]; /* 書名 */
    int price; /* 価格 */
    char isbn[32]; /* ISBN */
        ⋮
} BookData;
```

読書家の人の場合、たくさんのBookDataを管理しなければなりません。

そういう場合、巨大な配列によって、BookDataをたくさん確保するという方法もありますが、Cの場合、配列は明示的にサイズを指定しなければならないので、いったいいくつを指定すればよいのか悩みます。むやみに巨大な配列を取ってもメモリがもったいないですし、といって、ぎりぎりの値では、本が増えていくと、いつか足りなくなるかもしれません。C99から**VLA**（可変長配列）が提供されたとはいえ、**VLA**は自動変数でしか使えずサイズの変更もできないので、こういう場合には役に立ちません。

そこで、以下のように記述することで、BookDataの領域を実行時に確保することができます。

```
BookData *book_data_p;

/* 構造体BookData 1つ分の領域を確保 */
book_data_p = malloc(sizeof(BookData));
```

これを、**連結リスト**（linked list）などを使用して管理すれば、任意の数のBookDataを保持することができます。もちろん、メモリがあるかぎりですが。

連結リストのようなデータ構造の使い方については、第5章で詳述しますので、ここではサワリだけ説明しておくことにします。

まず、構造体BookDataに、以下のように、BookData型へのポインタをメンバとして追加します。

```
typedef struct BookData_tag {
    char title[64]; /* 書名 */
    int price; /* 価格 */
    char isbn[32]; /* ISBN */
        ︙
    struct BookData_tag *next;
} BookData;
```

なお、この例では、struct BookData_tagを（いちいちstructと書かなくてよいように）BookDataにtypedefしていますが、メンバnextを宣言する時点ではまだtypedefが完了していないので、struct BookData_tagと書かなければならないことに注意してください。

そして、このnextで「次のBookDataへのポインタ」を保持し、Fig. 2-13のように数珠つなぎにすれば、たくさんのBookDataを保持することができます（以降、図中で●→で示した部分はポインタ、⊠で示した部分はNULLを表します。）

Fig. 2-13
連結リスト

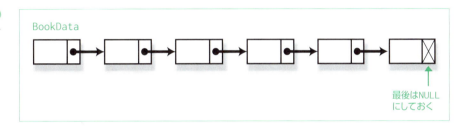

最後はNULL
にしておく

これが「連結リスト」と呼ばれるデータ構造で、非常に広く使用されています。

2. 実行時までサイズがわからない配列を確保する

先のBookData型では、書名のところを、

```
char title[64]; /* 書名 */
```

と、こんなふうに書いてしまっていました。

しかし、書名というのは、ときとしてかなり長いものがあったりするものです。たとえば、

> 俺の妹がこんなにかわいいのに僕は友達が少ないのでやはり俺の青春ラブコメはまちがっている

とか*。

*いやその私は元ネタのラノベは1つも読んでませんけれども。

こうなると、char title[64];では収まりません。しかし、こんなに長いタ

イトルの本ばかりでもないですから、むやみに配列を大きくするのも無駄です。
　そこで、titleの宣言を、

```
char *title; /* 書名 */
```

のようにして、

```
BookData *book_data_p;
    ⋮
/* ここで、lenは、タイトルの文字数。+1はナル文字の分 */
book_data_p->title = malloc(sizeof(char) * (len + 1));
```

このようにすれば、タイトルの文字列の領域を、必要なだけ割り当てることができます。このように動的に確保する配列を、本書では**動的配列**と呼ぶことにします。
　このとき、titleの中のある特定の文字を参照したいのであれば、当然、book_data_p->title[i]のように書けます。p[i]は、*(p + i)のシンタックスシュガーであることを思い出してください。

malloc()の戻り値をキャストするべきか

　ANSI C以前のCでは、void*という型がなかったので、malloc()の戻り値の型は便宜的にchar*になっていました。char*は、他の型を指すポインタ変数には代入できませんので、malloc()を使う際には、

```
book_data_p = (BookData*)malloc(sizeof(BookData));
```

のように、戻り値をキャストする必要がありました。
　ANSI Cでは、malloc()の戻り値の型はvoid*になっており、void*型のポインタは、(関数へのポインタを除く)あらゆるポインタ型変数に対してキャストなしに代入できます。よって、上記のようなキャストは、現在では不要になっています。
　にもかかわらず、現在でも、このキャストを書きたがる人がちょくちょくいるようです。私には、よけいなキャストは書かないほうが、すっきりして読みやすいと思えるのですが。
　また、仮にstdlib.hを#includeし忘れた場合、下手に戻り値をキャストし

ていると、コンパイラの警告を抑止することにもなりかねません。

　Cでは、宣言のない関数はデフォルトでint型を返すものとして解釈されるので*現在たまたま動いていても、intとポインタでサイズが異なる処理系に持っていった途端に動かなくなったりします。

　というわけで——malloc()の戻り値をキャストするのはもうやめましょう。CはC++じゃないんですから。

　なお、C++では、任意のポインタをvoid*型の変数に代入することは可能でも、void*型の値を通常のポインタ型変数に代入することはできません。よって、C++では、malloc()の戻り値はキャストする必要があります。でも、C++なら、動的なメモリ確保には通常newを使うはず（使うべき）だと思います。

*可能なら、コンパイラの警告レベルを上げて、こういう場合に警告を出すようにすべきです。

2-6-2 malloc()は「システムコール」か？

　ちょっと脱線します。

　Cの標準ライブラリには多くの関数が用意されています（printf()など）。そして、標準ライブラリの関数のうち一部は、最終的にはシステムコール*を呼び出します。**システムコール**とは、OSに何かをしてもらうよう要求する特別な関数群です。標準ライブラリはISO規格により標準化されていますが、システムコールは、OSにより異なっていることが多いものです。

　たとえば、UNIXの場合、printf()は、最終的にはwrite()というシステムコールを呼び出します。printf()だけでなく、putchar()でもputs()でも、最終的に呼び出すのはwrite()です。

　write()は、単に指定したバイト列を出力する機能しかないので、アプリケーションプログラマーに使いやすくするため、および移植性のために、標準ライブラリという「皮」が被せてあるといえます*。

　ところで——malloc()は、システムコールでしょうか？ それとも、標準ライブラリの関数でしょうか？

　システムコールだと思った人が多いかもしれません。が、実際には、malloc()は、標準ライブラリの関数であって、システムコールではありません。

*これはもともとUNIXの用語です。

*標準入出力関数群については、バッファリングにより効率を高めるという目的もあります。

> **Point**
> malloc()は、システムコールではない。

2-6-3　malloc()で何が起きるのか？

　たいていの実装では、malloc()は、OSから一括して大きなメモリを取得し、それをアプリケーションプログラムに「小売り」するようになっています。
　OSからメモリを取得する手段はOSによりさまざまですが、UNIXの場合はbrk()*というシステムコールを利用します*。
　Fig. 2-3において「malloc()により確保された領域」の下に、広大な空間が広がっていたことを思い出してください。システムコールbrk()は、malloc()用の領域の末尾となるアドレスを設定し、領域を伸ばしたり縮めたりする関数です。
　malloc()を呼び出すと、何回かに一度brk()が呼び出され、領域が拡張されるわけです。

> 「あれ？ こんな方法では、領域を確保することはできても、任意の順序で解放することはできないんじゃないの？」

と思った人がいるかもしれません——実は、そのとおりです。
　そういわれると「じゃあfree()って何なんだ？」と思うでしょう。当然の疑問です。というわけで、以下に、malloc()とfree()の基本的な原理について説明します。
　現実のmalloc()関数は、効率改善のためにさまざまな工夫が施されていますが、ここでは、最も単純な実装だと思われる、連結リストによる実装を考えます。
　ちなみに、連結リストによるmalloc()の実装は、K&Rにもサンプルが載っています（p.225）。
　素朴な実装なら、Fig. 2-14のように、各ブロックの先頭に管理領域を付けて、管理領域により連結リストを構築すればよいでしょう。
　malloc()では、連結リストをたどって空きブロックを見つけ、そのブロックが十分に大きければ分割して使用中ブロックを作り、アプリケーションには、管理領域のすぐ次のアドレスを返してやります。free()では、管理領域のフラグを書き換えてそのブロックを「空きブロック」とし、ついでに、上下に空きブ

*breakの略なので、普通「ブレーク」と読むようです。

*場合によってmmap()（後述）を使う処理系もあるようですが、そのような処理系でも、小さい領域をmalloc()するときは、やはりbrk()を使用しているようです。

2-6 malloc( )による動的な領域確保（ヒープ）

＊この操作をcoalescing
といいます。

ロックがあれば、つないで1つのブロックにしてしまいます＊。ブロックがどんどん細分化されてしまうことを防ぐためです。

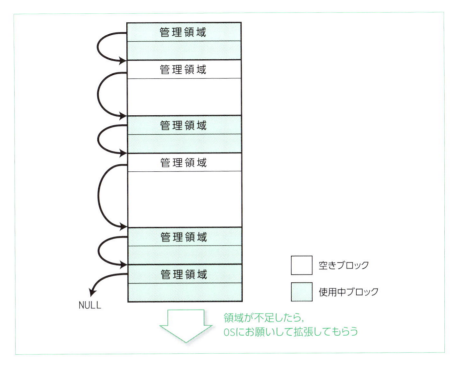

Fig. 2-14
連結リストによる
malloc()の実装例

そして、malloc()の要求に対して十分な大きさの空きブロックがない場合には、OSにお願いして（UNIXではbrk()システムコールにより）領域を拡張してもらいます。

ところで、こういう方針でメモリ管理をしている処理系で、配列の境界チェックを誤って、malloc()で確保した領域を超えて書き込んでしまったらどうなるでしょう？

この実装では、次のブロックの管理領域を破壊してしまいますから、**次回以降のmalloc()やfree()のときにプログラムがクラッシュする確率が高い**、ということになります。こういうとき、malloc()の中で死んでいるからといって「ライブラリのバグだ！！」と騒いだりしないように——みっともないですから。

現実の処理系では、ここまで単純な方針でmalloc()を実装している環境は、まずないと思います。

たとえば、メモリの管理方法としては、ここで説明した連結リスト方式のほか

に、buddy block systemと呼ばれるよく知られた方法があります。これは、大きなメモリをどんどん半分に分けていくことで管理する方法で、高速ですが、メモリの使用効率は悪くなります。

また、管理領域を、アプリケーションに渡す領域に隣接させておくと危ないというので、離れた場所に置いている実装もあります。

あるいは、連結リストで実装するにしても、領域のサイズごとに別の連結リストで管理すれば、必要なサイズのブロックを高速に探すことができます。

具体的な実装方法はさておき、覚えておくべきことは、「`malloc()`は、決して魔法の関数ではない」ということです。

いつか、CPUとOSがもっと進化すれば、`malloc()`を魔法の関数と見なしてもよくなるかもしれません。しかし、現状では、そういう状況にはなっていません。

`malloc()`の動作原理について、多少なりとも知識を持ち合わせていないと、デバッグができなかったり、とんでもなく効率の悪いプログラムを書いてしまったりしがちです。

`malloc()`を使うのなら、理解して使いましょう。そうでないと危険です。

Point
`malloc()`は、決して魔法の関数ではない。

2-6-4 free()したあと、その領域はどうなるのか？

先に説明したように、たいていの実装では、`malloc()`は、OSからまとめて割り当ててもらったメモリを管理して、アプリケーションに小売りするようになっています。

よって、普通は、`free()`したからといって、**その領域が即座にOSに返されるわけではありません**。それどころか、`free()`しても、`free()`前に設定した値がそのまま見えてしまうことも多いものです（実際の挙動は処理系依存です※）。

やっかいなのは、「`free()`したからといって、すぐに内容が破壊されるわけではない」という性質が、デバッグの際の原因究明を困難にすることです。

Fig. 2-15のように、ある領域が、2つのポインタから参照されているとします。

※私の環境では、先頭の数バイトが破損していました。

2-6 malloc()による動的な領域確保（ヒープ）

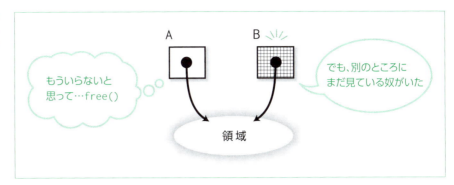

Fig. 2-15
1つの領域が2つの
ポインタから参照
されているとして……

そして、ポインタAを使ってこの領域を参照している箇所で、プログラマーが、この領域はもういらないと思ってうっかりfree()してしまったが、実は、プログラムの遠く離れたところで、まだその領域をポインタBを経由して参照している奴がいた、という場合、どうなるでしょう＊？

＊大規模プログラムでは、割とありがちなことです。

この場合、おそらく問題は早まってfree()した部分にあるわけですが、free()しても、ポインタBから参照される内容は、すぐに壊れるとは限りません。しばらくは以前と同じ値が見えてしまいます。どこか別のところでmalloc()が実行されて、この領域が割り当てられて、そこで初めて、内容が壊れることになります。こういうバグは、原因からバグの発現までの期間が長くなるので、デバッグが非常に困難なものです。

こういうことを避けるためには、大規模プロジェクトなら、free()に皮を被せた関数を作り、プログラマーにはそちらの関数しか呼ばせないようにして、領域を解放する直前にわざと領域を破壊する（0xCCのようなデタラメな値で埋める）とよいと思うかもしれません。が、残念ながら、そうしようにも、ポインタからその指す先の領域のサイズを知る手段がありません＊。これをなんとかしようと思ったら、malloc()にも皮を被せて、そこでちょっと多めに領域を確保して、その先頭部分にサイズを格納しておく必要があるでしょう。

＊malloc()で確保した領域なら、標準ライブラリはきっとそのサイズを知っているのでしょうが、それを問い合わせる関数は、残念ながら現時点のCの規格にはありません。

そして、デバッグオプションをはずしてコンパイルするとそういうコードが消えてしまうようにしておけば、リリース版のプログラムには、効率の低下はありません。

ここまでやるのはちょっとたいへんではありますが、大規模プログラムでは、こういう手法は非常に役に立ちます。

なお、Linuxなどで使われている標準ライブラリであるglibcのmalloc()では、環境変数MALLOC_PERTURB_に0以外をセットしておくと、free()のあと、その領域を、セットした値で破壊してくれます＊。使っている環境にこういう機能があるのなら、それを利用するのもいいでしょう。

＊私が試したところでは、領域の最後までは埋めてくれませんでしたが……

143

> #### 補足 Note
> ## Valgrind
>
> 何度も書いているように、動的メモリ確保に関連するバグは、バグのある箇所とそれが発現する箇所が離れることが多いので、デバッグがたいへん困難です。
>
> Linuxであれば、その手のバグの追及に「Valgrind」というツールを使用することができます。Valgrindは、`malloc()`で確保した領域を超えた読み書き、`free()`忘れ（メモリリーク）、同じ領域の複数回`free()`[*]といった問題を検出してくれるツールです。
>
> [*] これは運がよければglibcでも検知してくれます。
>
> テスト対象のプログラムを以下のように起動することで、チェックを行います。
>
> ```
> $ valgrind --leak-check=full テスト対象のプログラム そのプログラムの引数
> ```
>
> 昔々、この手のバグの追及にさんざん苦労した身からすると、こんな優秀なツールが無料で使えるとはなんと便利になったことか、と感動するぐらいに便利です。Linuxで開発される方はぜひ使ってみてください。

2-6-5 フラグメンテーション

ある処理系における`malloc()`の実装が、「2-6-3 `malloc()`で何が起きるのか？」で説明した方法と大差ないものであったとして、ランダムな順序で、いろいろなサイズの領域の確保、解放を繰り返したらどうなるでしょう？

そのうちメモリはずたずたに分断されて、細かい空きブロックがたくさんできることになります。そして、そういう領域は、**事実上使用できません**。

このような現象を、**フラグメンテーション**（fragmentation：断片化）と呼びます（Fig. 2-16参照）。

ブロックを移動させて、前のほうに詰めてやれば、細かい領域を統合し、大きなブロックにできるはずです[*]。が、Cでは、アプリケーションプログラムに（仮想）アドレスを直接渡してしまっているため、ライブラリ側で勝手に領域を移動させることはできません。

[*] こういう操作を「compaction」といいます。

Fig. 2-16
フラグメンテーション

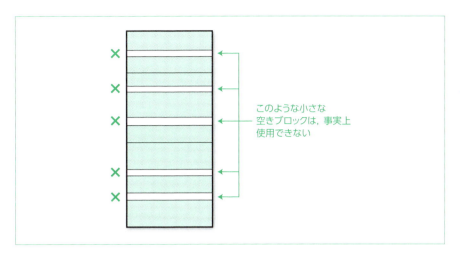

このような小さな空きブロックは，事実上使用できない

　フラグメンテーションは、Cで、malloc()のようなメモリ管理ルーチンを使っているかぎり、根本的には避けようがない問題です。ただ、realloc()の使い方を工夫する（次の項で説明します）などの手法により、事態を改善することは可能です。

2-6-6　malloc()以外の動的メモリ確保関数

　malloc()以外の動的メモリ確保関数としては、まずcalloc()というものがあります。

```
#include <stdlib.h>
void *calloc(size_t nmemb, size_t size)
```

　calloc()は、malloc()と同様の方法で、nmemb × sizeだけの領域を確保し、その領域をゼロクリアして返します。要するに、calloc()は、以下のコードと同じ意味です（実装が同一とは限りません）。

```
p = malloc(nmemb * size);
memset(p, 0, nmemb * size);
```

　「ゼロクリアしてくれるのか、じゃあこっちのほうが便利だね！」と思う人もいるかもしれませんが、calloc()によるゼロクリアはあくまでその領域の全ビットを0にするだけです。この方法では、整数型は0になっても、doubleやfloat

のような浮動小数点数の値はゼロになるとは限りませんし、ポインタがヌルポインタになるとも限りません。もっとも現行のたいていの処理系では、浮動小数点数の値はゼロになりますし、ポインタはヌルポインタになるのですが、移植性を考慮するなら、これは問題を余計にややこしくするだけです。「うちの環境では動いたのに、別の環境に持って行くと動かない」ということになりますから。

malloc()だと、確保した領域の内容は保証されません。前回のmalloc()で使った際のデータがゴミとして残っていたりする可能性が高いでしょう。そうなると、初期化を忘れた領域には何が入っているかわかりませんから、あるときは動くがあるときは動かないという再現性の低いバグになったりします。こういうバグはやっかいなのでcalloc()を使うべきだ、という理屈であればわかりますが、私なら、自前でmalloc()に皮をかぶせて、ゼロクリアではなく0xCCのようなでたらめな値で埋めます。ちゃんと初期化していないプログラムで、確実にバグを発現させるには、こちらのほうがよいはずです。

「calloc()だと構造体のパディング部分（後述します）もゼロクリアされるから気持ちいい」という謎の主張も聞いたことがありますが、意味不明です。見もしないパディング部分がゼロクリアされていたからといって何だというのでしょうか。

ところで、calloc()は「ブロックの数」と「ブロックのサイズ」という2つの引数を取り、それを掛け合わせたバイト数のメモリを取得しますが、この掛け算により整数のオーバーフローが起きると、実際に割り当てられるメモリの量は想定よりも小さくなってしまいます。ヒープについてもバッファオーバーフロー脆弱性はあり得るので[*]、セキュリティホールになりかねません。最近のcalloc()の実装ならこのオーバーフローをチェックしてくれます[*]。calloc()の、malloc()に対するメリットといえば、挙げるとすればその点かなあ、と思います。

[*] スタックよりだいぶ狙いにくいのですが。

[*] 私の環境ではNULLが返りました。

他には、malloc()やcalloc()はアラインメント（「2-7　アラインメント」参照）を考慮したアドレスを返さなければいけませんが、「ブロックの数」が大きな数で「ブロックのサイズ」がたとえば1のとき、calloc()なら制限がゆるくなる、というメリットはあるかもしれません。そういう処理系が実在するかどうかは私は知りませんけれども。

さて、もう1つの動的メモリ確保関数としては、realloc()があります。

これは、すでにmalloc()で割り付けられている領域のサイズを変更するための関数です。

```
#include <stdlib.h>
void *realloc(void *ptr, size_t size);
```

2-6 malloc()による動的な領域確保（ヒープ）

realloc()は、ptrの指す領域のサイズをsizeに変更し、新しい領域へのポインタを返します。

……とはいうものの、すでに述べたように、malloc()自体魔法の関数ではないわけですから、realloc()だってそれなりの動きしかしません。realloc()は、通常領域を拡張するために使われるわけですが、もし、ptrで渡された領域の後ろが必要なだけ空いていれば、そのままそこに領域を拡張するかもしれません[*]。が、空いていなければ、新たに別のところに領域を確保して、そこに内容をコピーします。

> [*] 保証されていません。領域を縮小したのに、以前とは異なるポインタを返すこともあります。

配列に対して、順次データを追加していきたい、ということはよくあるわけですが、そういうときに、1要素追加するごとにrealloc()で領域を拡張していたら、どうなるでしょう？

運よく後ろが空いていればいいですが、そうでない場合、頻繁に領域をコピーすることになって、効率が低下します。ちまちまと確保、解放を繰り返すと、フラグメンテーションのもとにもなります。

この問題を軽減するため、たとえば100要素とかを単位として「足りなくなったらガバッと伸ばす」という手法を使うことがあります[*]。ただし、それにしたって、あまり巨大な領域だと、コピー時間やヒープの領域の無駄が無視できなくなるでしょう。

> [*] 一定数ずつ拡張するのではなく、「現在のサイズの定数倍」で拡張することもあります。一般にはそのほうが効率上好ましいようです。

たくさんの要素を動的に確保したいのなら、連続した領域で取るのではなく、連結リストのような手法を使いましょう。

Point
realloc()は、使い方に気を付けること。

ところで、realloc()は、ptrにNULLを渡すと、malloc()と同じ動きをします。よって、たまに見かける以下のようなコードは、

```
if (p == NULL) {
    p = malloc(size);
} else {
    p = realloc(p, size);
}
```

単に、

```
p = realloc(p, size);
```

と書けばよいことになります（NULLを返すときの話は置いといて[*]）。

> [*] こういう書き方では、realloc()がNULLを返したときに、pが永遠に失われてしまうという問題がありますね。

補足 Note サイズが0でmalloc()

malloc()に引数としてゼロを渡したとき、規格では、以下の2つの動きのどちらかを処理系定義で選択せよ、ということになっています。

- ヌルポインタを返す。
- 0でない大きさを要求したときと同じ動作とする。

後者の説明はわかりにくいですが、malloc(0)を特別扱いせず「サイズ0の領域」を返す、ということです。実際に、データの件数が「たまたま」0件である、ということはよくあるわけで、そのような場合にmalloc(0)を呼び出すのは正当だと考えると、こちらの動きが望ましいことになります。この考え方では、malloc(0)がNULLを返したら、メモリ不足など、なんらかのエラーが起きている、ということになります。

別の考え方として、malloc(0)なんて呼ぶのは呼び出し側のバグと考え、NULLを返す、というのもあります。データの件数がたまたま0件の場合は、呼び出し側で場合分けをせよ、ということです。この考え方だと、前者の「ヌルポインタを返す」という動きになります。

ANSI Cの規格策定の際、この2つの動きのどちらにすべきか、散々議論があったようなのですが、最終的には「処理系定義にする」という妥協案がとられました。処理系定義ということは、移植性の高いプログラムを書きたければmalloc(0)とは書けない、ということですから、結局この決定はどちらの論者にとっても不幸になるものでした[6]。

また、ANSI Cでは、realloc()は、第2引数sizeに0を渡すと、第1引数ptrの指す領域を解放(free()と同じ動き)すると明記されています(7.10.3.4)。ところが**C99およびC11ではこの記述は削除されています**。それにしては、C99のRationaleには「If the first argument is not null, and the second argument is 0, then the call frees the memory pointed to by the first argument」と書いてあったりで、わけがわかりません。

少なくともC99以降を使うのであれば、realloc(ptr, 0)でfree(ptr)と同じ動きをしてくれる、とは期待しないほうがよさそうです。

malloc()の戻り値チェック

malloc()は、メモリの確保に失敗すると、NULLを返します。

そこで、たいていのCの本では「malloc()を呼んだら、必ず戻り値のチェックをしろ」と、いくぶんヒステリックとも思える主張をしているようですが、本書では、あえてその常識（？）に異を唱えたいと思います。**だって、面倒くさいじゃないですか。**

メモリ不足の対応をちゃんと行おうと思ったら、

```
p = malloc(size);
if (p == NULL) {
    return OUT_OF_MEMORY_ERROR;
}
```

なんていうのを機械的にぺたぺた書いていけば済むような単純な話ではありません。

なんらかのデータ構造を構築中なら、データ構造に矛盾を起こさないよう注意しながら戻らなければなりません。そうなると、テストも簡単には済まなくなります。

仮にそれがちゃんとできたとして、それがたかが数バイト程度の確保に失敗した状況だとすれば、その後、いったい何ができるのでしょう？

- ユーザーに告知するために「メモリ不足です」というダイアログを……その状況で出せるのか？
- とりあえず書きかけの文書をセーブするために、ファイルをオープン……できるのか？
- セーブするために、深いツリーになっているデータ構造を、再帰的にたどって……スタックの領域は確保できるのか？
- とにかくどうにかディスクにセーブ……Windowsみたいに普通のファイルシステムにスワップファイル（ページファイル）を置くシステムで、パーティションが1つしかなかったら、そのときディスクってどうなってるんだろう？

だいたい、メモリ不足は、明示的なmalloc()呼び出しでだけ発生するのではありません。深い再帰呼び出しを行えばスタックが不足しますし、

fopen()すればバッファの領域を内部的にmalloc()で確保します。また、OSによっては、物理メモリの領域確保を、malloc()のときではなくその領域に書き込んだときに行うものもあって（Linuxはデフォルトでそうなっています）、そういう場合はmalloc()の時点ではメモリ不足を検知できないかもしれません。

きわめて高い汎用性が要求されるライブラリとかなら「ちゃんと戻り値チェックしろ」というのも、確かにそうだと思うのですが、我々が書くプログラムは必ずしもそういうものばかりではないわけで、malloc()に1枚皮を被せて、メモリ不足を起こしたらその場でエラーメッセージを吐いて死んでしまうような対応でもよいケース、というのもかなりあると思うのです。

> malloc()を呼んだら、とにかく、絶対に戻り値をチェックして、適切な対処をするべきだ。

と主張する人ってのは、たとえば、JavaではOutOfMemoryErrorを適切な階層で必ずcatchしてるんだろうか、とか、Perlとかシェルスクリプトのような言語はまったく使わないんだろうか、とか、素朴な疑問はいくらでもわきますぜ。

補足 Note　プログラムの終了時にもfree()しなければいけないか？

大昔、インターネットのニュースグループfj.comp.lang.cにて、こんなテーマで激論が交わされたことがあります。

> プログラムの終了前には、そのプログラムがmalloc()で確保した領域をすべて解放しなければならないか？

これはなかなか難しい問題です。現状で、PCなどで普通に使われているオペレーティングシステムなら、プロセス終了時に、そのプロセスが確保していた領域は、確実に解放してくれます。そういう意味では、プログラムの終了前にわざわざfree()する必要はありません。

しかし、たとえば「ファイルを1個食って処理して結果を吐いて終了する」ようなプログラムを、複数のファイルを連続して処理できるように拡張する場合などには、もとのプログラムがちゃんとfree()していないとあとの人が苦労することになります。

また、最近では、メモリリーク（free()のし忘れ）を検出するために、プログラム終了時にfree()していない領域の一覧を表示してくれるようなツールも、比較的広く使えるようになっています（前述のValgrindなど）。そういうとき「意図的にfree()しなかった領域」と「free()し忘れた領域」が入り混じって出てくると、チェックしづらいものです。そういうツールが使えない環境でも「malloc()とfree()に皮を被せて、それぞれ呼び出し回数を数え、プログラム終了時に一致しているかどうか確認する」ぐらいのことなら簡単にできますし、こんなことでも、メモリリークの検出には、かなり有効なものです。

こういう点を考慮したうえで「malloc()した領域は、プログラム終了前だろうと必ずfree()しておこう」という方針を取ることは、それなりに合理的なポリシーだろうとは思います。

ちなみに私がどうしてるかというと……ケース-バイ-ケースですね（あ、逃げた）。

ところで、私が「必ずfree()派」の主張にどうもイヤだな、と思うのは、

- malloc()したら必ず対応するfree()を書くのが、**ていねいなプログラミングスタイルだ**
- プログラマーは、malloc()とfree()が必ず対応するように、**きちんと気を遣うべきだ**
- exit()するからfree()しなくていいじゃん、なんてのは、**とんでもない手抜き**であり、悪いスタイルだ

という意識が背後に見えることです。

なんたってプログラマーは人間ですし、人間は、**およそミスを犯せるところでは必ずミスを犯すものです**。なのに、とにかく「ていねいな」コーディングをしろ、なんていう**精神論**をふりかざしてもしょうがないでしょ、と思うわけです。

「ていねいな」コーディングをするのが偉いわけではなくて、「面倒くさいこと」からは可能な限り逃げて回るのが優秀なプログラマーだと私は思います。安全に手が抜けるところでは可能な限り手を抜き、チェックするなら目視ではなく可能な限りツールに頼り、でも、どうしても面倒くさいことを手作業でしなければならない場合には、「いつかこれを自動化してやる」と固く心に誓う、そういうプログラマーでありたいなあ、と私なんかは思います。

2-7 アラインメント

ちょっと話は変わりますが……

以下のような構造体があったとします。

```
typedef struct {
    char    char1;
    int     int1;
    char    char2;
    double  double1;
    char    char3;
} Hoge;
```

たとえば私の環境では、sizeof(int)が4、sizeof(double)が8、ついでにsizeof(char)は規格により必ず1なのですが※、そのとき、この構造体のサイズはいくつになるでしょう？

1＋4＋1＋8＋1で15バイト――には、たいていの場合、なりません。たとえば、私の環境では、32バイトになりました。

例によって実験してみます（List 2-11参照）。

※たとえば、charが9ビットの環境（ホントにあるんだってば）でも、sizeof(char)は1です。規格でそう決まっています。

List 2-11 alignment.c

```
 1  #include <stdio.h>
 2
 3  typedef struct {
 4      char    char1;
 5      int     int1;
 6      char    char2;
 7      double  double1;
 8      char    char3;
 9  } Hoge;
10
11  int main(void)
12  {
13      Hoge        hoge;
14
```

```
15      printf("hoge size..%d\n", (int)sizeof(Hoge));
16
17      printf("hoge    ..%p\n", (void*)&hoge);
18      printf("char1   ..%p\n", (void*)&hoge.char1);
19      printf("int1    ..%p\n", (void*)&hoge.int1);
20      printf("char2   ..%p\n", (void*)&hoge.char2);
21      printf("double1..%p\n", (void*)&hoge.double1);
22      printf("char3   ..%p\n", (void*)&hoge.char3);
23
24      return 0;
25  }
```

適当にHoge型の変数を宣言し、それぞれのメンバのアドレスを表示させています*。

*構造体メンバの先頭からのオフセットを知りたいのであれば、stddef.hで定義されているoffsetof()マクロを使うのが普通です。これを使うと、わざわざダミーの変数を宣言しなくても、オフセットを求めることができます。

私の環境での実行結果は以下のとおりです。

```
hoge size..32
hoge    ..0x7fffac3dd220
char1   ..0x7fffac3dd220
int1    ..0x7fffac3dd224
char2   ..0x7fffac3dd228
double1..0x7fffac3dd230
char3   ..0x7fffac3dd238
```

私の環境では、次ページFig. 2-17のように、char1とchar2の後ろ、および構造体の末尾に隙間が空いているようですね。

これは、ハードウェア（CPU）の都合により、型によっては配置できるアドレスに制限があるからです。あるいは、配置することはできても効率が悪くなるようなCPUもあります。そういう場合、コンパイラが適当に境界調整（**アラインメント**）を行い、構造体に適切に**パディング**（詰めもの）を挿入します。

この実験からすると、私の環境では、intは4の倍数のアドレスに、doubleは8の倍数のアドレスに配置されるようです。

Fig. 2-17にもあるように、パディングは構造体の末尾にも入ることがあります。構造体の配列を作るときに必要だからです。そのような構造体にsizeof演算子を適用すると、末尾のパディングを含めたサイズを返します。それに要素数をかけるだけで配列全体のサイズが得られるようにするためです。

また、malloc()は、最もアラインメントが厳しい型に合わせて、適切に調整されたアドレスを返します。ローカル変数なども、適切に調整された領域に配置されています。

Fig. 2-17
アラインメント

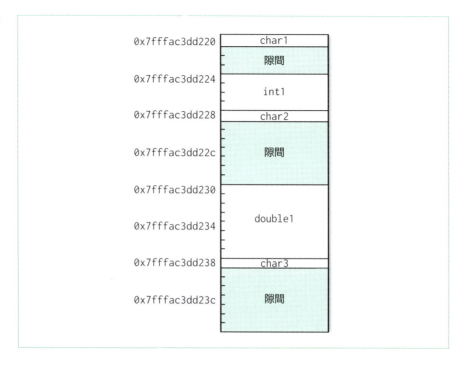

　アラインメントは、CPUの都合によって行われる操作です。よって、**CPUによって、パディングのしかたは変わってきます**。私の環境では、たまたまdoubleは8の倍数アドレスにしか置けないようですが、CPUによっては、4の倍数アドレスに配置できるものもあります[*]。

＊というか、本書の旧版ではそうなっていました。

　たまに、アラインメントの方法がハードウェアに依存していることを嫌って、「移植性を高めるために」（？）手作業で境界調整を行おうとする人がいます。

```
typedef struct {
    char    char1;
    char    pad1[3];    ← 手作業で詰めものをする
    int     int1;
    char    char2;
    char    pad2[7];    ← ここも
    double  double1;
    char    char3;
    char    pad3[7];    ← ここも
} Hoge;
```

　しかし――これはいったい何の役に立つのでしょう？
　こんなことをしなくても、コンパイラはちゃんとCPUに合わせて適切な境界

調整をしてくれます。メンバ名で参照しているかぎり、どんなアラインメントを行っているかを意識する必要はありません。

もし、この構造体をこのまま（fwrite()などで）ファイルに吐き出し、CPUの異なる、別のマシンで読み込んで使おうとしているのであれば、アラインメントの方法が違うことが問題になるかもしれません。そして、手作業で境界調整を行うことで、ひょっとして、こちらのマシンで吐いたデータを、別のマシンで読めるようになるかもしれません。——しかし、それはあくまで**たまたま**うまくいった例にすぎません。

上記の例では、pad1のサイズが3、pad2とpad3のサイズが7になっています。ところで、いったいこの数字はどこから出てきたのでしょう？規格では、sizeof(int)が4であることも、sizeof(double)が8であることも、保証していません。こんな数字をソースコードに埋め込んどいて「移植性を高める」もないもんです。

つまり、手作業で詰め物をすることにより、特定のマシン間でデータ交換が可能になったとしても、それはあくまで**姑息な逃げの手にすぎない**、ということです。プロトタイピングのような、拙速型の開発が許される局面では、そういう手を使うのもありだとは思いますが、本気でデータの交換性を考えるなら、そもそも**構造体をそのままファイルにダンプしようとすること自体が間違っています**。

それどころか、たとえばsizeof(int)が4である処理系どうしでも、その内部表現は同じとは限りません。それについては、次の節で説明します。

> **Point**
> 手作業でパディングを入れても、移植性を高めることにはならない。

構造体のメンバ名も、実行時には、ない

　構造体メンバの参照は、構造体の先頭アドレスからのオフセット（バイト単位の距離）で行われます。たとえばList 2-11の構造体Hogeのdouble1にアクセスするときは、構造体の先頭アドレスから16バイト離れたところを参照します。その「16」という値は、コンパイル後の機械語コードに埋め込まれています。

　「double1」という名前で参照するわけではありません。よって、構造体の定義を変更したら、その構造体を使っているソースファイルはすべて再コンパイルする必要があります。

2-8 バイトオーダー

私の環境は、普通のノートPC（Let's Note）のWindows10の上で、Virtual BoxでUbuntu Linuxを動かしています。sizeof(int)は4です。では、この4バイトの中に、整数は、具体的にどんな形で格納されているのでしょう？

これまた例によって、テストプログラムを書いてみます（List 2-12参照）。

List 2-12
byteorder.c

```
1  #include <stdio.h>
2
3  int main(void)
4  {
5      int           hoge = 0x12345678;
6      unsigned char *hoge_p = (unsigned char*)&hoge;
7
8      printf("%x\n", hoge_p[0]);
9      printf("%x\n", hoge_p[1]);
10     printf("%x\n", hoge_p[2]);
11     printf("%x\n", hoge_p[3]);
12
13     return 0;
14 }
```

int型変数hogeの先頭アドレスを、無理やりunsigned char *型の変数hoge_pに代入しています。そうすれば、hoge_p[0]～hoge_p[3]を参照することで、hogeの中身をバイト単位で参照できるはずです。

私の環境では、以下のような結果になりました。

```
78
56
34
12
```

私の環境では「0x12345678」という値は、メモリ上に、逆向きに配置されてい

るようですね。

意外に感じた方がいるかもしれません。しかし、Intel系のCPU（もちろんAMDなどの互換CPUも含む）では、このように、整数型は、メモリ上にはひっくり返して配置されます。こういう配置の方法を、一般に**リトルエンディアン**（little endian）といいます。

最近は、クライアントPCもサーバもIntel系CPUばかりですが、かつてワークステーションなどのCPUでは、「0x12345678」という値をメモリ上に「12、34、56、78」という形で配置する**ビッグエンディアン**（big endian）のCPUもよく使われていました。スマホなどでよく使われているARMアーキテクチャは、リトルエンディアンとビッグエンディアンを切り替えられる**バイエンディアン**（bi-endian）になっています。

そして、リトルエンディアンとかビッグエンディアンといった、バイトの並び方のことを**バイトオーダー**（byte order）と呼びます。

リトルエンディアンとビッグエンディアンのどちらがよいか、という話は、しばしば宗教戦争のネタにもなるようなのですが、ここでは深入りしません。それぞれ利点があります。人間だって紙と鉛筆で足し算するときには下の桁から足していきますから、CPUにとってはリトルエンディアンのほうが楽なことがあるでしょうし、人間が見るときには、ビッグエンディアンのほうがわかりやすいようです。

問題は、整数型のデータでさえ、メモリ上でのイメージはCPUによって異なるということです。

世の中には「2バイトを1組にして逆順」など、もっと違うバイトオーダーのCPUも存在します。また、浮動小数点数は、現在ならIEEE754で規定されている形式を使用している処理系が多いでしょうが、それはCの規格で規定されているわけではありません＊。たとえIEEE754を使っている処理系でも、やっぱりIntel系CPUでは並び順が逆になっています。

つまり、結局、メモリ上のバイナリイメージは、環境によっててんでバラバラなので、**メモリの内容を直接ディスクに吐いたりネットワークに流したりして、違うマシンでそのまま読もう、などと考えてはいけない**ということです。

データの交換性を考えるなら、XMLなりJSONなり、あるいはバイナリでもいいですが、なんらかのデータフォーマットを決めて、そのフォーマットに従って出力するようにしましょう。

＊ Javaではこれも規定しています。よって、ハードウェアがIEEE754をサポートしてないと、ちょっと困ったことになります。

> **Point**
>
> 整数にしろ浮動小数点数にしろ、メモリ上での表現形式は環境によってばらばらだ。

2-9 言語仕様と実装について ——ごめんなさい、ここまでの内容はかなりウソです

　ここまでは、サンプルプログラムを実際に動かしてみて、私の環境でどのような結果が出るかをもとにして、いろいろ説明してきました。
　——が、Cの規格は、言語仕様を規定するものであり、実装方法について規定するものではありません。
　たとえば、いまどきのPCのOSなら仮想アドレスは実現してくれているようですが、そうでないOSの上でも、Cは立派に動いています。
　また「Cでは、自動変数はスタックに確保される」というようなことを書きましたが、そんなことは、規格には書いてありません。よって、たとえば、自動変数の領域を、関数に入るごとにヒープに確保する処理系があったとしても、立派に規格に合致しています。ただ、そんな実装では遅くなるので、ばかばかしいから誰も作らないでしょうが。
　malloc()の実装に至っては、処理系によってかなり大きく違います。brk()というのはUNIXに特有のシステムコールですし、最近は、UNIXでも、大きめの領域を確保するときにはmmap()システムコールを使用して、free()したらOSにメモリを返すようになっています。
　さらにいうなら、第1章以降、「ポインタはアドレスである」ということを前提としてしまっていますが、規格には「ポインタ型は、被参照型の実体を参照するための値を持つオブジェクトを表す」と書いてあるのみです。要するに、実体を参照することさえできれば、別に（仮想）アドレスを生で使わなくても規格的には問題ないわけです。
　Cはよく、ポインタという形でアドレスが直接見えることから、

- メモリをつねに意識しないと、C言語のプログラミングはできない
- Cなんて構造化アセンブラじゃないか
- Cなんて低級言語じゃないか

2-9　言語仕様と実装について―ごめんなさい、ここまでの内容はかなりウソです

と、こんなふうに言われたりするわけなんですが、普通のアプリケーションプログラマーがプログラムを組むにあたって、**ポインタがアドレスであることを意識する必要なんてまったくない**ものです。

　Cは確かに低級言語かもしれませんが、高級言語を使いたいのに、C言語を使わざるをえない場合に「Cなんて低級言語じゃないか。けっ」なんて屈折して斜に構えても得る物があるわけじゃなし、たとえその処理系でポインタがアドレスであったとしても、**そんなことは忘れてしまえばいいじゃないですか**。Cは、高級言語らしく使おうと思えばけっこう高級言語らしく使える言語です。いざバグるそのときまでは（あれ？）。

　――といいつつ、本章では、あえて「ポインタはアドレスである」ことを強く意識するような方法をとりました。

　これは、抽象的な話をぐだぐだするよりも、具体的にアドレスを表示してみたほうが、ずっとわかりやすいだろうと考えたからです。関数呼び出しでスタックがムクムク伸びていくところは、自動変数のアドレスを表示させれば一発でわかります。そして、それを理解していないと、再帰呼び出しの原理はよくわからないと思います。

　また、やはりCでは、たいていの環境において、実行時のチェックがほとんど行われないという現実があって、そのため、ある程度Cのメモリの使い方を把握していないと、デバッグにさしつかえるという問題もあります。

　それに、何だかよくわからないことがあるとき、実験して確かめる、というのは、科学の常套手段ですよね。

　本章のサンプルプログラムは、ぜひご自分の環境で、実際に動かして試してみてください。

　でも、いったんそれで納得したら、以後は「ポインタはアドレスである」なんてことをやたらと意識すべきではないと思います。それを下手に意識すると、抽象度の低い、ついでに移植性も低いコーディングをしてしまいがちだと思えるからです。

　そして、いざバグったら「ポインタはアドレスである」ことを思い出してデバッグに努めましょう。それぐらいのスタンスが、ちょうどよいと思います。

第 3 章

Cの文法を解き明かす
── 結局のところ、どういうことなのか？

3-1 Cの宣言を解読する

3-1-1 英語で読め

p.49の補足「宣言にまつわる混乱——どうすれば自然に読めるか？」において、Cの、

```
int *hoge_p;
```

であるとか、

```
int hoge[10];
```

のような宣言の構文は**変だ**ということを書きました。

この程度の宣言ではそれほど違和感を覚えない人も多いかもしれませんが、たとえば、以下のような（割とよく使う）宣言ではどうでしょうか？

```
char *color_name[] = {
    "red",
    "green",
    "blue",
};
```

これは「charへのポインタの配列」を意味しています。

前章「2-3-2 関数へのポインタ」で紹介したように、「doubleを引数に取り、戻り値を返さない関数へのポインタ」は、以下のように宣言します。

```
void (*func_p)(double);
```

K&Rでは、このような宣言について、以下のように説明しています（p.148）。

```
int *f();      /* f: intへのポインタを返す関数 */
```

と

```
int (*pf)();    /* pf: intを返す関数へのポインタ */
```

は、この問題のいい例である。ここで、*は前置演算子であり、()より低い優先度を持つから、正しい結合を行なわせるにはカッコが必要なのである。

まず、この文には**嘘があります**。

「1-3-3 アドレス演算子、間接演算子、添字演算子」でも説明したように、宣言の中の*、()、[]は演算子ではないですし、優先順位も、構文規則の中では演算子の優先順位とは別の箇所で定義されています。

そして、それは置いておくとしても、この文章を素直に読むと、普通の日本人には「逆じゃないか？」と思えるのではないでしょうか？

```
int (*pf)();
```

が「関数へのポインタ」だというのなら、括弧でもって先にアスタリスク（ポインタ）のほうにくっつけるのは変じゃないか、と。

この疑問の答えは、わかってしまえばあっけないほど簡単です。Cはもともとアメリカで開発された言語なんですから、**英語で読めばいいのです**[*]。

上の宣言をpfを起点として英語順に読むと、こうなりますね[*]。

　pf is pointer to function returning int

これを日本語に訳すと、

　pfは、intを返す関数へのポインタだ

となります。

> [*] K&Rには、Cの宣言を解析するdclというプログラムが載っています（p.150）。その出力結果も載っていますが、日本語版でもその部分は翻訳されず英語のままになっています。
>
> [*] 「pf is **a** pointer」のように冠詞のaが要るような気もしますが、K&Rのdclでも付けていませんし、冗長になるので本書では付けないことにします。

Point

Cの宣言は、英語で読め。

3-1-2　Cの宣言を解読する

　ここらでそろそろ、Cの宣言を「機械的に読み進む」方法を説明します。

　まずは問題を簡単にするため、constやvolatileは考えないこととします（constを考えた版は、「3-4　続・Cの宣言を解読する」で説明します）。

　Cの宣言を解釈するには、以下の手順に従います。

- ❶ まず、識別子（変数名または関数名）に着目する。
- ❷ 識別子に近いほうから、優先順位に従って派生型（ポインタ、配列、関数）を解釈する。優先順位は以下のようになっている。
  - ①宣言をまとめるための括弧
  - ②配列を意味する[]、関数を意味する()
  - ③ポインタを意味する*
- ❸ 派生型を解釈したら、それを「of」または「to」または「returning」で連結する。
- ❹ 最後に、型指定子（左端にある、intとかdoubleとか）を追加する。
- ❺ 英語の苦手な人は、順序を逆にし、日本語で解釈する。

　配列の要素数や関数の引数は型の一部です。それぞれ型に付属する属性として読んでください。

　たとえば、

```
int (*func_p)(double);
```

であれば、

❶ まず最初に、識別子に注目します。

```
int (*func_p)(double);
```

　英語的表現：
　　func_p is

❷ 括弧があるので、次は*に注目します。

```
int (*func_p)(double);
```

　英語的表現：

```
func_p is pointer to
```

❸ 関数を意味する()に行きます。引数はdoubleですね。

```
int (*func_p)(double);
```

英語的表現：

```
func_p is pointer to function(double) returning
```

❹ 最後に、型指定子intに行きます。

```
int (*func_p)(double);
```

英語的表現：

```
func_p is pointer to function(double) returning int
```

❺ 日本語に訳すと……

　　func_pは、intを返す関数（ちなみに引数はdouble）へのポインタだ

となります。

同様に、いろいろなCの宣言を解読すると、Table 3-1のようになります。

Table 3-1 いろいろなCの宣言を解読する

C言語	英語的表現	日本語的表現
`int hoge;`	hoge is int	hogeはintだ
`int hoge[10];`	hoge is array（要素数10）of int	hogeは、intの配列（要素数10）だ
`int hoge[10][3];`	hoge is array（要素数10）of array（要素数3）of int	hogeは、intの配列（要素数3）の配列（要素数10）だ
`int *hoge[10];`	hoge is array（要素数10）of pointer to int	hogeは、intへのポインタの配列（要素数10）だ
`double (*hoge)[3];`	hoge is pointer to array（要素数3）of double	hogeは、doubleの配列（要素数3）へのポインタだ
`int func(int a);`	func is function（引数はint a）returning int	funcは、intを返す関数（引数はint a）だ
`int (*func_p)(int a);`	func_p is pointer to function（引数はint a）returning int	func_pは、intを返す関数（引数はint a）へのポインタだ

このように、Cの宣言は、（日本語、英語にかかわらず）左から右に順に読み進むことはできず、右に行ったり左に行ったりしなければなりません。

第3章 Cの文法を解き明かす――結局のところ、どういうことなのか？

K&Rによれば、Cの宣言は「変数が現われ得る式の構文を真似た」(P.114)そうです。しかし、本質的にまったく異なるものを無理に似せようとしたため、結局わけのわからない構文になってしまっています。

「宣言の形と使用時の形を似せる」というのはC（およびCから派生したC++などの言語）に特有の**変な構文**です。

K&Rにも、

> Cの宣言の構文、とくに関数へのポインタを含む部分は酷評を受けることがある。

と書いてあります（p.148）。

たとえばPascalでは、Cにおける`int hoge[10];`を以下のように書きます。

```
var
    hoge : array[0..9] of integer;
```

この構文なら、左から右に、英語順でまったく問題なく読めるわけです。

ところで、Cの作者であるDennis Ritchieは、のちにLimbo[7]という言語を開発しました。Limboは、記号の使い方など、一見するとCによく似た言語*なのですが、宣言の構文はしっかりPascalふうに直してあります。作者自身、Cの宣言の構文には反省するところがあったのでしょう。

＊ たとえば、begin～endやif～endifではなく、波括弧を使っている、という点において。

補足 Note 最近の言語だと、型は後置のものが多い

いまどきPascalを使っている人はそうはいないでしょうし、Limboなんて名前も知らない人が大多数だと思いますが、比較的最近に作られ、それなりに多くの使用者を獲得している言語でも、変数宣言の際、型を後ろに書く言語はかなりあります。最近の言語だとむしろ多数派ではないでしょうか。

たとえばGoogleが作った言語Goでは、`int`型の変数を以下のように宣言します。

```
var hoge int
```

配列ならこう。

```
var hoge []int
```

iOSアプリ開発のためにAppleが作った言語Swiftでは、int型の変数がこうで、

```
var hoge : Int
```

配列はこうです。

```
var hoge : [Int]
```

JVMで動作する言語であるScalaでは、int型の変数がこう。Scalaでは、変数は宣言時に必ず初期化しなければいけません。また、実際にはvarよりも、再代入不能なvalを使うことが多いかと思います。

```
var hoge: int = 0;
```

配列はこう。

```
var hoge: Array[int] = null;
```

Adobe Flashの開発に使うActionScriptでは、int型の変数がこうで、

```
var hoge : int;
```

配列はこうです。

```
var hoge : Array;
```

きりがないのでこのへんにしておきますが、型を先に書くCやJavaやC#が、別段「あたりまえ」ではない、ということはわかるのではないでしょうか。

3-1-3 型名

Cでは、識別子の宣言以外でも「型」を表記しなければならない局面があります。

具体的には、以下のケースが挙げられます。

- キャスト演算子の中
- 型をオペランドとするときのsizeof演算子のオペランド

たとえば、キャスト演算子は、

```
(int*)
```

のように書くわけですが、ここで指定している「int*」を**型名**（type name）と呼びます。

型名は、識別子の宣言から、識別子を取り除くことで、機械的に生成できます。

Table 3-2 型名の書き方

宣言	宣言の意味	型名	型名の意味
int hoge;	hogeはint	int	int型
int *hoge;	hogeはintへのポインタ	int*	intへのポインタ型
double (*p)[3];	pは、doubleの配列（要素数3）へのポインタ	double (*)[3]	doubleの配列（要素数3）へのポインタ型
void (*func)();	funcは、voidを返す関数へのポインタ	void (*)()	voidを返す関数へのポインタ型

Table 3-2の最後の2つの例のアスタリスクを囲む括弧(*)は、正常な感覚からすればどう見ても無駄に見えるでしょうが、**これをなくすと意味が変わってしまいます。**

double *[3]は、double *hoge[3]から識別子名を抜いたものなので、この型名は「doubleへのポインタの配列」という意味になってしまいます。

補足 Note　せめて、間接演算子*が後置になっていれば……

Cでは、ポインタをたぐり寄せる演算子*は、「*p」のように前に置きます。これがたとえばPascalでは、Cの*に相当する演算子^は、後ろからかかります。

Cでも、同じようにポインタをたぐり寄せる演算子が後ろからかかるとすれば、たとえ「変数が現われ得る式の構文を真似た」としても、宣言はこんな感じになったことでしょう。

```
int func_p^(double);
```

こう書いて「intを返す関数（引数はdouble）へのポインタ」を表すのだとすると、ほぼ英語順で読めます。intが前にあるのはやっぱり問題ですが。

ついでに、演算子のほうも後置の^を使うとすると※、構造体のメンバをポインタから参照する演算子->が不要になります。

```
hoge->piyo
```

は、もともと、

```
(*hoge).piyo
```

のシンタックスシュガーでしかないので、

```
hoge^.piyo
```

と書けるのならば、そもそも不要なものだったのです。

さらに、間接演算子が後ろからかかるほうが、構造体のメンバや配列参照を含む複雑な式の記述が簡潔になります※。

この点については『The Development of the C Language』[5]にも記述されています。

> Sethi [Sethi 81] observed that many of the nested declarations and expressions would become simpler if the indirection operator had been taken as a postfix operator instead of prefix, but by then it was too late to change.

私の拙い英語力で日本語に訳すと、こんな感じになりますかね。

> Sethiは、間接演算子が前に付くのではなくて後ろに付くようになっていれば、ネストした宣言や式がずっと簡単になるということを述べている [Sethi 81]。
> が、そのときには、変更するにはもう遅過ぎた。

※Cでは、^は、XOR演算子としてすでに使われてしまっているわけですが、それはここでは置いといて。

※ついでに、ポインタのキャストも後ろからかかったほうがよかったような気もするのですが。

※実は、Cには後置の間接演算子はあるといえばあるのですが——[0]というのが。

3-2 Cの型モデル

ここまで、Cの宣言の読み方について説明してきました。

宣言を読むことで、変数や関数の「型」を読み解くことができました。この節では、その「型」を、Cがどのように扱っているかについて説明します。

3-2-1 基本型と派生型

ここまで、たとえば

```
int (*func_table[10])(int a);
```

という宣言があったら、これを、

> intを返す関数（引数はint a）へのポインタの配列（要素数10）

というように読んできました。

これは、図にすると、こんな感じのリスト構造で表現できます（Fig. 3-1参照）。

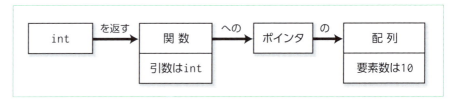

Fig. 3-1 「型」を図で表現すると……

この表現を、本書では「型のリスト表現」と呼ぶことにしましょう。

とりあえず**構造体、共用体、typedef**などを無視しておおざっぱに説明

※英語順だと最後の要素になるわけですが、本書では、日本語順に合わせます。

すると、リストの最初の要素※が**基本型**（basic type）であり、ここには、int とか double などの型がきます。

そして、このリストにおいて2つ目以降の要素は**派生型**（derived type）になります。「派生型」とは、なんらかの型から派生する型です。

派生型には、構造体、共用体を除くと、以下の3種類があります。

- ポインタ
- 配列（属性として、「要素数」を持つ）
- 関数（属性として、引数の情報を持つ）

K&Rには、派生型について以下のような記述があります（p.239）。

> 基本的な算術タイプ以外に、以下の方法で基本タイプから生成される概念的には無限の派生型のクラスがある。
> - 与えられた型のオブジェクトの配列
> - 与えられた型のオブジェクトを返す関数
> - 与えられた型のオブジェクトへのポインタ
> - 各種の一連のオブジェクトを含む構造体
> - 各種の型の数個のオブジェクトの任意の一つを含むことのできる共用体
>
> 一般的には、これらのオブジェクトの生成法は再帰的に適用可能である。

何のことやらさっぱりかもしれませんが、これは、

> 基本型を先頭にして、派生型を再帰的に（繰り返して）くっつけていくことにより、無限の型を作り出すことができる。

※実際には、派生にはいくつか制限があります。後述します。

ということをいっています※。

Fig. 3–1のようなリストを延々と繋げることで、新しい「型」を生み出せるということですね。

なお、このリストにおいて、最後の型は、型全体の意味に対して重要な意味を持つので、特に**型分類**（type category）と呼びます。

たとえば「intへのポインタ」だろうと「doubleへのポインタ」だろうと、結局は「ポインタ」ですし、「intの配列」だろうと「charへのポインタの配列」だろうと、やっぱりこれは「配列」である、ということです。

3-2-2 ポインタ型派生

「1-3-1 そもそも、悪名高いポインタとは何か」において、規格書の一節を引用しました。ここで、それを再度引用します。

> ポインタ型（pointer type）は、被参照型（referenced type）と呼ぶ関数型、オブジェクト型又は不完全型から派生することができる。ポインタ型は、被参照型の実体を参照するための値をもつオブジェクトを表す。被参照型Tから派生されるポインタ型は、"Tへのポインタ"と呼ぶ。被参照型からポインタ型を構成することを"ポインタ型派生"と呼ぶ。
> 派生型を構成するこれらの方法は、再帰的に適用できる。

「被参照型Tから派生されるポインタ型は"Tへのポインタ"と呼ぶ」とありますが、これをリスト表現で書くと、Fig. 3-2のようになります。

Fig. 3-2
ポインタ型派生

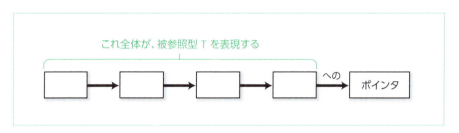

「ポインタ型」は、その指す先の型が異なれば、すべて違う型となりますから、既存の型Tから派生して「Tへのポインタ」という型を作り出すわけです。

ポインタは、たいていの処理系では、実装上は単なるアドレスですから、どんな型から派生したポインタであろうと、その実行時のイメージにはたいした違いはないのですが*、*演算子を付けてポインタをたぐり寄せたときと、ポインタに対して加算を行ったときに差が出てきます。

くどいようですが繰り返しておきます。ポインタに対して加算を行うと、**そのポインタの指す型のサイズだけ**、ポインタが進むのでした。このことは、このあとの説明において非常に重要な意味を持ちます。

ポインタ型を図解すると、こんな感じになるでしょうか（Fig. 3-3参照）。

*前にも書きましたが、細かいことをいうと、charへのポインタと、intへのポインタとで、ビット数が異なるような処理系もたまにあるようです。

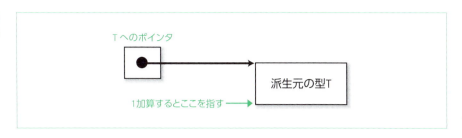

Fig. 3-3 ポインタ型の図解

3-2-3 配列型派生

　配列型も、ポインタ型と同様に、既存の型（**要素型**）から派生することにより作り出します。型の属性情報として「要素数」が付きます（Fig. 3-4参照）。

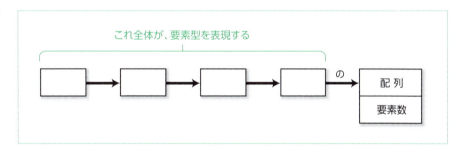

Fig. 3-4 配列型派生

　配列型は、派生元の型を一定の個数だけ並べた型を意味します。
　これまた図にすると、Fig. 3-5のようになりますね。

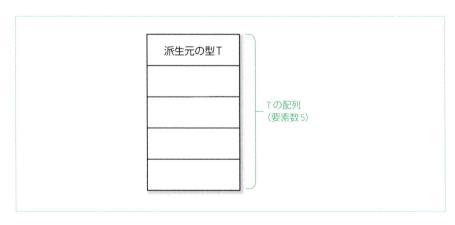

Fig. 3-5 配列型の図解

3-2-4 「配列へのポインタ」とは何か？

さて、「配列」も「ポインタ」も、どちらも派生型で、これらは、基本型を先頭にして繰り返しくっつけていくことができるのでした。

ということは、「配列」による派生の次に「ポインタ」による派生をくっつければ、「配列へのポインタ」という型も作れることになります。

さて「配列へのポインタ」と聞いて、

> そんなの簡単じゃん。配列名に[ ]を付けないで書くと「配列へのポインタ」という意味になるんでしょ。

なんて思った人には、p.71あたりから読み直してもらうとして、**配列は式の中ではポインタに読み替えられる**ということは確かです——でも、これは「配列へのポインタ」ではありません。「配列の先頭要素へのポインタ」です。

「配列へのポインタ」を実際に宣言すると、こんな感じになります。

```
int (*array_p)[3];
```

array_pは、intの配列（要素数3）へのポインタだ。

ANSI Cからは、配列に&を付けると「配列へのポインタ」が取得できるようになりました*。よって、

```
int array[3];
int (*array_p)[3];

array_p = &array;    ← 配列に&を付けて「配列へのポインタ」を取得
```

という代入が可能です。型が同じだからです。

ただし、

```
array_p = array;
```

という代入を行うと、コンパイラが警告を出すはずです。

「intへのポインタ」と「intの配列（要素数3）へのポインタ」とは、まったく違う型だからです。

でも、アドレスとして見れば、arrayも&arrayも、（おそらく）同じアドレス

*これは「式の中では、配列は、その先頭要素へのポインタに読み替えられる」という規則の例外の1つです。「3-3-3 配列 → ポインタの読み替え」を参照のこと。

を指しています。では何が違うのかというと、このポインタでポインタ演算を行ったときの結果です。

　私のマシンだとint型は4バイトですから「intへのポインタ」に1を加算すると、4バイト進むことになります。が「intの配列（要素数3）へのポインタ」の場合、このポインタの指す型は「intの配列（要素数3）」であり、そのサイズは（intのサイズが4バイトだとすれば）12バイトですから、ポインタに1を加算することにより12バイト進みます（Fig. 3-6参照）。

Fig. 3-6
「配列へのポインタ」に加算すると……

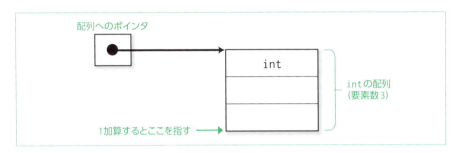

|「それはわかったけどさー、フツーこんなの使わないよね」

と思った人がいるかもしれません。でも、けっこう皆さん使っているものです。それと気づかない形で。

　その意味は、次の節で説明します。

3-2-5　C言語には、多次元配列は存在しない！

Cでは、以下のようにして多次元配列を宣言できる……

```
int hoge[3][2];
```

＊一応、Cの規格書では、「多次元配列」という言葉が3箇所ほど出現しますから「多次元配列は存在しない」といういい方は極論のように聞こえるかもしれませんが、そう考えないとCの型モデルを理解しづらくなります。

つもりの人が多いと思いますが、Cの宣言の読み方をよく思い出してください。上記の宣言はなんと読みますか？

　int型の多次元配列？

　違いますね。「intの配列（要素数2）の配列（要素数3）」です。

　つまり、Cには「配列の配列」は存在しても、多次元配列は存在しないのです＊。

　「配列」とは、なんらかの型が一定の個数並んだ型を意味するのでした。「配列

の配列」とは、たまたま派生元の型が配列である、というだけのことです。つまり「intの配列（要素数2）の配列（要素数3）」を図にすると、Fig. 3-7のようになります。

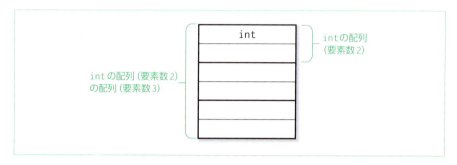

Fig. 3-7
配列の配列

> **Point**
> C言語には、多次元配列は存在しない。
> 多次元配列のように見えるのは「配列の配列」だ。

次のような宣言があるとき、

```
int hoge[3][2];
```

hoge[i][j]のようにしてその内容をアクセスしますが、このとき、hoge[i]は「intの配列（要素数2）の配列（要素数3）」の中でのi番目の要素を指し、その型は「intの配列（要素数2）」になります。もっとも、式の中なので、これは即刻「intへのポインタ」に読み替えられるわけですが。

このあたりのことは「3-3-5　多次元配列」で、もう一度詳しく説明します。

ところで、この「多次元配列もどき」を、他の関数に引数として渡す場合はどうなるでしょう？

「intの配列」を、他の関数に引数として渡したければ「intへのポインタ」を渡せばよいのでした。式の中では、配列はポインタに読み替えられるからですね。

よって「intの配列」を引数として渡す場合、その関数のプロトタイプはこんな感じになります。

```
void func(int *hoge);
```

「intの配列（要素数2）の配列（要素数3）」の場合も、同じように考えれば、

> intの配列(要素数2)の配列(要素数3)

この下線部分が、式の中ではポインタに読み替えられるので、

> intの配列(要素数2)へのポインタ

を渡せばよいことになります。出ました。「配列へのポインタ」です。
　ということは、これを受け取る関数のプロトタイプは、

```
void func(int (*hoge)[2]);
```

となります。
　いままで、

```
void func(int hoge[3][2]);
```

とか、

```
void func(int hoge[][2]);
```

のように書いていた方も多いかもしれませんが、これらはすべて

```
void func(int (*hoge)[2]);
```

のシンタックスシュガーであり、まったく同じ意味になります。
　引数として配列を渡す場合のシンタックスシュガーについては、「3-5-1　関数の仮引数の宣言」において、もう一度説明します。

3-2-6　関数型派生

　関数型も派生型の一種であり、属性として「引数(の型)」を持ちます(Fig. 3-8参照)。
　ただし、関数型は、他の派生型とはちょっと異なる面があります。
　int型にしろdouble型にしろ、あるいは配列にしろポインタにしろ構造体にしろ、関数型以外の型は、たいてい、その実体を変数として定義することができます。そして、その変数は、メモリ上である一定の領域を占めます。よって、sizeof演算子で、そのサイズを取得することができます。

第3章 Cの文法を解き明かす──結局のところ、どういうことなのか？

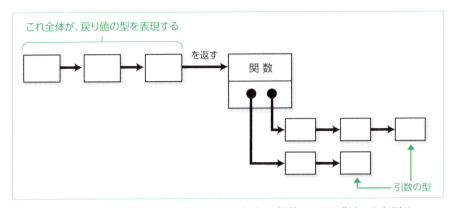

Fig. 3-8
関数型派生

　このように、サイズを特定できる型のことを、規格では**オブジェクト型**（object type）と呼んでいます。
　しかし、関数型はオブジェクト型ではありません。Cには「関数型の変数」は存在しないので、サイズを特定できない（する必要もない）わけです。
　さて、配列型は、派生元の型を、いくつか並べた型でした。よって、配列型全体のサイズは、

| 派生元の型のサイズ×配列の要素数

になります。
　しかし、関数型は、サイズが特定できないので、関数型から配列型を派生することはできません。つまり「関数の配列」という型は作ることができません。「関数へのポインタ」型は、作ることができます。ただし、関数型を指すポインタに対しては、ポインタ演算ができません。ポインタが指す先の型のサイズが特定できないからです。
　また、関数型は、構造体や共用体のメンバになることもできません。
　というわけで、結局、

| 関数型からは、ポインタ型以外派生できない

ということになります。ただし「関数へのポインタ型」であれば、配列にしたり、構造体、共用体のメンバに入れることができます。「関数へのポインタ型」は、結局ポインタ型であり、ポインタ型はオブジェクト型だからです。
　また、関数型は、配列型から派生することができません。
　関数型は「〜を返す関数」という形で派生しますが、Cでは、関数の戻り値として配列を返すことができないからです。「1-1-11　Cは、スカラしか扱えない言語だった」も参照のこと。

> **Point**
> 関数型からは、ポインタ型以外は派生できない。
> 配列型から、関数型を派生することはできない。

3-2-7 型のサイズを計算する

　関数型と不完全型（「3-2-10　不完全型」を参照のこと）を除き、型にはサイズがあります。

```
sizeof(型名)
```

と書けば、コンパイラがその型のサイズを計算してくれます——たとえそれが、どんなに複雑な型であったとしても。

```
printf("size..%d¥n", (int)sizeof(int(*[5])(double)));
```

　これは、

　　intを返す関数（引数はdouble）へのポインタの配列（要素数5）

のサイズを表示していますね。
　ここまでの復習を兼ねて、コンパイラになり代わって、いろいろな型のサイズを計算する練習をしてみましょう。
　ここでは、例として以下のような構成のマシンを考えます。

int	4バイト
double	8バイト
ポインタ	8バイト

> 【注意！】
> ここでは、説明のために特別に上記の仮定を行っていますが、intやdoubleやポインタのサイズは規格では何も決められておらず、あくまで処理系に依存します。
> よって、通常は、データ型の物理的なサイズは意識すべきではありません。型のサイズに依存するようなコーディングをしないように。

型のサイズを計算するには、その型を、日本語順で前から追っていき、各段階において以下のように計算すればよいことになります。

1. **基本型**
   基本型は、処理系依存でサイズが決まっている。
2. **ポインタ**
   ポインタは、処理系依存でサイズが決まっていて、たいていの場合、派生元の型とは関係なく一定のサイズになる。
3. **配列**
   派生元の型のサイズに、配列の要素数を掛けたサイズになる。
4. **関数**
   関数は、サイズは計算できない。

では、例として、先ほどの

　　intを返す関数（引数はdouble）へのポインタの配列（要素数5）

のサイズを計算してみましょう。

1. <u>int</u>を返す関数（引数はdouble）へのポインタの配列（要素数5）
   int型なので、ここで仮定している環境では、4バイト
2. intを<u>返す関数（引数はdouble）</u>へのポインタの配列（要素数5）
   「関数」なので、サイズは計算できない
3. intを返す関数（引数はdouble）<u>へのポインタ</u>の配列（要素数5）
   「ポインタ」なので、ここで仮定している環境では、8バイト
4. intを返す関数（引数はdouble）へのポインタ<u>の配列（要素数5）</u>
   派生元の型のサイズが8で「要素数5の配列」なので、8×5の40バイト

ということになります。

同様に、いろいろな型のサイズを計算すると、Table 3-3のようになります。

Table 3-3 いろいろな型のサイズを計算する

宣言	日本語的表現	サイズ
`int hoge;`	hogeは、intだ	4バイト
`int hoge[10];`	hogeは、intの配列（要素数10）だ	4×10＝40バイト
`int *hoge[10];`	hogeは、intへのポインタの配列（要素数10）だ	8×10＝80バイト
`double *hoge[10];`	hogeは、doubleへのポインタの配列（要素数10）だ	8×10＝80バイト
`int hoge[2][3];`	hogeは、intの配列（要素数3）の配列（要素数2）だ	4×3×2＝24バイト

3-2-8 基本型

派生型の基底となるのが**基本型**（basic type）です。

基本型は、規格では「型char、符号付き整数型、符号無し整数型及び浮動小数点型を総称して**基本型**（basic type）と呼ぶ」とあります（6.2.5）。C99以降であれば、_Boolが「符号無し整数型」に含まれますし、同様に複素数型が「浮動小数点型」に含まれます。これを見ると列挙型は基本型に含まれないようですが、K&Rではいっしょくたにされていますし（p.239）、同様に考えても問題ないでしょう。

ところで、Cでは、short intという型で変数を宣言しても、単にshortと宣言しても、同じ意味になります。

これは非常にまぎらわしいので、整数型と浮動小数点型について、どんな書き方が許されて、どれとどれが同じ意味なのかを、Table 3-4に一覧にしておきます。

Table 3-4 整数型・浮動小数点型の種類

おすすめ	同義の表現
char	
signed char	
unsigned char	
short	signed short, short int, signed short int
unsigned short	unsigned short int
int	signed, signed int
unsigned	unsigned int
long	signed long, long int, signed long int
unsigned long	unsigned long int
long long（C99から）	signed long long, long long int, signed long long int
unsigned long long（C99から）	unsigned long long int
float	
double	
long double	
_Bool（C99から）	
float _Complex（C99から）	
double _Complex（C99から）	
long double _Complex（C99から）	
float _Imaginary（C99から）	
double _Imaginary（C99から）	
long double _Imaginary（C99から）	

charは、signed charまたはunsigned charのいずれかと同義です。デフォルトのcharが符号付きか符号なしかは、規格では処理系定義になっています。

そして、これらの型のサイズは、sizeof(char)（signed、unsigned ともに）が1であると決められている以外、すべて処理系定義です。charも、sizeofで返す値が1だと決められているだけで、それが8ビットだとは規定されていません*。charが9ビットの処理系も、現実に存在します。

＊8ビット「以上」であることは規定されています。

3-2-9 構造体と共用体

構造体、共用体は、文法上は、派生型の1つとして扱われています。

ただ、ここまでの説明では、構造体、共用体の話はとりあえず除外していました。その理由は以下のとおりです。

- 構造体、共用体は、文法上は派生型だが、宣言においては型指定子、つまりintやらdoubleやらと同じ位置にくる。
- ポインタ、配列、関数を相手にしているかぎり、型は1次元のリストとして表現できるが、構造体、共用体が入ってくると、リストではなく木構造になってしまう。

構造体は、他のいくつかの型をまとめた型です。配列は、1つの型が複数個並んだものですが、構造体は、異なる型をまとめることができます。

共用体は、構文上は構造体に似ていますが、構造体が、各メンバの領域を「並べて」確保するのに対し、共用体は「重ねて」確保します。共用体の用途については、第5章で触れます。

構造体、共用体を「型のリスト表現」で書くと、Fig. 3-9のような感じになりますね。

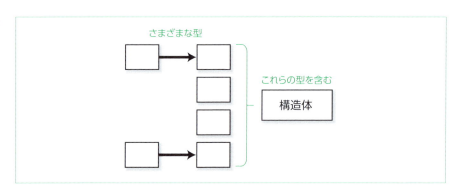

Fig. 3-9
構造体型派生

3-2-10 不完全型

不完全型とは「型のサイズが決まらない型の中で、関数型以外のもの」を指します。

つまり、Cの型は、結局次のように分類できるわけです。

- オブジェクト型（char、int、配列、ポインタ、構造体など）
- 関数型
- 不完全型

不完全型の典型的な例は、構造体タグの宣言です。

男性（Man）には、妻（wife）がいるかもしれません。独身者は、wifeをNULLにすればいいとして、Manという型は、以下のように宣言できます＊。

＊私は同性婚に反対するものではないですが、ややこしくなるのでここでは置いておきます。

```
struct Man_tag {
        ⋮
    struct Woman_tag *wife; /* 妻 */
        ⋮
};
```

このとき、女性（Woman）側は、以下のように宣言することになるのでしょう。

```
struct Woman_tag {
        ⋮
    struct Man_tag *husband; /* 夫 */
        ⋮
};
```

この場合、struct Man_tagとstruct Woman_tagは相互に参照し合っているので、どちらを先に宣言しても、うまく宣言できないように思えます。

この問題は、以下のように、構造体のタグだけ先に宣言することで、回避できます。

```
struct Woman_tag;   ← タグだけ先に宣言

struct Man_tag {
        ⋮
    struct Woman_tag *wife; /* 妻 */
```

```
        ⋮
};

struct Woman_tag {
        ⋮
    struct Man_tag *husband; /* 夫 */
        ⋮
};
```

私の場合、構造体は必ず typedef するようにしているので、こんな感じになります。

```
typedef struct Woman_tag Woman;    ← タグを先にtypedef

typedef struct {
        ⋮
    Woman *wife; /* 妻 */
        ⋮
} Man;

struct Woman_tag {
        ⋮
    Man *husband; /* 夫 */
        ⋮
};
```

さて、このとき、Woman 型は、タグだけ宣言された時点では、まだその内容がわからないので、サイズを決めることができません。このような型を、**不完全型**（incomplete type）と呼びます。

不完全型は、サイズが決まらないので、配列にしたり、構造体のメンバに入れたり、変数を宣言したりすることはできません。ただし、ポインタを取ることだけはできます。上記の Man 構造体も、Woman 型のポインタをメンバとしていますね。

その後、struct Woman_tag の内容を定義した時点で、Woman は不完全型ではなくなるわけです。

void 型は、規格上、完全にすることのできない不完全型として分類されています。

3-3 式

前節までで、Cの宣言の読み方、およびそれにより得られた「型」がどのようなものであるかを説明してきました。

本節では、その「型」を実際に使って、計算やら代入やら関数呼び出しやらを行うところ、すなわち「式」について説明します。

3-3-1 式とデータ型

式（expression）という言葉を、ここまで、ろくに定義しないで使ってきました。

まず、式には、**一次式**（primary expression）と呼ばれるものがあります。1次式とは、以下のものを指します。

- 識別子（変数名、関数名のこと）
- 定数（整数定数、浮動小数点定数、列挙定数、文字定数）
- 文字列リテラル（""で囲まれた文字列）
- 式を()で囲んだもの

そして、式に対して演算子を適用したり、演算子でもって式と式をつなぎ合わせたもののことも、また式と呼びます。

つまり「5」も式ですし「hoge」もまた式です（hogeという名の変数または関数が宣言されていれば）。そして「5 + hoge」も、式だということになります。

```
a + b * 3 / (4 + c)
```

のような式があったとすれば、この式は、Fig. 3–10のような木構造を構成することになります。そして、この木構造のすべての部分木*もまた、式になります。

*ある特定のノード（節点）以下の木のこと。

Fig. 3-10
式の木構造

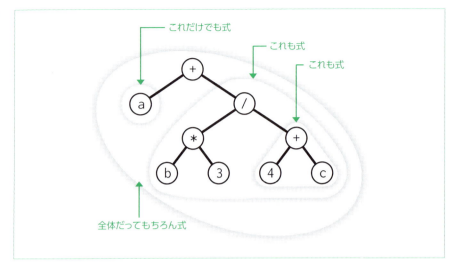

そして、**あらゆる式は型を持ちます**。

「3-2　Cの型モデル」では、型を、リスト構造で表現できると説明しました。ということは、すべての式が型を持つのであれば、式を表現する木構造の各ノード（節点）に、型を表現するリストがくっつくことになります（Fig. 3-11参照）。

Fig. 3-11
すべての式には型が付く

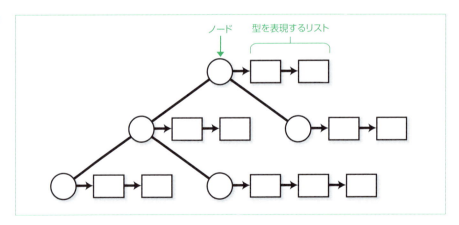

式の持つ型は、式に対して演算子を適用したり、式を引数として関数に渡す場合に、重要な意味を持ちます。

C初心者の方は、たとえば、

```
char str[256];
```

のような配列があって、この中身を表示するときに、

```
printf(str);
```

のように書いているプログラムを見ると「printf()でこんな書き方ができるなんて知らなかった」という感想を持つことが多いようです。

確かに、printf()は、Cのプログラムとしては世界一有名なあのプログラムに

```
printf("hello, world¥n");
```

と書かれているように、第1引数には文字列リテラルを渡すことが多いと思います。

しかし、printf()の第1引数の型は、stdio.hでのプロトタイプ宣言を見ればわかるように「charへのポインタ」です。

文字列リテラルの型は「charの配列」であり、式の中なので「charへのポインタ」になっています。だからprintf()に渡せます。そして、上記のstrもそれと同様に「charの配列」であり、やはり式の中なので「charへのポインタ」になっているわけで、これまたprintf()に引数として渡すことができるのは当たり前のことなのです。

ただまあ、単に文字列を表示したいだけなら、その文字列に%が含まれていると困るので、

```
printf("%s", str);
```

とするか、あるいはputs()でも使ったほうがよいかもしれませんが、それはまた別の話ですね。

あるいは逆に、こんな書き方を見て驚く人もいます。

```
"01234567890ABCDEF"[index]
```

でも、もしこれが、

```
str[index]
```

だったら、誰も驚かないでしょう。そして、strも文字列リテラルも、どちらも式の中では*「charへのポインタ」なので、同じように[]演算子のオペランドとなりうるのです。

＊文字列リテラルは「charの配列」ですが、前述のとおり式の中では配列はポインタに読み替えられます。

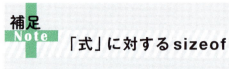
「式」に対するsizeof

sizeof演算子には、2種類の使い方があります。
1つは、

```
sizeof(型名)
```

という使い方、もう1つは、

```
sizeof 式
```

という使い方です。

後者の使い方をした場合、対象となっている式の型のサイズを返すことになります。

式の型はプログラマーは知っているわけで、「sizeof(型名)」だけあれば用は足りるように思えますが、「sizeof 式」形式にメリットがあるのは、以下のようなケースです。

- intでは足りなくなってlongに変えるといった場合に、直す箇所が少なくて済む。
- 配列のサイズを取得する。

2つめのケースについて補足します。

```
int hoge[10];
```

という宣言があったとき、sizeof(int)が4である処理系ならば、

```
sizeof(hoge)
```

は40を返します。よって、これをsizeof(int)で割ってやれば、配列の要素数を取得することができるわけです。もし将来的にintでは足りなくなってlongに変更する、といった事態まで想定するのであれば、sizeof(int)ではなくsizeof(hoge[0])で割るほうがよいかもしれません。

ところで、実際問題として、配列を宣言する際にint hoge[10];のように即値を書くのはそもそもよくないスタイルであり、実際には配列のサイズは何らかの適切な名前で#defineされているべきでしょう。だとすれば、なにもsizeof演算子を使わなくても、それを直接書けばよいでしょう。ただし、以下のような場合には、sizeof演算子を使ったほうが便利です。

```
char *color_name[] = {
    "black",
    "blue",
        ⋮
};
/* ループなどでcolor_nameの要素数分回したいときにはこのマクロを使う */
#define COLOR_COUNT (sizeof(color_name) / sizeof(char*))
```

*「3-5-3 空の[]について」を参照。

この場合、配列の初期化子があるため配列の要素数が例外的に省略可能で*、そのために#defineした定数値を書くところがなくなってしまいました。また、特にこういう場合は、color_nameに要素を追加する可能性が非常に高いので、そのときに修正を1カ所で済むようにするためにも、sizeofに聞くようにしたほうがよいと考えられます。

ただし、sizeof演算子は、あくまでコンパイラにサイズを聞くだけなので、コンパイラがサイズを明確に知っている場合にしか使えません（C99の場合は後述）。

```
extern int hoge[];
```

のような場合には、この方法は使えません。ましてや、

```
void func(int hoge[])
{
    printf("%d\n", (int)sizeof(hoge));
}
```

と、こんな記述をしても、単にポインタのサイズが表示されるだけです（「3-5-1 関数の仮引数の宣言」を参照のこと）。

なお、ANSI Cまでは、sizeof演算子の返す値は常に固定（コンパイル時に確定している）でしたが、C99では可変長配列（VLA）が導入されたので、sizeof演算子の返す値が実行時に決まるケースが存在することになりました。

可変長配列に対してsizeof演算子を適用すると、ちゃんと指定した要素数の配列のサイズが返されます。「1-4-8 C99の可変長配列——VLA」で実験したとおりです。

3-3-2 左辺値とは何か──変数の2つの顔

たとえば、以下のような宣言があったとして、

```
int hoge;
```

この場合「hoge」はint型ですから、int型の値が書けるところになら、定数と同じように書けます。

もし、hogeに5が代入されているとしたら、

```
piyo = 5 * 10;
```

と書こうが、

```
piyo = hoge * 10;
```

と書こうが同じ意味です。当たり前ですね。

でも、以下のような代入の場合、

```
hoge = 10;
```

たとえこの時点でhogeの値が5であったとしても、

```
5 = 10;
```

と置き換えるわけにはいきません。

つまり、変数には「それに代入されている値」として振る舞う場合と「その変数の記憶領域」として振る舞う場合があるわけです。

また、Cでは、直接変数名を記述した場合だけでなく、変数などに演算子を適用した式も「いずれかの変数の記憶領域」を意味する場合があります。たとえば、以下のような場合がそうです。

```
hoge_p = &hoge;
*hoge_p = 10;    ← *hoge_pは、hogeの記憶領域を意味する
```

このように、式がどこかの記憶領域を意味している場合、その式のことを**左辺値**（lvalue）と呼びます。それに対応して、式が単なる値を意味している場合には、その式を**右辺値**と呼ぶこともあります。

3-3 式

式には、左辺値とそうでないものがあります。たとえば、変数名は左辺値ですが、5などの定数や、1 + hogeのような算術演算子を適用した式は、左辺値ではありません。

> **補足 Note 左辺値という言葉の由来は？**
>
> 左辺値という言葉は、C以前のたいていの言語において、式が左辺値として解釈されるのは代入の左辺であったことに由来するようです。左を英語でいうとleftですから、left valueの意味でlvalueと呼ぶわけでしょう。
>
> ただ、Cでは、++hoge;という書き方もできるわけで、この場合のhogeは変数の記憶領域を指しますが、どう見ても「左辺」にあるようには見えません。よって「左辺値」という言葉はちょっとおかしいことになります。
>
> 標準化委員会では、lvalueのlは、leftのlではなく「locator」(位置を示すもの)であるとしているようで、Rationaleには、以下の記述があります。
>
> | The Committee has adopted the definition of lvalue as an object locator.
>
> でも、JIS X3010では、lvalueに対して、やはり「左辺値」という訳を当てているようです。

3-3-3 配列→ポインタの読み替え

繰り返し述べているように、式の中では、配列はポインタに読み替えられます。

```
int hoge[10];
```

という宣言があったとき、式の中でhogeと書くと、それは&hoge[0]と同義になります。

hogeのもともとの型は「intの配列（要素数10）」ですが、その型分類である「配列」が「ポインタ」に変更されるわけです。

型を図で表現すると、Fig. 3-12のような変換がなされるわけですね。

Fig. 3-12
配列→ポインタの読み替え

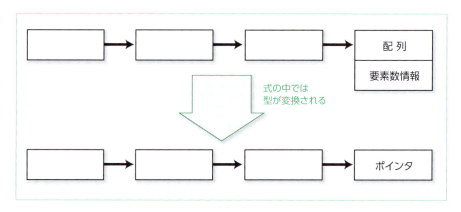

ただし、この規則には、以下の例外があります。

1. **sizeof演算子のオペランドの場合**

   sizeof 式の形でsizeof演算子を使った場合、このオペランドは「式」ですから、配列に対してsizeofを適用しても、配列はポインタに読み替えられていて、ポインタのサイズしかわからない——のが筋なような気もしますが、sizeof演算子のオペランドの場合には、この読み替えが抑止されるので、その場合には配列全体のサイズが返されます。p.188の補足「「式」に対するsizeof」を参照のこと。

2. **&演算子のオペランドの場合**

   配列に対して&を付けると、その配列全体へのポインタを返します。3-2-4で説明した「配列へのポインタ」ですね。

3. **配列初期化時の文字列リテラル**

   文字列リテラルは「charの配列」なので、式の中では通常「charへのポインタ」に読み替えられるわけですが、charの配列を初期化する際の文字列リテラルについては、中括弧内に文字を区切って書く初期化子の省略形としてコンパイラに特別に解釈されます(「3-5-4 文字列リテラル」を参照のこと)。charの「ポインタ」を初期化する場合の文字列リテラルとの違いに注意してください。

そして、配列がポインタに読み替えられたとき、そのポインタは左辺値ではありません。

初心者は、以下のようなコードを書いてしまうことがありますが、

```
char str[10];
str = "abc";
```

代入の左辺のstrはもともと配列であり、式の中ではポインタに読み替えられますが、左辺値ではありませんから、それに対して代入することはできません。

3-3-4 配列とポインタに関係する演算子

配列とポインタに関係する演算子には、以下のものがあります。

■間接演算子

単項演算子*を、**間接演算子**（indirection operator）と呼びます。

*は、ポインタをオペランドとして取り、その指し示すオブジェクトまたは関数を返します。関数を返すのでないかぎり、*の結果は左辺値を持ちます。

*が返す式の型は、オペランドの型からポインタを1つ剥がした型になります（Fig. 3-13参照）。

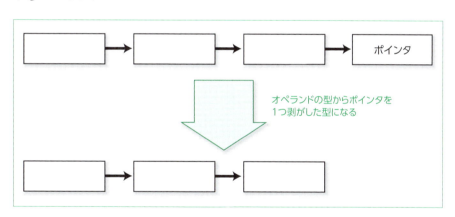

Fig. 3-13 間接演算子による型の変化

オペランドの型からポインタを1つ剥がした型になる

■アドレス演算子

単項演算子&を、**アドレス演算子**（address operator）と呼びます。

&は、左辺値をオペランドとして取り、それを指すポインタを返します。その型は、オペランドの型にポインタを1つ付け加えた型となります（Fig. 3-14参照）。

Fig. 3-14
アドレス演算子による型の変化

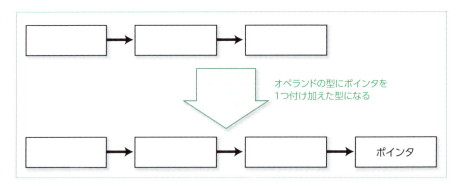

アドレス演算子は、基本的には、左辺値を持つ式をオペランドとして取ります*。

* 左辺値を持つ式のほか、関数をオペランドとして取ることがあります。「3-5-5 関数へのポインタにおける混乱」を参照のこと。

■添字演算子

後置演算子[]を、**添字演算子**と呼びます。

[]は、ポインタと整数をオペランドとして取ります。

p[i]は、

```
*(p + i)
```

のシンタックスシュガーであり、それ以外の意味はありません。

int a[10]; のように宣言した配列をa[i]のようにしてアクセスする場合、aは式の中なので、ポインタに読み替えられています。そのため（ポインタと整数をオペランドとして取る）添字演算子でアクセスできるわけです。

p[i]という式があったとき、これは結局*(p + i)のことですので、その返す型は、pの型からポインタを1つ剥がした型となります。

■->演算子

->演算子は、規格書を見ても「->演算子」としか書いてないようなのですが、JIS X3010では索引に「構造体/共用体ポインタ演算子」とあり、ISO/IEC9899:2011には索引に「arrow operator」とありました。日本でもときどき「アロー演算子*」と呼ばれることがあるようです。

->演算子は、ポインタを経由して構造体のメンバを参照する際に使用します。

```
p->hoge;
```

は、

* アロー（arrow）は、英語で矢印のことです。念のため。

```
(*p).hoge;
```

のシンタックスシュガーです。

　*pの*で、ポインタpから構造体の実体をたぐり寄せ、そのメンバhogeを参照しています。

3-3-5　多次元配列

　「3-2-5　C言語には、多次元配列は存在しない！」において、**Cには多次元配列は存在しない**ということを説明しました。

　多次元配列のように見えるものは「配列の配列」です。

　この「多次元配列」(もどき)は、通常、hoge[i][j]のようにアクセスするわけですが、このときに何が起きているかを以下で説明します。

```
int hoge[3][5];
```

という「配列の配列」があり、それをhoge[i][j]という形でアクセスするとします (Fig. 3-15参照)。

❶ hogeの型は「intの配列 (要素数5) の配列 (要素数3)」である。
❷ だが、式の中なので、配列はポインタに読み替えられる。よって、hogeの型は「intの配列 (要素数5) へのポインタ」となる。
❸ hoge[i]は、*(hoge + i)のシンタックスシュガーである。
　①ポインタにi加算することは、そのポインタが指す型のサイズ×iだけ、ポインタを進めることを意味する。hogeの指す先の型は「intの配列 (要素数5)」であるから、hoge + iでは、sizeof(int[5]) * iだけ進む。
　②*(hoge + i)の*により、ポインタが1つ剥がされる。*(hoge + i)の型は「intの配列 (要素数5)」となる。
　③が、式の中なので、配列がポインタに読み替えられる。*(hoge + i)の最終的な型は「intへのポインタ」となる。
❹ (*(hoge + i))[j]は、*((*(hoge + i)) + j)に等しい。したがって、(*(hoge + i))[j]は「intへのポインタにjだけ加算したアドレスの内容」であり、型はintである。

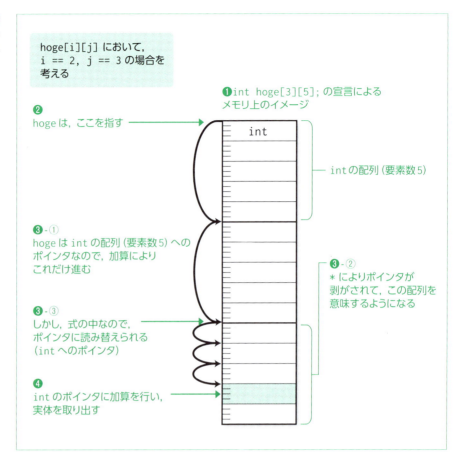

Fig. 3-15 多次元配列のアクセス

※ PascalやC#など。Pascalの「多次元配列」は「配列の配列」のシンタックスシュガーでしかありませんが、C#の多次元配列は、配列の配列（**ジャグ配列**と呼ばれます）とは別物です。

※ 月と日は、ゼロから始まるものとして考えて、表示のときに補正します。2月などでは、配列がちょっと余りますけど、気にしないことにします。

　言語によっては、`array[i,j]`のような書き方で多次元配列をサポートしているものもあります※。

　Cには、多次元配列はありませんが「配列の配列」で代用できるので、別に困ることはありません。ただし、もし逆に、多次元配列だけあって「配列の配列」が存在しないとすると、困ったことになります。

　たとえば、誰かの1年分の日々の労働時間を以下のような「配列の配列」で表現したとします※。

```
int working_time[12][31];
```

　ここで、もし、1カ月分の労働時間から給料などを算出する関数があったとすると、その関数に、ある月の労働時間を、以下のようにして渡せます。

```
calc_salary(working_time[month]);
```

calc_salary()のプロトタイプは、こうなりますね。

```
int calc_salary(int *working_time);
```

これは、working_timeが多次元配列でなく「配列の配列」だからこそできる技です。

演算子の優先順位

Cには、数多くの演算子があり、しかもその優先順位が16段階もあります。

これは、他言語に比べて極端に多いため、Cの参考書には、Table 3-5のような演算子の優先順位表がたいてい記載されています。

Table 3-5 演算子の優先順位表

演算子		結合規則
後置演算子	() [] . -> ++ -- (*type name*){*list*}（C99から）	左から右
単項演算子	! ~ ++ -- + - * & sizeof	右から左
キャスト演算子	(*type name*)	右から左
乗除演算子	* / %	左から右
加減演算子	+ -	左から右
ビット単位のシフト演算子	<< >>	左から右
関係演算子	< <= > >=	左から右
等価演算子	== !=	左から右
ビット単位のAND演算子	&	左から右
ビット単位の排他OR演算子	^	左から右
ビット単位のOR演算子	|	左から右
論理AND演算子	&&	左から右
論理OR演算子	||	左から右
条件演算子	? :	右から左
代入演算子	= += -= *= /= %= &= ^= |= <<= >>=	右から左
コンマ演算子	,	左から右

この中で、優先順位が「最強」である()について、

> （）は、プログラマーが、文法で規定された優先順位を無視して強制的に優先順位を設定するときに使用するためのものだ。だから、これの優先順位が最強なのは当然だ。

と考えている人は意外に多いようですが、それは**誤解**です。

だいたい、この（）がそのような意味であるなら、わざわざ優先順位表に載せる必要はないでしょう。

この表の（）は、関数呼び出しを意味する演算子であり、この場合の優先順位とは、func(a, b)のような式において、funcと(a, b)の間の結び付きの強さを意味しています。

なお、K&Rでは、p.65に同様の表が記載されています（Table 3-6に引用します）。

Table 3-6 K&Rの演算子優先順位表（いろいろ問題あり）

演算子	結合規則
() [] -> .	左から右
! ~ ++ -- + - * & (*type*) sizeof	右から左
* / %	左から右
+ -	左から右
<< >>	左から右
< <= > >=	左から右
== !=	左から右
&	左から右
^	左から右
|	左から右
&&	左から右
||	左から右
? :	右から左
= += -= *= /= %= &= ^= |= <<= >>=	右から左
,	左から右

〔注〕単項の+、-と*は二項形式より高い優先度を持つ

K&Rの優先順位表では、++と--が単項演算子のところにしか載っていません。これでは、ポインタ演算使いまくりのコーディングでよく見かける

```
*p++;
```

という式において、pをインクリメントするのかpの指す先のもの（*p）をインクリメントするのかがわかりません。これについて、

> *と++の優先順位は同じだ。だが、結合規則が右から左なので、pと++が先に結合する。よって、インクリメントされるのは、*pではなく、pだ。

と説明している本をかつてはよく見かけました。なにしろ、他ならぬK&Rが、そういう説明をしています (p.115)。しかし、Table 3-5に示したとおり、後置の++は単項演算子の*よりも優先順位が高いので、結合規則を持ち出す必要はありません。その意味で、K&Rの説明は、**いささか不適切です**。

　規格には、Table 3-5のような優先順位表は載っていませんが、BNF (Backus-Naur Form) と呼ばれる記法により構文規則を定義しており、演算子の優先順位も構文規則の中に含まれます。それを見ると、後置の++は前置の++や*よりも優先順位が高いことがわかります（ついでにいえば、K&Rの優先順位表では単項演算子とキャスト演算子の優先順位が同じになっており、その点でも規格と異なります）。このように、K&Rのp.65に載っている演算子の優先順位表は、実は結構いい加減です。

　なお、K&Rでも、p.299に記載された構文規則は、ちゃんと正しく、規格と同じになっています。

　──本書の旧版の執筆時点では、書店にあるCの本で演算子の優先順位表を見てみると、K&Rからそのまま引き写してきたようなものが大半だった記憶があります。

　いまでは、本でもWeb上の解説でも、後置の++が分けられているものが多いようです。K&Rの呪縛もだんだんとけてきたのかなあ、と思うと感慨深いものがあります。

3-4 続・Cの宣言を解読する

3-4-1 const修飾子

constは、ANSI Cで追加された型修飾子であり、型を修飾して「読み出し専用」であることを意味します。

その名前とは裏腹に、constは必ずしも定数を意味するものではありません。constの最も重要な用途として、関数の引数がありますが、関数の引数が「定数」であるのなら、渡す価値がないことになってしまいます。constは、あくまで識別子（変数名）の型を修飾して、それが「読み出し専用」であることを意味するだけです。

```
/* const引数の代表例 */
char *strcpy(char *dest, const char *src);
```

さて、strcpy()は、const指定された引数を持つ関数の代表例ですが、このとき、何が「読み出し専用」なのでしょう？

実験すればすぐにわかりますが、上記の例では、srcという変数は、読み出し専用にはなっていません。

```
char *my_strcpy(char *dest, const char *src)
{
    src = NULL;    ← srcに代入しているのにコンパイルエラーにならない
}
```

このとき、読み出し専用になっているのは「src」ではなく「srcが指す先にあるもの」です。

```
char *my_strcpy(char *dest, const char *src)
{
    *src = 'a';   ← エラー！！
}
```

「src」そのものを読み出し専用にするのなら、

```
char *my_strcpy(char *dest, char * const src)
{
    src = NULL;   ← エラー！！
}
```

と書かなければなりません。

「src」と「srcの指す先にあるもの」の両方を読み出し専用にしたければ、以下のように書きます。

```
char *my_strcpy(char *dest, const char * const src)
{
    src = NULL;   ← エラー！！
    *src = 'a';   ← エラー！！
}
```

　実際には、constは、引数がポインタであるときに「ポインタの指す先にあるもの」を読み出し専用にする用途で用いられることが多いものです。

　通常、Cの引数はすべて値渡しです。よって、呼び出された側で、引数をどんなに変更しても、それが呼び出し元に影響を与えることはありません。呼び出し元の変数に影響を与えたい（関数からなんらかの値を、引数を使って返したい）場合には、ポインタを渡して、その指す先に詰めてもらいます。

　しかし、上記の例（my_strcpy）では、srcというポインタを渡しています。これは、本当なら文字列、すなわちcharの配列を値渡ししたかったところであるわけですが、Cでは配列は引数として渡せないので、やむをえず先頭要素へのポインタを渡しているわけです（配列は巨大かもしれないので、ポインタを渡すのは効率の面でも好ましい）。

　問題は、これが、関数から値を返してもらう目的でポインタを渡すケースとまぎらわしいということです。

　そこで、プロトタイプ宣言にconstを入れておけば、

> 「この関数は引数としてポインタを受け取るけれど、その指す先は書き変えないよ」

つまり、

> 「ここではポインタを受け取っているけれど、呼び出し元になんらかの値を返そうとしているわけではないよ」

ということを主張できるわけです。

strcpy()は、そのプロトタイプ宣言において「strcpy()にとってsrcは入力であり、その指す先は書き換えない」と主張しているといえます。

constを含む宣言の解読は、以下の規則に従います。

❶ 「Cの宣言を解読する」で述べた規則に従い、識別子から始めて、順に外側に英語で宣言を解読していく。
❷ 解読した部分の左側にconstが出現したら、そこで「read-only」を追加する。
❸ 解読した部分の左側に型指定子が出現し、さらにその左側にconstがある場合、型指定子をとりあえず飛ばしてread-onlyを追加する。
❹ 英語の苦手な人は、read-onlyが**その直後の単語を修飾していることに注意しながら**、日本語に訳す。

よって、

```
char * const src;
```

は、

src is read-only pointer to char
　　➡ srcは、charへの、読み出し専用のポインタである

となり、

```
char const *src;
```

は、

src is pointer to read-only char
　　➡ srcは、（読み出し専用のchar）へのポインタである

となります。

そして、まったくもってまぎらわしいことに、

```
char const *src
```

と

```
const char *src
```

は、まったく同じ意味になります。

3-4-2 constをどう使うか？どこまで使えるか？

よく、関数の「ヘッダコメント」で、引数に(i)とか(o)とか(i/o)とか印を付けているプロジェクトを見かけます。

ちょっとわざとらしい例ですが、典型的には、こんな感じになるでしょうか。

```
/***********************************************
 * void search_point(char *name, double *x, double *y)
 *
 * 機能：名前をキーに「点」を検索し、その座標を返す
 * 引数：(i) name 名前（検索キー）
 *       (o) x    X 座標
 *       (o) y    Y 座標
 ***********************************************/
```

ま、この手の「ヘッダコメント」ってのは、どうにも書くのが面倒なので、よその関数からコピーして、**直し忘れて嘘八百になる**ものですし、それ以前に、情報のほとんどは**すぐ下を見れば書いてある**んだから、こういうところに凝るのは**無駄な努力**なんじゃないか、という気がいつもするんですが、それはさておき。

ここで、コメントに、(i)だの(o)だの書いてありますが、これについて、コンパイラは何も配慮してくれません。

それに対し、search_point()のプロトタイプを、

```
void search_point(char const *name, double *x, double *y);
```

と宣言しておけば、name[i]に対して間違って代入してしまったりした場合などには、ちゃんとコンパイラが警告を出してくれます。よって、コメントで(i)だの(o)だの書くよりは、constを使うほうが、信頼度は上がります*。

上記のchar const *nameは、普通のchar*型の変数には、（キャストしないかぎり）代入できません。これは当然で、単なるchar*型の変数に代入してし

*constを使わない場合、(i)って書いてあったから安心してポインタを渡してみたら、実は書き換えられていた、なんてこともたまにあるものです——困ったものです。

まったら、あとはその指す先のものを自由に書き換えることができてしまい、constの意味がなくなるからです。

同じ理由で、char const *型のポインタを、char*を引数に取る関数に渡すことはできません。よって、ポインタ型の引数をconst指定するのなら、その階層より下の関数は、すべてconstを導入する必要があります*。

ところで、こんな構造体があったとして、

＊汎用的なライブラリ関数において、constであるべき引数にconstが付いていなくて、それを呼ぶ側でconstを使えなくなってしまうことがよくあります。

```
typedef struct {
    char *title; /* タイトル */
    int price; /* 価格 */
    char isbn[32]; /* ISBN */
        ⋮
} BookData;
```

これを入力引数として受け取る関数を、以下のようなプロトタイプで書いたとします。

```
/* 本のデータを登録する */
void register_book(BookData const *book_data);
```

constが付いてますから、book_dataの指す先は、書き込み禁止です。で、安心してBookDataを渡すわけですが……

渡された側では、本のタイトル（book_data->title）の指す先にある内容を**書き換えることができてしまいます。**

これはなぜかというと、const指定により読み出し専用になっているのは、あくまで「book_dataの指す先にあるもの」だけであって「book_dataの指す先にあるもののさらに先にあるもの」ではないからです（Fig. 3-16参照）。

Fig. 3-16
constの限界

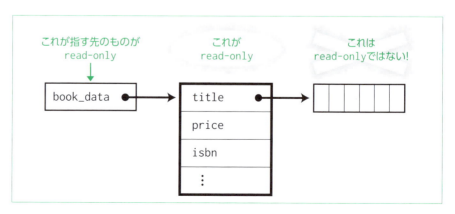

だからって、BookData構造体そのものをこんなふうにしてしまったら、

```
typedef struct {      ← constにしてみた
    char const *title; /* タイトル */
    int price; /* 価格 */
    char isbn[32]; /* ISBN */
        ︙
} BookData;
```

＊この場合はそれでもよさそうではありますが……

今度は、titleの指す先には、**誰も**書き込めなくなってしまいます＊。

というわけで、constが現実にどれぐらい便利かという点については、疑問視する人もいます。

補足 Note constは #define の代わりになるか？

Cでは、通常、定数を定義する際にはプリプロセッサのマクロ機能を使います。

```
#define HOGE_SIZE (100)
        ︙
int hoge[HOGE_SIZE];
```

のように使いますね。

しかし、プリプロセッサマクロというものはCの文法とは独立しているため、デバッグの際などに障害になることがあります。マクロ定義でミスタイプしたときなど、展開した側でエラーが発生するため、原因の究明が困難になるものです。

というわけで、マクロは邪悪なのでなるべく使わないようにしようと、

```
const int HOGE_SIZE = 100;
int hoge[HOGE_SIZE];
```

こんなふうに書けるかというと……**書けません**。

＊ただし、C++では話が違います。

Cでは、配列の要素数は定数でなければならないことになっていますが、const指定した識別子は、あくまで「読み取り専用」であるというだけで「定数」ではないので、配列の要素数に使うことはできません＊。C99ではVLAの機能により自動変数の配列については要素数として変数を書けますから、const指定した識別子でも書けますが、グローバル変数やstaticで書けないのは同じことです。

3-4-3 typedef

typedefは、ある型に対し別名を付ける機能です。
たとえば、

```
typedef char *String;
```

と宣言すると、以後「charへのポインタ」という型に対して「String」という別名を付けることができます。

typedefは、通常の変数宣言と同じような順序で読みます。上記の例なら「String」を、変数名と同じように考えて、英語順で、

String is pointer to char
→ Stringは、charへのポインタである

となりますね。

これにより、Stringが「charへのポインタ」という型の別名として宣言されます。

そして、Stringを使うときには、

```
String hoge[10];
```

のように書きます。これは、

hoge is array (要素数10) of String;
→ hogeは、Stringの配列 (要素数10) である

という意味になりますが、このStringの部分を、Stringに定義されている型であるcharへのポインタに機械的に置換すると、

hoge is array (要素数10) of pointer to char;
→ hogeは、charへのポインタの配列 (要素数10) である

ということになります。

文法上、typedefは「記憶域クラス指定子」に分類されています (p.96の補足「記憶域クラス指定子」を参照のこと)。しかし、意味的に考えれば、どう考えてもtypedefは「記憶域クラス」を指定するものではありません。にもかかわらず、

記憶域クラス指定子に分類されているのは、型を指定する構文に関して、通常の識別子の宣言の構文を流用するためであると思われます。

> **Point**
> `typedef`は、通常の識別子の宣言と同じように読め。
> ただし、宣言されるのは、変数や関数ではなく、型の別名だ。

私は、構造体を宣言する際には、必ず`typedef`指定します。ちなみに、タグは可能なかぎり省略するようにしています*。

*こういったスタイルには異論もあるようですが……

```
typedef struct {
    ⋮
} Hoge;
```

この宣言も、別段特別なものではなく、構造体に関しては、

```
struct Hoge_tag {
    ⋮
} hoge;
```

のように書けば、`struct Hoge_tag`型の変数`hoge`が宣言できるわけで、この変数名に相当する部分を型の名前に置き換えて先頭に`typedef`を付ければ、`typedef`宣言になるわけです。

なお、変数宣言の際、

```
int a, b;
```

のように一度に複数の変数を宣言できますが、`typedef`でも同様に、複数の型の別名を一度に宣言できます。

そんなことをしても、読みにくくなるだけで、あまりメリットはないでしょうが、以下のような宣言はたまに見かけます。

```
typedef struct {
    ⋮
} Hoge, *HogeP;
```

これは、以下と同値です。

```
typedef struct {
        ⋮
} Hoge;

typedef Hoge *HogeP;
```

ところで、C99では、可変長配列（VLA）に対しても typedef を行うことができます。

以下のように typedef すると、sizeof(Array) と書くことで、Array のサイズを知ることができます。

```
typedef int Array[size];
```

もちろん、それを sizeof(int) で割ってやれば、配列の要素数である size が算出可能です。

なお、typedef のあとで変数 size の値を変更したとしても、sizeof(Array) の値は変わりません。

```
void func(int size)    ← size = 5で呼び出したとして、
{
    typedef int Array[size];

    printf("sizeof Array..%d\n", (int)sizeof(Array));    ← intが4バイトなら、
    size = 10;                                              20が表示される
    printf("sizeof Array..%d\n", (int)sizeof(Array));    ← やはり、20が表示される
}
```

3-5　その他

3-5-1　関数の仮引数の宣言（ANSI C 版）

Cでは、関数の仮引数は以下のように宣言することができます。

```
void func(int a[])
{
    ⋮
}
```

こう書くと、いかにも引数に配列を渡しているように見えます。

しかし、Cでは、関数の引数として配列を渡すことはできません。この場合は、あくまで、配列の先頭要素へのポインタを渡しているだけです。

関数の仮引数の宣言では、型分類としての配列は、ポインタに読み替えられます。

```
void func(int a[])
{
    ⋮
}
```

は、

```
void func(int *a)
{
    ⋮
}
```

に自動的に読み替えられます。このとき、配列の要素数は書いても**無視されます**。

注意しなければならないのは、Cにおいて、`int a[]`が、`int *a`と同じ意味になるのは、**唯一このケースだけ**であるということです。p.215の「グローバル変数をextern宣言する場合」も参照してください。

> **Point**
> 【超重要!!】
> `int a[]`が`int *a`と同じ意味になるのは、唯一、関数の仮引数の宣言の場合だけだ。

もう少し複雑な例として、以下のような仮引数宣言では、

```
void func(int a[][5])
```

aの型は「intの配列（要素数5）の配列（要素数不明）」ですので「intの配列（要素数5）へのポインタ」に読み替えられます。よって、これの本来の意味は、

```
void func(int (*a)[5])
```

だということになります。1次元配列のときと同様、

```
void func(int a[3][5]);
```

のように要素数（3）を書いても、要素数は無視されます。

なお、多次元配列（配列の配列）の場合、配列がポインタに読み替えられるのは、**最外周の配列（型分類としての配列）のみ**です。よって、以下のように書くことはできません。

```
void func(int a[][]);
```

関数の仮引数の宣言に関するK&Rでの説明

K&Rのp.121には、以下のような記述があります。

> 関数定義の仮引数としては
> ```
> char s[];
> ```
> および
> ```
> char *s;
> ```
> はまったく同一である。われわれは後者がよいと思うが、それはこのほうが引数がポインタであることをより明確に示しているからである。

この記述自体は、ウソとはいえないかもしれません。しかし、K&Rでは、この記述が、*(pa + i)とpa[i]が同値であるという説明のあとに、唐突に現れます。これでは、先頭の「関数定義の仮引数としては」という重要な但し書きを読み飛ばしてしまう危険が高すぎます*。

おまけに、この例では、どういうわけか右端にセミコロンが入っています*。ANSI Cの関数定義では、仮引数の宣言には普通セミコロンは付かないと思うのですが。**ここだけ昔のCなのでしょうか?** 第1版から直し忘れたのでしょうか。

さらにタチの悪いことには、K&Rでは、その続きに以下のようなことが書いてあります。

> 配列名が関数に渡されるときに、関数ではそれが配列として渡されたのかポインタとして渡されたのかを都合のよい方に判断して、それに応じて操作が行なわれる。

どうひいき目に読んでも、少なくとも私には、まるで意味がわかりません。真相は、

- Cでは、配列は、式の中では「先頭要素へのポインタ」に読み変えられる
- 関数の引数は式なので、配列は「先頭要素へのポインタ」に読み変えられている
- よって、関数に渡ってくるのは、結局つねにポインタだ

ということですね。

＊さらに、原書のほうでは「関数定義の仮引数としては」(As formal parameters in a function definition,) の直後に**改ページが入ってたりして**、読み飛ばす可能性をいっそう上げています。

＊日本語訳の段階でのミスではありません。原書にも入っています。

Cでは「配列として渡されたのかポインタとして渡されたのかを都合のよい方に判断して」……なんていう器用な機能は**ありません**。関数に引数として渡されるのは、つねにポインタです。

実際、先の引用部分には、

> われわれは後者がよいと思うが、それはこのほうが引数がポインタであることをより明確に示しているからである。

と書いてあるわけです。

こうなると不思議なのは、

> Cの作者自身、後者の書き方のほうがよいと思っているのなら、なんでわざわざ「関数の仮引数のときに限り配列の宣言がポインタに読み替えられる」なんていう変な規則を入れたんだろう？

ということですね。

これについては『The Development of the C Language[5]』に説明があります。

> Moreover, some rules designed to ease early transitions contributed to later confusion. For example, the empty square brackets in the function declaration
> ```
> int f(a) int a[]; { ... }
> ```
> are a living fossil, a remnant of NB's way of declaring a pointer;

日本語に訳すと、以下のようになります。

> さらに、早期の移行を容易にするべくデザインされたいくつかの規則は、後に混乱を招くことになった。たとえば、関数宣言※における空のブラケット
> ```
> int f(a) int a[]; { ... }
> ```
> は、生きた化石であり、NBでのポインタ宣言の方法の名残りである。

＊これは、ANSI C以前の古い形式ですね。

3-5-2 関数の仮引数の宣言（C99版）

　Cでは、関数に配列を渡すということは、結局のところその先頭要素へのポインタを渡すことになるので、その関数の定義は以下のようになります。

```
void func(int *a)
```

　void func(int a[])と書くこともできますが、意味は同じです。

　この場合、関数に渡っているのはポインタだけですから、配列のサイズはいくつであっても構いません。つまり任意の要素数の配列を関数に渡すことができます。実用的には、以下のように、サイズを同時に渡すことが多いでしょう。

```
void func(int *a, int size)
```

　ただし、たとえば「2次元配列の、縦横両方の要素数を可変にしたい」ということは、ANSI Cではできませんでした。

　C99において、VLAの一環として、「縦横可変の多次元配列」を関数に渡すことができるようになりました。以下のようなプロトタイプ宣言（および関数定義）にて、size1×size2の2次元配列を受け取ることができます。

```
void func(int size1, int size2, int a[size1][size2])
```

　size1、size2を引数として渡し、それが配列のどの次元のサイズであるかを陽に指定することで、コンパイラが配列の要素のアドレスを算出できるようにしています。

　上の例では、引数の順番は、size1、size2がaより前になっています。これは、size1、size2をaの要素数として使うためには、それより前に宣言する必要があるためです。もし、引数の順番において配列のサイズを配列より後ろにしたければ、プロトタイプ宣言にて以下のように書きます。

```
void func(int a[*][*], int size1, int size2);
```

　「これでは渡したサイズがどの次元に相当するのかわからないのでは？」と思う人がいるかもしれませんが、上記のように書けるのは関数のプロトタイプ宣言だけであり、関数本体の定義では、以下のように書く必要があるので問題ありません。

```
void func(int a[size1][size2], int size1, int size2)
{
    ⋮
}
```

なお、C99においても、「配列に渡されているのはポインタだけ」という事実は変わらないので、以下の3つはすべて同じ意味になります。

```
void func(int size1, int size2, int a[size1][size2])
```

```
/* size1は、配列のサイズとしては無視されるので省略してよい */
void func(int size1, int size2, int a[][size2])
```

```
/* 実態はポインタなのでポインタとして宣言できる */
void func(int size1, int size2, int (*a)[size2])
```

3-5-3　空の[ ]について

Cでは、以下の箇所で、要素数を省略した[ ]を書くことができます。

以下のケースはすべて、**コンパイラによって特別に解釈されています**。これらの規則が一般に適用できると思わないこと。

1. 関数の仮引数の宣言

   「3-5-1　関数の仮引数の宣言」で述べたように、関数の仮引数では、**最外周の配列に限り**ポインタに読み変えられます。要素数は書いても無視されます。

2. 初期化子により配列のサイズが確定できる場合

   以下のような場合、初期化子により必要な要素数をコンパイラが決定できるので、**最外周の配列に限り**要素数を省略できます。

   ```
   int a[] = {1, 2, 3, 4, 5};
   char str[] = "abc";
   double matrix[][2] = {{1, 0}, {0, 1}};
   char *color_name[] = {
       "red",
       "green",
   ```

```
        "blue",
    };
    char color_name[][6] = {
        "red",
        "green",
        "blue",
    };
```

配列の配列を初期化する場合、一見、初期化子を見れば最外周でなくてもコンパイラが要素数を確定できるように見えます。しかし、Cでは、以下のような不揃いの配列初期化が許されているため、最外周以外の要素数は簡単には確定できません。

```
    int a[][3] = { /* int a[3][3]の省略形 */
        {1, 2, 3},
        {4, 5},
        {6},
    };
    char str[][5] = { /* char str[3][5]の省略形 */
        "hoge",
        "hog",
        "ho",
    };
```

コンパイラが最大数を選んでくれればよいようにも思えますが、Cの文法は残念ながらそうはなっていません。

ちなみに、上記のような不揃いの配列初期化を行うと、対応する初期化子のない要素は0で初期化されます。

3. **グローバル変数をextern宣言する場合**

グローバル変数は、複数のコンパイル単位（.cファイル）のどれか1つだけで**定義**し、他のソースファイルからはextern宣言します。

定義の場合は要素数が必要ですが、externの場合は、リンク時に実際のサイズが確定するので最外周の配列に限り要素数が省略できます。

すでに述べたように、配列の宣言がポインタに読み替えられるのは、関数の仮引数の宣言だけです。

以下のように、グローバル変数の宣言で配列とポインタを混在させると正常に動作しません。

file_1.cにおいて……

```
int a[100];
```

file_2.cにおいて……

```
extern int *a;
```

この場合、file_1.cではsizeof(a)は（intが4バイトなら）400になりますが、file_2.cでは（ポインタが8バイトなら）sizeof(a)は8です。これをリンカで結合させても動くわけがありません。file_2.cでは、本来intの配列であるaの先頭の8バイトをポインタと解釈して、その指す先を参照するので、当然、クラッシュします。こんなのリンカが警告ぐらい出してくれるのでは、と期待するのはもっともですが*、私の環境（Ubuntu Linux）では何の警告も出ませんでした。

> *実際、警告が出るリンカもあったはずですが……

4. 構造体のフレキシブル配列メンバ（C99から）

C99から、構造体の最後のメンバである場合に限り、空の[]によるサイズ指定が可能になりました。

これは、C99以前から使われていた可変長構造体のテクニックが、正式に言語仕様に取り入れられたものといえます。具体的な使い方については、第4章で説明します。

補足 Note: 定義と宣言

Cでは、「宣言」が、変数や関数の実体を規定している場合のことを「定義」と呼びます。

たとえば、以下のようにグローバル変数を宣言している場合、これは「定義」です*。

```
int a;
```

> *int a;のようなものは正確には仮定義（tentative definition）であり、int a = 0;のように初期化子が付くと「外部定義」になります。

以下のようなextern宣言は、「どこかで定義されているものをここでも使えるようにする」という意味ですので、「定義」ではありません。

```
extern int a;
```

同様に、関数のプロトタイプは「宣言」であり、関数の「定義」といえば、実際にその関数の実行文を書いている部分のことを指します。

自動変数の場合、定義と宣言を分けることには意味がありません。宣言は必ず定義を伴うからです。

3-5-4 文字列リテラル

""で囲まれた文字列を、**文字列リテラル**（string literal）と呼びます。

文字列リテラルの型は「charの配列」です。よって、式の中では、「charへのポインタ」に読み替えられます。

```
char *str;

str = "abc";   ←「"abc"の先頭要素へのポインタ」をstrに代入
```

ただし、charの配列を初期化する場合は例外です。この場合の文字列リテラルは、中括弧内に文字を区切って書く初期化子の省略形として、コンパイラに特別に解釈されます。

```
char str[] = "abc";
```

は、

```
char str[] = {'a', 'b', 'c', '\0'};
```

と同義です。

Cは、もともとスカラしか扱えない言語でしたので、昔は、自動変数の配列の初期化はできませんでした。よって、

```
char str[] = "abc";
```

と書くことはできず、

```
static char str[] = "abc";
```

と書く必要がありました。

しかし、ANSI Cから、配列の初期化子に関しては、自動変数であってもまとめて初期化できるようになりました。

```
char str[] = "abc";
```

という書き方が許されるのはそのおかげです。しかし、これが許されるのは初期化子だけなので、

```c
char str[4];
str = "abc";
```

という書き方はできないのです。

なお、まぎらわしいかもしれませんが、次の例は、charの配列ではなくポインタを初期化しているので、前述の例外には当てはまりません。

```c
char *str = "abc";
```

この場合、"abc"は、通常どおり「charの配列」であり、式の中なので「charへのポインタ」に読み替えられて、それがstrに代入されています。

もっと複雑な例でも、識別子の宣言と初期化子の中括弧の対応を順に見ていけば、解釈できるはずです。

```c
char *color_name[] = {
    "red",
    "green",
    "blue",
};
```

この場合、識別子color_nameの型は「charへのポインタの配列」であり、型分類である「配列」が、初期化子の最外周の中括弧に対応します。よって、"red"や"blue"は「charへのポインタ」に対応します。

```c
char color_name[][6] = {
    "red",
    "green",
    "blue",
};
```

この例では、color_nameの型は「charの配列（要素数6）の配列」になります。これも同じように、型分類の「配列」が、初期化子の最外周の中括弧に対応するので、"red"や"blue"は「charの配列（要素数6）」に対応します。よって、この宣言は、

```c
char color_name[][6] = {
   {'r', 'e', 'd', '¥0'},
   {'g', 'r', 'e', 'e', 'n', '¥0'},
   {'b', 'l', 'u', 'e', '¥0'},
};
```

と同義です。

文字列リテラルは書き込み禁止の領域に確保されます。しかし、charの配列を初期化している場合は、単に中括弧内に文字を区切って書く初期化子の省略形にすぎないので、配列自体にconst指定がないかぎり書き込みが可能になります。

```
char str[] = "abc";

str[0] = 'd';  ← 可能
```

上記に対し、下記ではエラーが出ることになります。

```
char *str = "abc";
str[0] = 'd';  ← たいていの処理系では、実行時にOSに怒られる
```

補足 Note 文字列リテラルは、charの「配列」だ

文字列リテラルの型は「charの配列」です。

ただし、式の中では、配列はポインタに読み替えられるので「charへのポインタ」として扱われます。

文字列リテラルを、最初から「charへのポインタ」だと思っていた人はいませんか？

以下のコードで、文字列リテラルが、もともとは配列であることを確認することができます。

```
printf("size..%d\n", (int)sizeof("abcdefghijklmnopqrstuvwxyz"));
```

3-5-5 関数へのポインタにおける混乱

「2-3-2 関数へのポインタ」で書いたように、Cでは、関数は、式の中では「関数へのポインタ」に読み替えられます。

これは、シグナルのハンドラや、event-drivenプログラムでのコールバック関数で頻繁に使用されます。

```
/* SIGSEGV(Segmentation falut)が発生した場合、
   関数segv_handlerがコールされるように設定する */
signal(SIGSEGV, segv_handler);
```

しかし、Cの宣言をここまでに述べた規則に基づいて解釈すれば、たとえばint func();という宣言において、funcは「intを返す関数」であり、funcだけを取り出して「intを返す関数へのポインタ」になるのは変です。関数へのポインタが必要なら、&を付けて、&funcとしなければならないはずです。

そこで、上記のシグナルハンドラの設定を、

```
signal(SIGSEGV, &segv_handler);
```

と書いても、実は**まったく問題なく動作します**。

逆に、

```
void (*func_p)();
```

のように、関数へのポインタとして宣言された変数func_pを使用して関数呼び出しを行うときには、

```
func_p();
```

のように書けますが、int func();と宣言したfuncについてfunc()のように呼び出しを行うことを考えれば、対称性からいって、以下のように記述しなければならないはずです※。

＊というか、昔はこちらの書き方しかできなかったようですが……

```
(*func_p)();
```

これもまた、**まったく問題なく動作します**。

このように、関数へのポインタについてのCの文法は混乱しています。

この混乱の原因は「関数は、式の中では「関数へのポインタ」に読み替えられる」という、意図のよくわからない（配列と同じようにしたかった？）規則です。

これをカバーするため、ANSI規格では以下のように文法に例外を設けています。

- 関数は、式の中では「関数へのポインタ」に自動的に変換される。ただし、アドレス演算子&のオペランドであるときと、sizeof演算子のオペランドのときは例外である。
- 関数呼び出し演算子()は「関数」ではなく「関数へのポインタ」をオペランドとする。

「関数へのポインタ」に対し、間接演算子*を適用すると、いったん「関数」になりますが、式の中なので即座に「関数へのポインタ」に変換されます。

結果として、*演算子を「関数へのポインタ」に適用しても、何もしない（ように見える）ということになります。

このため、以下のような記述もまったく問題なく動作します。

```
(**********printf)("hello, world¥n");    ← どうせ*は何もしない
```

3-5-6 キャスト

キャストは、ある型を強制的に他の型に変換する演算子で、

```
(型名)
```

のように書きます。

ところで、ひとくちにキャストといっても、実はまったく異なる2つの使い方があります。

1つは、基本型のキャストで、たとえば、int型の変数を、double型として扱いたい場合などに使います。

```
int hoge, piyo;
     ⋮
printf("hoge / piyo..%f¥n", (double)hoge / piyo);
```

*これはけっこう落し穴になります。

Cでは、**intどうしで割り算を行うと結果もintになる**ので*、小数部分も欲しければ、上記のようにどちらか（あるいは両方）をdoubleに変換する必要があります。

こういう場合のキャストは、int型の値を、実際にdouble型に変換しています。つまり、値の内部表現が変わっていますし、コンパイラはその部分にキャストに相当する機械語コードを生成します。

キャストのもう1つの使い方は、ポインタのキャストです。

Cでは、ポインタ型は、その指す先の型ごとに違う型として扱われますが、それを把握しているのはコンパイラまでです。実行時には、たいていのマシンでは、ポインタは単なるメモリアドレスで、intへのポインタだろうと、doubleへ

のポインタだろうと、機械語レベルで見れば同じものであることが多いものです。それを、強制的に読み替えるのが、ポインタのキャストです。

たとえば、char型の配列bufにバイナリ形式でデータが格納されていて、そのoffsetの位置にあるint型のデータを取り出す場合、以下のように書くことができます。

```
char buf[1000];
int offset;
int int_value;
    ⋮
int_value = *(int*)(buf + offset);
```

この例では、bufにoffsetを加えたアドレスをint*にキャストし、それに間接演算子を適用することで、int型の値を取り出しています。このキャストは、コンパイラにとっての型情報を変更するだけで、通常は実行時には何もしませんし、よって該当する機械語コードもありません。

ポインタのキャストは、移植性の高いプログラムを書きたいのなら、避けるのが無難です。上の例でも、bufに格納されているデータは、int型のサイズやバイトオーダーが同じである必要があります*。もしこのようにバイナリデータを扱わなければいけない場合でも、それを行う箇所は特定のモジュールにまとめておくべきでしょう。

また、たとえば汎用的なGUIライブラリで、画面に表示されるボタンなどの表示要素に、任意のデータを割り当てられるようになっていることは多いものです（「電卓」のプログラムで、数字のボタンに該当の数字を覚えておいてもらうなど）。そういう場合、たいていvoid*を覚えておいてもらうことができるようになっていますから、そこから本来の型に戻すためにポインタのキャストを使用することはあります。ポインタのキャストの現実的な使用例といえば、この程度でしょうか。

絶対に避けなければならないのは「なんだかよくわからないけど、コンパイラが警告を出すからとりあえずキャストしとこうか」→「警告出なくなってよかった！」というパターンです*。

コンパイラは、理由があって警告を出してくれるのですから、キャストでそれを黙らせてはいけません。そんなことをしたら、そのプログラムはコンパイルは通っても動かないか、あるいは、その処理系では動いても、別の処理系に持っていったら動かなくなるかのどちらかになることでしょう。

*このデータを外部から読み込むのではなく、1つのプログラム内で使うのであれば問題ないでしょうが、だったら最初から構造体に格納すべきです。

*よく見ます——悲しいことに。

> **Point**
> キャストでコンパイラの警告を黙らせるようなことはやめよう。

3-5-7　練習——複雑な宣言を読んでみよう

まずは小手調べです。
Cの標準ライブラリには、atexit()という関数があります。これを使うと、プログラムが正常に終了したときに、事前に登録した関数を呼び出してもらうことができます。
atexit()のプロトタイプは、以下のように定義されています。

```
int atexit(void (*func)(void));
```

❶ まず最初に、識別子に注目します。

```
int atexit(void (*func)(void));
```

英語的表現：
　atexit is

❷ 関数を意味する()に行きます。

```
int atexit(void (*func)(void));
```

英語的表現：
　atexit is function() returning

❸ 関数の引数部分が複雑なので、そちらの解析に入ります。ここでも、まず識別子に注目します。

```
int atexit(void (*func)(void));
```

英語的表現：
　atexit is function(func is) returning

❹ 括弧があるので、*に行きます。

```
int atexit(void (*func)(void));
```

英語的表現：
atexit is function(func is pointer to) returning

❺ 関数を意味する()に行きます。こちらの引数は簡単ですね。void（引数なし）です。

```
int atexit(void (*func)(void));
```

英語的表現：
atexit is function(func is pointer to function(void) returning) returning

❻ 型指定子voidに行きます。これでatexitの引数部分の解析が終了しました。

```
int atexit(void (*func)(void));
```

英語的表現：
atexit is function(func is pointer to function(void) returning void) returning

❼ 型指定子intに行きます。

```
int atexit(void (*func)(void));
```

英語的表現：
atexit is function(func is pointer to function(void) returning void) returning int

❽ 日本語に訳すと……

atexitは、intを返す関数（引数は、voidを返し引数のない関数へのポインタ）である。

次は、もうちょっと複雑な例に行きます。
標準ライブラリには、signal()という関数もあり、このプロトタイプ宣言は以下のようになっています。

```
void (*signal(int sig, void (*func)(int)))(int);
```

❶ 最初に、識別子に注目します。

```
void (*signal(int sig, void (*func)(int)))(int);
```

英語的表現：

　signal is

❷ ＊よりも()のほうが優先順位が高いので、そちらに行きます。

```
void (*signal(int sig, void (*func)(int)))(int);
```

英語的表現：

　signal is function() returning

❸ 引数部分の解析に入ります。引数は2つあるわけですが、最初の引数は、int sigです。

```
void (*signal(int sig, void (*func)(int)))(int);
```

英語的表現：

　signal is function(sig is int,) returning

❹ もう1つの引数の識別子funcに注目します。

```
void (*signal(int sig, void (*func)(int)))(int);
```

英語的表現：

　signal is function(sig is int, func is) returning

❺ 括弧があるので、＊に行きます。

```
void (*signal(int sig, void (*func)(int)))(int);
```

英語的表現：

　signal is function(sig is int, func is pointer to) returning

❻ 関数を表す()に行きます。引数はintですね。

```
void (*signal(int sig, void (*func)(int)))(int);
```

英語的表現：

　signal is function(sig is int, func is pointer to function(int)
　returning) returning

第 3 章 Cの文法を解き明かす──結局のところ、どういうことなのか？

❼ 型指定子voidに行きます。

```
void (*signal(int sig, void (*func)(int)))(int);
```

英語的表現：
　signal is function(sig is int, func is pointer to function(int)
　returning void) returning

❽ 引数部分が終了しました。次は、括弧があるので、*に行きます。

```
void (*signal(int sig, void (*func)(int)))(int);
```

英語的表現：
　signal is function(sig is int, func is pointer to function(int)
　returning void) returning pointer to

❾ 関数を表す()に行きます。引数はintですね。

```
void (*signal(int sig, void (*func)(int)))(int);
```

英語的表現：
　signal is function(sig is int, func is pointer to function(int)
　returning void) returning pointer to function(int) returning

❿ 最後に、voidがくっつきます。

```
void (*signal(int sig, void (*func)(int)))(int);
```

英語的表現：
　signal is function(sig is int, func is pointer to function(int)
　returning void) returning pointer to function(int) returning void

⓫ 日本語に訳すと……
　signalは「voidを返し引数がintの関数へのポインタ」を返す関数で、その引数は2つあり、1つはint、もう1つは「voidを返し引数がintの関数へのポインタ」である。

これぐらいの宣言が読めれば、もう何も怖いものはないでしょう……
すっかりCが嫌いになったかもしれませんけど。
ところで、signal()関数は、本来、シグナルハンドラ（割り込みが発生した

ときに呼び出される関数)を登録する関数です。戻り値として、それまで登録されていた、(古い) シグナルハンドラを返します。

つまり、引数の1つと戻り値は、どちらも「シグナルハンドラへのポインタ」という同じ型です。なら、宣言中に、同じパターンが2回現れるのでは……と考えるのが正常な感覚でしょうが、Cではそうはなりません。宣言が「右へ行ったり左へ行ったり」という構造になっているおかげで、戻り値の型を示す部分が左右に散らばってしまうからです。

こういう場合、以下のようにtypedefを使うと、宣言を飛躍的にすっきり書くことができます。

```
/* Linuxのman pageから抜粋 */
typedef void(*sighandler_t)(int);

sighandler_t signal(int sig, sighandler_t func);
```

sighandler_tが「シグナルハンドラへのポインタ」という型を表現しています。

3-6 頭に叩き込んでおくべきこと——配列とポインタは別物だ!!

3-6-1 なぜ混乱してしまうのか

本章のまとめとして強調しておきます。

Cにおいて、配列とポインタとはまったくの別物です。

Cでは、ポインタが難しいとよくいわれますが、初心者が混乱するのは、ポインタそのものよりも、むしろ「配列とポインタを混同してしまう」ところに原因があるように思います。にもかかわらず、入門書などでは、配列とポインタを混乱させるような記述が多過ぎます。

たとえば、K&Rには、以下の記述があります (p.119)。

> Cにおいては、ポインタと配列との間に強い関係がある。この関係は強いので、ポインタと配列を同等に論じなければならない。

割と多くのCプログラマーが「配列とポインタはほとんど同じようなものだ」という認識を持っているようです。しかし、Cにおける混乱の大半は、この認識からきているように思います。

配列とポインタは別物です。Fig. 3-17を見れば一目瞭然でしょう。なんらかのオブジェクトが並んだものが配列で、何かを指し示すものがポインタです。

実際、sizeof演算子を適用すると、配列なら「要素のサイズ×配列の要素数」を返しますし、ポインタならポインタのサイズを返します。

にもかかわらず「配列とポインタはほとんど同じようなものだ」という誤解から、初心者は、よく次のようなコードを書いてしまうものです。

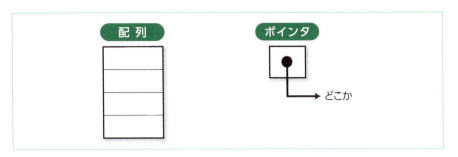

配列とポインタ

```
int *p;
p[3] = 10;   ← 領域に向けてもいないポインタをいきなり使う
```

――自動変数のポインタは、初期状態では、値は不定だってば。

```
char str[10];
    ⋮
str = "abc";   ← 配列にいきなり代入
```

――配列は、スカラじゃないし、構造体でもないから、一度に扱うことはできないってば。

```
int p[];   ← ローカル変数の宣言で空の[]を使う
```

――配列の宣言がポインタに読み替えられるのは「関数の仮引数の宣言」の場合だけだってば。

　配列とポインタは、どこまで似たようなもので、どこからが違うのか――ここまでに述べたことと重複する部分もありますが、以下にもう一度説明します。

3-6-2　式の中では

　式の中では、配列は、その先頭要素へのポインタに読み替えられます。ですから、以下のように書くことはできます。

```
int *p;
int array[10];
p = array;   ← pには、array[0]へのポインタが代入される
```

しかし、逆に、

```
array = p;
```

のように書くことはできません。arrayは、確かに式の中ではポインタに読み替えられています。しかし、それはあくまで&array[0]に読み替えられている、ということに過ぎず、この場合のポインタは、**右辺値**だからです*。

int型の変数aがあったとして、a = 10;のような代入は可能です。が、a + 1= 10;という代入をしようとする人はいないでしょう。aもa + 1も、どちらも型はintです。でも、a + 1は、それに対応する記憶領域を持たない右辺値なので代入することはできません。arrayに代入できないのも、これと同じことです。

また、

```
int *p;
```

というポインタがあったとき、pがなんらかの配列を指していれば、p[i]という方法で配列アクセスが可能です。しかし、これは、pが配列であることを意味するわけではありません。

p[i]は、*(p + i)のシンタックスシュガーにすぎないので、ポインタpが正しく配列を指していれば、p[i]のようにして配列の内容をアクセスできます。図にすると、Fig. 3-18のような感じになります。

*これについては、規格において配列が **変更可能な左辺値**（modifiable lvalue）ではないから、という説明もあるかと思います。いずれにせよ、代入できないという結論は変わりません。

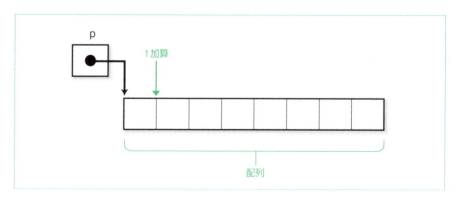

Fig. 3-18
ポインタを使って配列をアクセスする

他に、初心者が混乱しがちな例として、「ポインタの配列」と「配列の配列」（2次元配列）があります。

3-6　頭に叩き込んでおくべきこと──配列とポインタは別物だ!!

```
char *color_name[] = {   ← ポインタの配列
    "red",
    "green",
    "blue",
};
```

を図解するとFig. 3-19のように、

Fig. 3-19
ポインタの配列

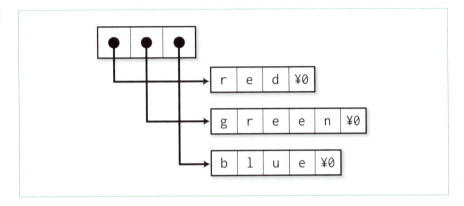

```
char color_name[][6] = {   ← 配列の配列
    "red",
    "green",
    "blue",
};
```

を図解するとFig. 3-20のようになります。

Fig. 3-20
配列の配列

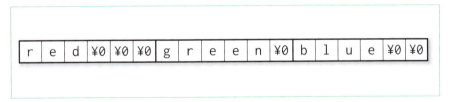

どちらも、color_name[i][j]のようにしてアクセスできますが、メモリ内の配置はまったく異なることに注意してください。

3-6-3 宣言では

　配列の宣言がポインタの宣言に読み替えられるのは、唯一、関数の仮引数の宣言の場合のみです（「3-5-1　関数の仮引数の宣言」を参照のこと）。

　関数の仮引数の宣言においてのみ、配列の宣言がポインタの宣言に読み替えられるというシンタックスシュガーは、Cをわかりやすくするよりも、むしろ混乱を助長している、と考える人は多いようです。ちなみに私もその1人です*。さらに、K&Rの雑な説明が、混乱に輪をかけています。

　それ以外のケースでは、配列の宣言とポインタの宣言が等しくなるケースは**ありません。**

　一番事故を招きやすいのが、externのケースです（p.215の「グローバル変数をextern宣言する場合」を参照のこと）。また、ローカル変数や構造体のメンバで、

```
int hoge[];
```

のように書いたら、シンタックスエラーです*。

　配列に初期化子が存在する場合も空の[]を書けますが、これは、単にコンパイラが要素数を数えられるから要素数が省略できる、というだけのことであって、ポインタとは無関係です。

> **Point**
> 【超重要!!】
> **配列とポインタは別物だ。**

＊まあ、多次元配列を渡すときには、このシンタックスシュガーを使ったほうがわかりやすいかとも思うのですが……

＊C99のフレキシブル配列メンバ（p.216参照）のケースを除く。

第4章

定石集
── 配列とポインタの
よくある使い方

第4章 定石集――配列とポインタのよくある使い方

4-1 基本的な使い方

4-1-1 戻り値以外の方法で値を返してもらう

　この手法については「1-3-7　実践――関数から複数の値を返してもらう」で一度説明しましたが、まとめの意味でもう一度説明します。

　Cでは、関数から値を返してもらうときには、戻り値を使うことができます。しかし、戻り値では、1つの値しか返すことができません。

　また、例外処理機構のないCでは、関数の戻り値は、処理のステータス（成功か失敗か、失敗したなら原因は何か）で使われてしまうことも多いものです。

　そこで、引数としてポインタを渡して、呼び出され側で、そのポインタの指す先に値を詰めてやるようにすれば、関数から、一度に複数の値を返すことができます。

　その場合、引数の型は、返してもらいたいデータの型をTとすると「Tへのポインタ」になります。

　List 4-1では、func()に、intとdoubleへのポインタをそれぞれ渡して、その指す先に値を詰めてもらっています。

List 4-1　output_argument.c

```
 1  #include <stdio.h>
 2
 3  void func(int *a, double *b)
 4  {
 5      *a = 5;
 6      *b = 3.5;
 7  }
 8
 9  int main(void)
```

234

```
10  {
11      int     a;
12      double  b;
13
14      func(&a, &b);
15      printf("a..%d b..%f¥n", a, b);
16
17      return 0;
18  }
```

> **Point**
> 戻り値以外の方法で関数から型Tの値を返したいのなら、「Tへのポインタ」を引数で渡す。

4-1-2 配列を関数の引数として渡す

　このことも「1-4-6　関数の引数として配列を渡す（つもり）」で一度説明しましたが、まとめの意味でもう一度説明します。

　Cでは、本当は「配列を引数として渡す」ことは**できません**。しかし、配列の先頭要素へのポインタを渡すことで、あたかも配列を渡しているかのように扱うことはできます。

　そして、受け取った側では、

```
array[i]
```

のようにして、配列の内容を参照できます。array[i]は、結局*(array + i)のシンタックスシュガーにすぎませんから。

　List 4-2では、配列arrayをfunc()に渡して、func側でその内容を表示させています。

　func()では、配列arrayの要素数も、引数sizeとして受け取っています。これは、func()の側では、arrayは単なるポインタなので、呼び出し側での配列の要素数を知りようがないためです。

　main()におけるarrayの型は「intの配列」です。よって、16行目にあるように、sizeof演算子でサイズを取得することもできます。

しかし、func()の側では、引数arrayの型は「intへのポインタ」なので、sizeof(array)と書いても、取得できるのはポインタのサイズでしかありません。

もっとも、文字列のように、最後に必ず'¥0'が入っているのなら、呼び出され側で'¥0'を探すことで、文字列の文字数を調べることは可能ではありますが。

List 4-2
pass_array.c

```
#include <stdio.h>

void func(int *array, int size)
{
    int i;

    for (i = 0; i < size; i++) {
        printf("array[%d]..%d¥n", i, array[i]);
    }
}

int main(void)
{
    int array[] = {1, 2, 3, 4, 5};

    func(array, sizeof(array) / sizeof(array[0]));

    return 0;
}
```

> **Point**
>
> 型Tの配列を引数として渡したいなら「Tへのポインタ」を渡せばよい。
> ただし、配列の要素数は呼び出され側ではわからないので、必要なら別途渡すこと。

4-1-3 動的配列——malloc()による可変長の配列

Cでは、普通の配列は、要素数がコンパイル時にわかっていなければいけません。C99では可変長配列（**VLA**）が導入されましたが、これは自動変数でしか使えないので、その関数が終わると解放されてしまいます。そして、実際に可変長の配列を使いたいときというのは、「エディタで入力した1行のテキストを保持

4-1 基本的な使い方

する」といったように、関数の終了を越えてデータを保持したいことが多いものです。

そのような場合は、`malloc()`を使うことで、実行時に必要なだけのサイズの配列を確保し、かつそれを継続して保持し続けることができます。

こういった配列のことを、本書では、「**動的配列**」と呼ぶことにします*。

List 4-3では、最初にユーザーにサイズを入力させて（11～13行目）、15行目でそのサイズだけの配列を`malloc()`で確保しています（戻り値のチェックは省略）。

17～19行目で、その配列に値をセットし、20～22行目で、内容を表示しています。

*規格で規定された言葉ではありませんが、世間ではそこそこ使われているようです。なお、本書の旧版ではこれを「可変長配列」と呼んでいましたが、いまとなってはC99のVLAとまぎらわしいので……

List 4-3
variable_array.c

```
1  #include <stdio.h>
2  #include <stdlib.h>
3
4  int main(void)
5  {
6      char        buf[256];
7      int         size;
8      int         *variable_array;
9      int         i;
10
11     printf("Input array size>");
12     fgets(buf, 256, stdin);
13     sscanf(buf, "%d", &size);
14
15     variable_array = malloc(sizeof(int) * size);
16
17     for (i = 0; i < size; i++) {
18         variable_array[i] = i;
19     }
20     for (i = 0; i < size; i++) {
21         printf("variable_array[%d]..%d¥n", i, variable_array[i]);
22     }
23
24     return 0;
25 }
```

一度確保した動的配列のサイズを変更したければ、`realloc()`を使います。

List 4-4では、ユーザーが`int`型の値を入力するたびに、`realloc()`を使って`variable_array`を拡張しています（ここでも、戻り値のチェックは省略しています）。

第 4 章 定石集──配列とポインタのよくある使い方

List 4-4
realloc.c

```c
1  #include <stdio.h>
2  #include <stdlib.h>
3
4  int main(void)
5  {
6      int         *variable_array = NULL;
7      int         size = 0;
8      char        buf[256];
9      int         i;
10
11     while (fgets(buf, 256, stdin) != NULL) {
12         size++;
13         variable_array = realloc(variable_array, sizeof(int) * size);
14         sscanf(buf, "%d", &variable_array[size-1]);
15     }
16
17     for (i = 0; i < size; i++) {
18         printf("variable_array[%d]..%d\n", i, variable_array[i]);
19     }
20
21     return 0;
22  }
```

　注意しなければならないのは、Cで動的配列を実現した場合、その配列の要素数はプログラマー自身が別途管理しなければならない、ということです。

　これは、配列を引数で渡したときに、呼び出され側で配列のサイズが取得できないのと同じ理由からです。malloc()で取得できるのは、あくまでポインタであって配列ではありません。

> **Point**
> 型Tの可変長の配列が欲しければ「Tへのポインタ」を使い、領域をmalloc()で動的に確保すればよい。
> ただし、配列の要素数は、別に管理する必要がある。

4-1 基本的な使い方

他言語の配列

本書はCの本ですが、参考までに。

C以外のたいていのいまどきの言語——JavaとかC#とかPythonとかRubyとかでは、配列はヒープに確保し、参照（Cでいうところのポインタ）を経由して扱います*。

＊PHPとGoは例外。

Cでは以下のように書けば、

```
int hoge[10];
```

たいていの処理系では、配列そのものがスタック上に確保されますが、たとえばJavaでは上記のような書き方はできず、以下のように書きます。

```
int[] hoge = new int[10];
```

newは、Cでいうところのmalloc()に相当しますので、これは、Cで以下のように書くのと、意味的に非常に似ています。

```
int *hoge = malloc(sizeof(int) * 10);
```

よって、Javaでは、配列はつねにポインタ（Javaでは「参照」と呼んでいますが）を介して参照することになります。

たとえば、Javaでは、以下のように配列の代入を行うと、

```
int[] hoge = new int[10];
int[] piyo = hoge;
```

実際のイメージはFig. 4-1のようになります。ここでのhogeやpiyoは、配列の実体を指すポインタ変数だからです。

Fig. 4-1
Javaの配列を
代入すると……

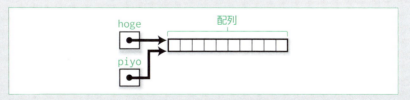

このケースで、hoge[3] = 5;のようにhoge経由で配列の内容を変更すると、piyo[3]の値も5になります。どちらも同じ配列を指しているからです。

ただし、Java等の配列は、Cでmalloc()で確保した配列とは異なり、配列のサイズを配列自身に聞くことができます。Javaなら、hoge.lengthと書くことで、配列のサイズを取得できます。

4-2 組み合わせて使う

4-2-1 動的配列の配列

1週間分の「今日の標語」を管理するプログラムを考えてみます。

月曜の標語は「一日一善」、火曜の標語は「お父さんお母さんを大切にしよう」とかいう、やたら**説教くさい**アレですね。

1週間の長さは7日です。これは固定と考えてよいでしょう。が、標語の長さは、日によってずいぶん違います。「一日一善」なら、日本語が1文字3バイトのUTF-8を想定すると末尾の'¥0'を入れても13バイトで済みますが「お父さんお母さんを大切にしよう」だと、46バイトになります。こういう場合、最も長い日に合わせて大きな2次元配列を作成するのは、メモリがもったいないということになります。

また、標語を、ユーザーが自由に設定できるように設定ファイルから読み込むような形式にしたとすると＊、標語の最大長は予測できなくなります。

＊普通はそうするでしょう。

このように、標語の長さは可変なので「charの動的配列」を使うのがよさそうです。ということは、1週間分の標語なら「charの動的配列の配列（要素数7）」とすればよいですね（Fig. 4-2参照）。

これを宣言すると、以下のようになります。

```
char *slogan[7];
```

Cで動的配列を実現する場合、通常、配列の要素数は別途管理しなければなりません。ただ、この場合は、格納するのが文字列であり、文字列は必ずナル文字で終端していますから、要素数を保持する必要はありません。必要とあればいつでも数えられますから。

Fig. 4-2
1週間分の標語

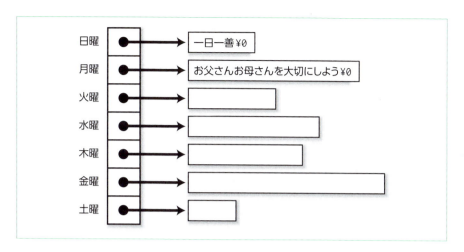

ファイルなどから1週間分の標語を読み込むなら、プログラムはList 4-5のようになります。例によってmalloc()の戻り値チェックは省略しています。

List 4-5
read_slogan.c

```c
1  #include <stdio.h>
2  #include <stdlib.h>
3  #include <string.h>
4  
5  #define SLOGAN_MAX_LEN (1024)
6  
7  void read_slogan(FILE *fp, char **slogan)
8  {
9      char buf[1024];
10     int slogan_len;
11     int  i;
12 
13     for (i = 0; i < 7; i++) {
14         fgets(buf, SLOGAN_MAX_LEN, fp);
15 
16         slogan_len = strlen(buf);
17         if (buf[slogan_len - 1] != '\n') {
18             fprintf(stderr, "標語が長過ぎます。\n");
19             exit(1);
20         }
21         /* 改行文字を削除 */
22         buf[slogan_len - 1] = '\0';
23 
24         /* 標語1つ分の領域を確保 */
25         slogan[i] = malloc(sizeof(char) * slogan_len);
```

```
26              /* 標語の内容をコピー */
27              strcpy(slogan[i], buf);
28          }
29      }
30  }
31
32  int main(void)
33  {
34      char *slogan[7];
35      int i;
36
37      read_slogan(stdin, slogan);
38
39      /* 読み込んだ標語を表示する */
40      for (i = 0; i < 7; i++) {
41          printf("%s¥n", slogan[i]);
42      }
43
44      return 0;
45  }
```

　List 4-5では、標準入力から1週間分の標語を読み込み、その後、それを表示しています（40〜42行目）。read_slogan()関数には「charへのポインタの配列」を引数で渡しているので、それを受ける引数の型は「charへのポインタのポインタ」になっています（7行目）。型Tの配列を引数で渡す時には、「Tへのポインタ」を渡すのでしたよね。

　このプログラムでは、slogan[i]のようにして、標語の先頭へのポインタを取り出しているだけですが、標語のn文字目を取り出したければ、slogan[i][n]のように書くことができます[*]。

　sloganは、多次元配列（配列の配列）ではありません。Fig. 4-2を見れば明らかなように、メモリ上の配置は多次元配列とはまったく異なります。

　たとえば

```
int hoge[10][10];
```

と宣言された多次元配列があった場合、hoge[i]の型は「intの配列（要素数10）」です。式の中では配列はポインタに読み替えられるので、hoge[i]の型は「intへのポインタ」となり、よってhoge[i][j]のようにして内容を参照できます。

　sloganの場合、slogan[i]は**最初からポインタなので**、やはりslogan[i][n]のように書けるわけです。

[*] 日本語の文字はShift_JISなら2バイトだったりUTF-8だったら3バイトだったりするので、このままでは「n文字目」にはなりません。実際に文字単位で処理する必要があるなら、**ワイド文字**（p.247の補足参照）を使うのがよいでしょう。

ところで、5行目を見るとわかるように、このプログラムでは、標語の最大長を1024文字に制限しています。

> なんだ「charの動的配列」というから、標語の長さの制限はなくすのかと思ってた。どうせ制限を付けるなら、多次元配列でもいいじゃん。

と思う人がいるかもしれません。が、考えてみてください。多次元配列では、同じように「1024文字まで」という制限を付けた場合、

```
char slogan[7][1024];
```

のように宣言するので、7 × 1024文字分のメモリを食います。しかし、List 4-5 では、1024文字分の配列は、読み込み用の一時バッファ1つで済みます。しかも、この配列は自動変数なので、read_slogan()を抜けると同時に解放されます[*]。こういう使い方なら、文字数に制限を付けたとしても、その制限をかなり緩くできるので、用途によっては十分実用的だと思います。

ただ、どうしても、こういう制限をかけるのが嫌な場合もあるでしょう[*]。そういう場合には、読み込みのための一時バッファもmalloc()で確保し、足りなくなったらrealloc()で拡張するという方法が考えられます。

その方法で任意の長さの行を読み込む関数のサンプルが、List 4-6です。

read_line()は、かなり汎用的な関数なので、ヘッダファイルを提供して、他のプログラムでも使えるようにしましょう（List 4-7）。また、テスト用のmain()関数も用意しました（List 4-8）。

*世間には、スタック領域が固定サイズで、しかもそれがやけに小さい処理系もあったりして、そういう処理系では、あまり大きな配列を自動変数で確保すると、スタックオーバーフローを起こすことがあります。

*ちなみに、GNUのコーディング規則では、この手の制限を禁じています（https://www.gnu.org/prep/standards/standards.html#Semantics）。

List 4-6 read_line.c

```
1  #include <stdio.h>
2  #include <stdlib.h>
3  #include <assert.h>
4  #include <string.h>
5
6  #define ALLOC_SIZE      (256)
7
8  /*
9   * 行を読み込むバッファ。必要に応じて拡張される。縮むことはない。
10  * free_buffer()の呼び出しで解放される。
11  */
12 static char *st_line_buffer = NULL;
13
14 /*
15  * st_line_bufferの先に割り当てられている領域のサイズ。
```

```
16   */
17  static int    st_current_buffer_size = 0;
18
19  /*
20   * st_line_bufferの中で、現在文字が格納されている部分のサイズ。
21   */
22  static int    st_current_used_size = 0;
23
24  /*
25   * st_line_bufferの末尾に1文字追加する。
26   * 必要とあれば、st_line_bufferの先の領域を拡張する。
27   */
28  static void
29  add_character(int ch)
30  {
31      /*
32       * st_current_used_sizeは必ず1ずつ増えるので、
33       * いきなり抜かれていることはないはず。
34       */
35      assert(st_current_buffer_size >= st_current_used_size);
36
37      /*
38       * st_current_used_sizeがst_current_buffer_sizeに追い付いたら、
39       * バッファを拡張する。
40       */
41      if (st_current_buffer_size == st_current_used_size) {
42          st_line_buffer = realloc(st_line_buffer,
43                                   (st_current_buffer_size + ALLOC_SIZE)
44                                   * sizeof(char));
45          st_current_buffer_size += ALLOC_SIZE;
46      }
47      /* バッファの末尾に1文字追加 */
48      st_line_buffer[st_current_used_size] = ch;
49      st_current_used_size++;
50  }
51
52  /*
53   * fpから1行読み込む。ファイルの末尾に来たら、NULLを返す。
54   */
55  char *read_line(FILE *fp)
56  {
57      int        ch;
58      char       *ret;
59
60      st_current_used_size = 0;
61      while ((ch = getc(fp)) != EOF) {
```

```c
62          if (ch == '¥n') {
63              add_character('¥0');
64              break;
65          }
66          add_character(ch);
67      }
68      if (ch == EOF) {
69          if (st_current_used_size > 0) {
70              /* 最後の行の後に改行がなかった場合 */
71              add_character('¥0');
72          } else {
73              return NULL;
74          }
75      }
76
77      ret = malloc(sizeof(char) * st_current_used_size);
78      strcpy(ret, st_line_buffer);
79
80      return ret;
81  }
82
83  /*
84   * バッファを解放する。別に呼ばなくても差し支えはないけれど、
85   * 「プログラム終了時には、malloc()した領域は全部free()しておきたい」
86   * という人は、最後にこれを呼べばよい。
87   */
88  void free_buffer(void)
89  {
90      free(st_line_buffer);
91      st_line_buffer = NULL;
92      st_current_buffer_size = 0;
93      st_current_used_size = 0;
94  }
```

List 4-7 read_line.h

```c
1  #ifndef READ_LINE_H_INCLUDED
2  #define READ_LINE_H_INCLUDED
3
4  #include <stdio.h>
5
6  char *read_line(FILE *fp);
7  void free_buffer(void);
8
9  #endif /* READ_LINE_H_INCLUDED */
```

List 4-8
main.c

```c
1  #include <stdio.h>
2  #include "read_line.h"
3
4  int main(void)
5  {
6      char *line;
7
8      while ((line = read_line(stdin)) != NULL) {
9          printf("%s\n", line);
10     }
11     free_buffer();
12 }
```

read_line()は、戻り値として、読み込んだ行を返します（改行文字は削除されています）。ファイルが終わったら、NULLを返します。

read_line()では、st_line_buffer*というポインタの先に、一時読み込み用のバッファを確保しています。このバッファは、足りなくなるごとにALLOC_SIZEずつ拡張します。こういう方法を採っているのは、あまり頻繁にrealloc()を呼ぶと、効率低下とフラグメンテーションが心配になるからです*（「2-6-5 フラグメンテーション」を参照のこと）。

行末まで読み込んだら、新たにその行の長さに合わせた領域を確保し（77行目）、st_line_bufferの内容をそこにコピーしてから返します。st_line_bufferは解放しません。次の呼び出しでどうせ使うことになるからです*。

st_line_bufferは伸びる一方で縮まないので、過去に読み込んだ最大長の行（+α）だけの領域を食うことになります。ま、どうせ1つしかない領域なので、別にほうっといてもいい気はしますが「プログラム終了時には、malloc()した領域は全部free()しておきたい」というポリシーの人は、最後にfree_buffer()を呼べばよいでしょう。

read_line()は、文字列をmalloc()で確保して返すので、使い終わったら呼び出し側でfree()しなければなりません。

```
char *str;
str = read_line(fp);
/* いろいろな処理 */
free(str);   ← 使い終わったら解放すること！
```

ところで、List 4-6では、例によってmalloc()／realloc()の戻り値チェックを省略しています。しかし、これぐらい汎用的に使えそうな関数なら、戻り値

*私は、ファイル内スコープのstatic変数には、接頭辞としてst_を付けることにしています。

*要素数が予測できない汎用的なコレクションライブラリであれば、この例のように一定数ずつ拡張するよりも、「現在のサイズの定数倍」のように拡張する方法もあります。たとえば常に2倍で拡張するようにすれば、無駄になる領域が50％以下になることは保証できますし、要素数が多くなってもrealloc()の回数がほとんど増えません。実際、JavaのVectorクラスなどは、2倍で拡張します。

*この方法は、staticな変数を使っているので、このままではマルチスレッドに適用できないということには注意する必要があります。

チェックもちゃんとやっておきたいところです。というわけで、そのサンプルは
「4-2-4　引数経由でポインタを返してもらう」でとり上げようと思います。

ワイド文字

　List 4-5では、文字列をcharの（動的）配列で保持しています。本書に限らず、たいていのCの入門書ではそのようにしているでしょう。

　しかし、charに日本語文字列を格納した場合、「n番目の文字を取り出したい」ということが容易にはできません。slogan[i][n]のように書いても、取り出すことができるのは「nバイト目」のバイトであって、「n番目の文字」ではありません。これはたとえば、エディタのようなプログラムを書くときには問題になるでしょう。エディタのカーソルは、文字単位で動く必要がありますから。

　そういうときに（ある程度）使えるのが、**ワイド文字**（wide character）です。

　ワイド文字は、基本的に1バイトを表現するcharとは違い、「1文字」を表現する型です。プログラム上は、wchar_t型（stddef.h）に格納します。

　read_slogan.cのようにcharの配列に文字列を格納する場合、日本語文字の場合Shift_JISなら2バイト、UTF-8の場合3バイト食いますので、こういう文字の表現を**マルチバイト文字**（multi-byte character）と呼びます。

　ワイド文字により構成される文字列（つまりwchar_tの配列）のことを**ワイド文字列**と呼びます。

　ワイド文字の挙動を確認するためのプログラムを、List 4-9に掲載します。

List 4-9
wchar_t.c

```
1  #include <stdio.h>
2  #include <stddef.h>
3  #include <wchar.h>
4  #include <locale.h>
5
6  int main(void)
7  {
8      // ワイド文字列リテラル
9      wchar_t str[] = L"日本語123叱";
10
11     // wchar_tのサイズを表示
12     printf("sizeof(wchar_t)..%d\n", (int)sizeof(wchar_t));
13     // 配列strの長さを表示
```

```
14        printf("str length..%d¥n", (int)(sizeof(str) / sizeof(str[0])));
15
16        // strの内容を出力する
17        for (int i = 0; i < (sizeof(str) / sizeof(str[0])); i++) {
18            printf("str[%d]..%0x¥n", i, str[i]);
19        }
20
21        return 0;
22    }
```

9行目で、**ワイド文字列リテラル**（wide string literal）により、wchar_t型の配列strを初期化しています。このように、""で囲んだ文字列の前に「L」を付けることで、ワイド文字列リテラルになります。同様に、**ワイド文字定数**も「L'a'」のように書きますし、ワイド文字列における終端のナル文字は「L'¥0'」と書きます。

12行目で、この処理系におけるwchar_tのサイズを、14行目では、配列strのサイズを確認しています。そして、17行目からのforループで、配列strの内容を出力しています。

私の環境（Ubuntu Linux）での実行結果は以下のようになりました。

```
sizeof(wchar_t)..4
str length..8
str[0]..65e5
str[1]..672c
str[2]..8a9e
str[3]..31
str[4]..32
str[5]..33
str[6]..20b9f
str[7]..0
```

見てのとおり、私の環境（Ubuntu Linux）では、wchar_tのサイズは4バイトでした。wchar_t1つで1文字を表現するので、「a」のような英数字でも4バイト使います。ある意味もったいない話で、Windowsでは、（たとえgccを使っていても）wchar_tのサイズは2バイトです。

そして、配列strのサイズは、（Linuxでは）8になっています。ただし、実験するとわかりますが、Windowsでは9になります。これは、9行目で設定している文字列の最後にある「𠮟」という文字がUnicodeにおける**サロゲートペア**文字であり、2バイトでは表現できない文字であるためです（この文字は「叱」ではないことに注意）。実行結果で出力されている値を見ると、str[6]

が0x20b9fになっており、2バイトの範囲を超えているので、wchar_tが4バイトであるLinuxでは表現できても、Windowsでは表現できず、wchar_tを2つ使って表現しているわけです。

いま、しれっと「Unicode」と書きましたが、現状ではたいていの処理系ではワイド文字は**Unicode**で表現しています。ただしそれはC99の規格で規定されているわけではありません*。

＊C11では、UTF-16やUTF-32のリテラルが書けるようになったので、Unicodeの「特別扱い」感が高まりました。

2バイトや4バイトの整数型で1文字を表現する以上、たとえば英数字を含む文字列をバイト単位で見ていけば値がゼロのバイトが頻出するわけで、ワイド文字列に対してはstrcpy()のような普通の文字列向けの関数は使えません。wcscpy()のようなワイド文字列用の関数を使う必要があります。

入出力についても、printf()ではなくwprintf()を使います。ただし、入出力のストリーム自体が**バイト単位のストリーム** (byte-oriented stream)と**ワイド文字単位のストリーム** (wide-oriented stream)のいずれかのモードを持つので、printf()とwprintf()は基本的に共存できません。そこで、実際のプログラムでは、ストリームはバイト単位のストリームに固定して、wcrtomb()のようなワイド文字とマルチバイト文字との変換関数を用い、マルチバイト文字列として出力することが多いかと思います*。

＊printf()系関数では、%lsを指定することでワイド文字をマルチバイト文字に変換して出力することもできます。

——これだけ話が面倒になる割に、当初の目的であった「n番目の文字を取り出したい」ということも**サロゲートペア文字が混じるとずれてくる***、というのでは、ワイド文字なんか使ってもあまり意味がないのでは、と思うかもしれません。実際なんでもUTF-8でマルチバイト文字列で持てばよいという意見もあります。ただ、現状JavaでもC#でもJavaScriptでも、サロゲートペア文字が混じると文字列から正しく文字を抜き取ることはできないわけで、ある程度用途を限定したうえでワイド文字を使うという選択もあり得るかとは思います。

＊wchar_tが4バイトの処理系でも、結合文字（異体字セレクタ含む）のことを考えると、やはりずれが発生します。

Windowsでは、TCHAR型を、マクロUNICODEの定義の有無により、charとwchar_tとに切り替えて使います。

4-2-2 動的配列の動的配列

「4-2-1 動的配列の配列」では、動的配列で1つの標語を表現しましたが、標語の数は、1週間分（7個）で固定でした。

任意の行数のテキストファイルをメモリに展開しようと思ったら「動的配列の動的配列」が必要になります。

「型Tの動的配列」は「Tへのポインタ」で実現できるのでした（ただし、要素数は別に管理する必要がありますが）。

よって、「Tの動的配列の動的配列」が欲しいなら「Tへのポインタへのポインタ」を使えばよいということになります（Fig. 4-3参照）。

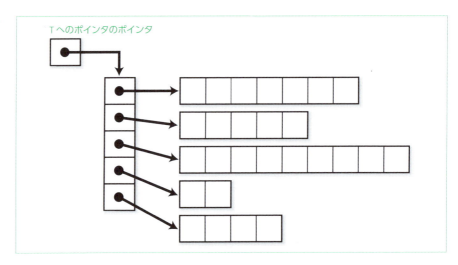

Fig. 4-3 動的配列の動的配列

List 4-10は、標準入力からテキストファイルを読み込み、それをいったんメモリ上に展開してから、標準出力に吐くプログラムです。任意の長さの行を読み込むためには、List 4-6のread_line()関数を使っています。

List 4-10 read_file.c

```
1  #include <stdio.h>
2  #include <stdlib.h>
3  #include <assert.h>
4
5  #define ALLOC_SIZE      (256)
6
```

```c
 7  #include "read_line.h"
 8
 9  char **add_line(char **text_data, char *line,
10                  int *line_alloc_num, int *line_num)
11  {
12      assert(*line_alloc_num >= *line_num);
13      if (*line_alloc_num == *line_num) {
14          text_data = realloc(text_data,
15                              (*line_alloc_num + ALLOC_SIZE) * sizeof(char*));
16          *line_alloc_num += ALLOC_SIZE;
17      }
18      text_data[*line_num] = line;
19      (*line_num)++;
20
21      return text_data;
22  }
23
24  char **read_file(FILE *fp, int *line_num_p)
25  {
26      char        **text_data = NULL;
27      int         line_num = 0;
28      int         line_alloc_num = 0;
29      char        *line;
30
31      while ((line = read_line(fp)) != NULL) {
32          text_data = add_line(text_data, line,
33                               &line_alloc_num, &line_num);
34      }
35      /* text_dataを、本当に必要なサイズまで縮める */
36      text_data = realloc(text_data, line_num * sizeof(char*));
37      *line_num_p = line_num;
38
39      return text_data;
40  }
41
42  int main(void)
43  {
44      char        **text_data;
45      int         line_num;
46      int         i;
47
48      text_data = read_file(stdin, &line_num);
49
50      for (i = 0; i < line_num; i++) {
51          printf("%s\n", text_data[i]);
```

```
52      }
53      free_buffer();
54
55      return 0;
56  }
```

　ファイルを最後まで読まないと、全体の行数はわかりません。よって、`read_file()`では、ポインタの配列も、`realloc()`を使って順次伸ばしています（13～17行目）*。

　`read_line()`では、いくつかの変数を共有するためにファイル内の`static`変数を使いましたが、今回は、引数でポインタを渡す方法を採りました。ファイル内`static`変数やグローバル変数によるデータの共有は「どこで値が書き換えられるのかさっぱりわからん」という状況を生むこと、およびマルチスレッドにした際に問題があることから、こちらの方法のほうが、多くの場合優れているといえます。

＊p.246の注にもありますが、行数は行ごとの文字数よりも予測しづらいと思うので、このように定数値`ALLOC_SIZE`ずつ伸ばすのではなく、定数倍ずつ伸ばすほうがよいかもしれません。

4-2-3　コマンド行引数

　コマンド行からプログラムを実行するときに、**コマンド行引数**として引数を与えることができます（本書においても、p.130のList 2-9にて使用しました）。たとえば、ファイルの内容を出力するには、UNIXでは`cat`コマンドを使いますが、その際、以下のようにファイル名を与えます。

```
> cat hoge.txt
```

　以下のように複数のファイル名を並べて書くと、

```
> cat hoge.txt piyo.txt
```

hoge.txtとpiyo.txtを連結した内容を出力します*。

　このとき、`cat`の引数は、いくつあるか事前に予測することはできません。また、それぞれの引数（ファイル名）の長さも予測できません。よって、これは「`char`の動的配列の動的配列」であり「ポインタへのポインタ」で表現できることになります。

　プログラム中でコマンド行引数を受け取るには、`main()`関数の引数を使用し

＊catというのは、concatenate（連結する）の略だそうです。

ます。いままでのサンプルプログラムでは、main()関数は主に以下のように書いてきましたが、

```
int main(void)
```

※規格書の5.1.2.2.1に記載があります。

コマンド行引数を受け取る場合、以下のように書きます※。

```
int main(int argc, char *argv[])
```

もちろん、関数の仮引数では配列はポインタに読み替えられるので、これは以下のように書くのと同じです。

```
int main(int argc, char **argv)
```

argvの構造を図にすると、Fig. 4-4のようになります。

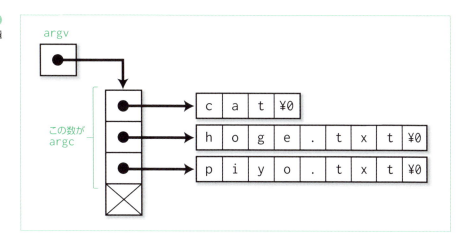

Fig. 4-4
argvの構造

argv[0]には、コマンド名そのものが格納されています。これは、エラーメッセージの中に表示したり※、コマンド名によりプログラムの動きを変えたりする際に使用します。

※UNIXで、パイプを延々と繋いでなんらかの処理を行うことを考えると、エラーメッセージの中で、自分が何者かをちゃんと名乗ってくれないと困ります。

argcには、argv[0]まで含めた引数の数が格納されています。実は、ANSI C以後は、argv[argc]がNULLであることが保証されるようになりましたから、そちらでチェックすればargcは**なくてもかまわない**のですが、現在でも、たいていのプログラムはargcを参照しているようです。

List 4-11は、UNIXのcatコマンドの簡単な実装です。

第 4 章 定石集——配列とポインタのよくある使い方

List 4-11
cat.c

```c
1  #include <stdio.h>
2  #include <stdlib.h>
3
4  void type_one_file(FILE *fp)
5  {
6      int ch;
7
8      while ((ch = getc(fp)) != EOF) {
9          putchar(ch);
10     }
11 }
12
13 int main(int argc, char **argv)
14 {
15     if (argc == 1) {
16         type_one_file(stdin);
17     } else {
18         int    i;
19         FILE   *fp;
20
21         for (i = 1; i < argc; i++) {
22             fp = fopen(argv[i], "rb");
23             if (fp == NULL) {
24                 fprintf(stderr, "%s:%s can not open.\n", argv[0], argv[i]);
25                 exit(1);
26             }
27             type_one_file(fp);
28         }
29     }
30
31     return 0;
32 }
```

　　　UNIXのcatと同じように、引数を指定しなければ標準入力を使用します（15〜16行目）。

　　　21〜27行目のforループで、引数に指定されたファイル名を順に処理しています。

　　　世間には、こういうところにループカウンタを導入することを頑なに拒み、argcそのものを減らしたり、argvそのものを進めたりしたがる人がちょくちょくいるようなんですが、私には、カウンタを1つ導入して添字アクセスするほうがずっとわかりやすく思えます。

4-2-4 引数経由でポインタを返してもらう

「4-2-1 動的配列の配列」で扱ったread_line()関数（List 4-6参照）は、読み込んだ行を戻り値として返し、ファイルの終端でNULLを返しました。

しかし、read_line()はmalloc()で確保した領域を返します。List 4-6では、malloc()の戻り値チェックは省略してしまいましたが、read_line()を真に汎用的な関数にしたいなら、ちゃんと戻り値をチェックして、呼び出し元にステータスを返さなければなりません。

read_line()が、呼び出し元に返すステータスとしては、以下のものが挙げられます。

1. 正常に1行読み込んだ。
2. ファイルの終端まで読み込んだ。
3. メモリが足りなくて失敗した。

これを、以下のように列挙型で表現するとして、

```
typedef enum {
    READ_LINE_SUCCESS, /* 正常に1行読み込んだ */
    READ_LINE_EOF, /* ファイルの終端まで読み込んだ */
    READ_LINE_OUT_OF_MEMORY /* メモリが足りなくて失敗した */
} ReadLineStatus;
```

これを呼び出し元に返す方法として、まず1つ考えられるのは、read_line()のプロトタイプを以下のようにして、引数経由で返してもらう、という方法です。

```
char *read_line(FILE *fp, ReadLineStatus *status);
```

この方法は、これで十分正しいのですが、プロジェクトによっては「ステータスは戻り値で返すべし」という方針をとっている場合も多いものです。

で、戻り値をそっちに使われてしまうと、現在戻り値で返している取得した文字列のほうを引数経由で返さなくてはいけなくなります。

型Tを引数経由で返してもらいたい場合には、「Tへのポインタ」を使えばよいのでした。今回、返したい型は「charへのポインタ」です。よって「charへのポインタのポインタ」を使えばよいことになります。

よって、プロトタイプは、こうなります。

```
ReadLineStatus read_line(FILE *fp, char **line);
```

改訂版のヘッダファイルをList 4-12に、ソースをList 4-13に示します。

List 4-12
read_line.h (改訂版)

```
 1 #ifndef READ_LINE_H_INCLUDED
 2 #define READ_LINE_H_INCLUDED
 3
 4 #include <stdio.h>
 5
 6 typedef enum {
 7     READ_LINE_SUCCESS,       /* 正常に1行読み込んだ */
 8     READ_LINE_EOF,           /* ファイルの終端まで読み込んだ */
 9     READ_LINE_OUT_OF_MEMORY  /* メモリが足りなくて失敗した */
10 } ReadLineStatus;
11
12 ReadLineStatus read_line(FILE *fp, char **line);
13 void free_buffer(void);
14
15 #endif /* READ_LINE_H_INCLUDED */
```

List 4-13
read_line.c (改訂版)

```
 1 #include <stdio.h>
 2 #include <stdlib.h>
 3 #include <assert.h>
 4 #include <string.h>
 5 #include "read_line.h"
 6
 7 #define ALLOC_SIZE      (256)
 8
 9 /*
10  * 行を読み込むバッファ。必要に応じて拡張される。縮むことはない。
11  * free_buffer()の呼び出しで解放される。
12  */
13 static char *st_line_buffer = NULL;
14
15 /*
16  * st_line_bufferの先に割り当てられている領域のサイズ。
17  */
18 static int   st_current_buffer_size = 0;
19
20 /*
21  * st_line_bufferの中で、現在文字が格納されている部分のサイズ。
22  */
```

```
23  static int   st_current_used_size = 0;
24
25  /*
26   * st_line_bufferの末尾に1文字追加する。
27   * 必要とあれば、st_line_bufferの先の領域を拡張する。
28   */
29  static ReadLineStatus
30  add_character(int ch)
31  {
32      /*
33       * st_current_used_sizeは必ず1ずつ増えるので、
34       * いきなり抜かれていることはないはず。
35       */
36      assert(st_current_buffer_size >= st_current_used_size);
37
38      /*
39       * st_current_used_sizeがst_current_buffer_sizeに追い付いたら、
40       * バッファを拡張する。
41       */
42      if (st_current_buffer_size == st_current_used_size) {
43          char *temp;
44          temp = realloc(st_line_buffer,
45                         (st_current_buffer_size + ALLOC_SIZE)
46                         * sizeof(char));
47          if (temp == NULL) {
48              return READ_LINE_OUT_OF_MEMORY;
49          }
50          st_line_buffer = temp;
51          st_current_buffer_size += ALLOC_SIZE;
52      }
53      /* バッファの末尾に1文字追加 */
54      st_line_buffer[st_current_used_size] = ch;
55      st_current_used_size++;
56
57      return READ_LINE_SUCCESS;
58  }
59
60  /*
61   * バッファを解放する。別に呼ばなくても差し支えはないけれど、
62   *「プログラム終了時には、malloc()した領域は全部free()しておきたい」
63   * という人は、最後にこれを呼べばよい。
64   */
65  void free_buffer(void)
66  {
67      free(st_line_buffer);
68      st_line_buffer = NULL;
```

```c
 69         st_current_buffer_size = 0;
 70         st_current_used_size = 0;
 71  }
 72
 73  /*
 74   * fpから1行読み込む。
 75   */
 76  ReadLineStatus read_line(FILE *fp, char **line)
 77  {
 78      int              ch;
 79      ReadLineStatus   status = READ_LINE_SUCCESS;
 80
 81      st_current_used_size = 0;
 82      while ((ch = getc(fp)) != EOF) {
 83          if (ch == '\n') {
 84              status = add_character('\0');
 85              if (status != READ_LINE_SUCCESS)
 86                  goto FUNC_END;
 87              break;
 88          }
 89          status = add_character(ch);
 90          if (status != READ_LINE_SUCCESS)
 91              goto FUNC_END;
 92      }
 93      if (ch == EOF) {
 94          if (st_current_used_size > 0) {
 95              /* 最後の行の後に改行がなかった場合 */
 96              status =add_character('\0');
 97              if (status != READ_LINE_SUCCESS)
 98                  goto FUNC_END;
 99          } else {
100              status = READ_LINE_EOF;
101              goto FUNC_END;
102          }
103      }
104
105      *line = malloc(sizeof(char) * st_current_used_size);
106      if (*line == NULL) {
107          status = READ_LINE_OUT_OF_MEMORY;
108          goto FUNC_END;
109      }
110      strcpy(*line, st_line_buffer);
111
112    FUNC_END:
113      if (status != READ_LINE_SUCCESS && status != READ_LINE_EOF) {
114          free_buffer();
```

```
115        }
116        return status;
117 }
```

List 4-14
main.c（改訂版）

```
1  #include <stdio.h>
2  #include "read_line.h"
3
4  int main(void)
5  {
6      char *line;
7
8      while (read_line(stdin, &line) != READ_LINE_EOF) {
9          printf("%s¥n", line);
10     }
11     free_buffer();
12 }
```

　read_line()では、malloc()がNULLを返したら、とっととgotoでもってFUNC_ENDに飛ばしています。

　FUNC_ENDでは、処理に失敗した場合、free_buffer()を呼び出してバッファを解放しています。malloc()が失敗したということはメモリがないということですから、この領域だけでも解放してやれば、多少は余裕を持って後の処理を行うことができる**かも**しれません。

　世間には「gotoは絶対いかん！」と主張する教条主義者さんもいるようですが、こういった例外的な処理は、gotoを使わないとすっきり書けないことが多いものです*。

　ちなみに、かつて「goto有害論」の引き金を引いた、かのEdsger W. Dijkstra先生は、後になってこんなことをいっているそうです（『文芸的プログラミング[8]』p.41より）。

> 私がgoto文を除去すべきだときわめて独断的に考えていると信じ込むようなわなにはまらないでほしい。プログラミングという概念上の問題をコーディングの指針のようなひとつのトリックで解決できるといった、新興宗教を生みだそうとしているように思われることは不愉快である。

＊もちろん、C++やJavaやC#のように、例外処理機構のある言語なら、それを使えばよいでしょう。Cでは、setjmp()／longjmp()を使えば、似たようなことが、やってできないわけではないですが……

> **Point**
> 例外処理では、gotoを使うとすっきり書けることが多い。

第4章 定石集——配列とポインタのよくある使い方

「ダブルポインタ」って何？

ネットでCを学んでいる人達のつぶやき等を見てみると、「ダブルポインタ、わけわかんないーー！！ヾ(｡>﹏<｡)ﾉ゙」といったものをときどき見かけます。

この**ダブルポインタ**というもの、もちろんCの規格にそんな言葉はないのですが、ネットで困っている人の間では「ポインタのポインタ」のことを指すようです。

ここまで見てきたように、「ポインタのポインタ」は、「動的配列の動的配列」とか「引数経由でポインタを返してもらう」というように、ポインタを組み合わせて使うときに普通に出てくるものです。

実際にプログラムを書く上では、ポインタによる間接参照が多重になると動きをイメージするのが難しい、という面は確かにありますが、文法上は何も特別なものではありません。恐れるようなものではないですよ。

4-2-5 多次元配列を関数の引数として渡す

Cには、実際には多次元配列は存在しないのであって、多次元配列のように見えるものは「配列の配列」です。

型Tの配列を引数として渡すときには「Tへのポインタ」を渡せばよいのでした（「4-1-2 配列を関数の引数として渡す」参照）。よって「配列の配列」を引数として渡したいなら「配列へのポインタ」を渡せ、ということになります。List 4-15では、3×4の2次元配列を関数func()に渡し、func()の中でその内容を表示しています。

List 4-15
pass_2d_array.c

```
1  #include <stdio.h>
2
3  void func(int (*hoge)[3])
4  {
5      int i, j;
```

```
 6
 7      for (i = 0; i < 4; i++) {
 8          for (j = 0; j < 3; j++) {
 9              printf("%d, ", hoge[i][j]);
10          }
11          putchar('\n');
12      }
13  }
14
15  int main(void)
16  {
17      int hoge[][3] = {
18          {1, 2, 3},
19          {4, 5, 6},
20          {7, 8, 9},
21          {10, 11, 12},
22      };
23
24      func(hoge);
25
26      return 0;
27  }
```

　――ただ、「int (*hoge)[3]なんて、そんなワケのわからない書き方をされてもわからないよ！」という人はいるかもしれません。そういう場合、List 4-15の3行目は、以下のどちらかのように書くこともできます。

```
void func(int hoge[][3])
```

```
void func(int hoge[4][3])   ← この「4」は無視される
```

　こちらの書き方のほうが読みやすい、という気持ちはわからないではないですが、いずれにしても、こうして受け取った引数を別の変数に退避するとか、malloc()で多次元配列を確保するとかのケースでは、「int (*hoge)[3]」のような書き方を使う必要があるわけで、やはり本書の「3-2-4　「配列へのポインタ」とは何か？」あたりを読み返していただき、「配列へのポインタ」の宣言を書けるようになっていただきたいところです。

4-2-6 多次元配列を関数の引数として渡す（VLA版）

ANSI Cでは、多次元配列を関数に渡すとき、最外周以外の要素数は定数にする必要がありました。つまり、以下のようなプロトタイプ宣言を書いたとき、

```
void func(int (*hoge)[3]);
```

この「3」は定数でなければなりません。

別の引数でサイズを渡してやれば、最外周の次元については可変長にできます。つまりたとえば以下のように書けば、

```
void func(int size, int (*hoge)[3]);
```

hoge[i][j]と書くときのiの最大値は可変にできますが、jの最大値は固定でした。これを不便に感じた人は多いことでしょう。

C99では可変長配列（VLA）を使うことで、最外周以外の要素数が可変である多次元配列を配列に渡すことができます（List 4-16）。

List 4-16　pass_2d_array_c99.c

```c
#include <stdio.h>

void func(int size1, int size2, int hoge[size1][size2])
{
    int i, j;

    for (i = 0; i < size1; i++) {
        for (j = 0; j < size2; j++) {
            printf("%d, ", hoge[i][j]);
        }
        putchar('\n');
    }
}

int main(void)
{
    int hoge[][3] = {
        {1, 2, 3},
        {4, 5, 6},
        {7, 8, 9},
        {10, 11, 12},
```

```
22        };
23
24        func(4, 3, hoge);
25
26        return 0;
27  }
```

第3章の「3-5-2 関数の仮引数の宣言（C99版）」にも書きましたが、以下の3つはすべて同じ意味です。

```
/* 本来は、こういう意味 */
void func(int size1, int size2, int (*hoge)[size2]);
```

```
/* 関数定義の仮引数では、配列はポインタに読み替えられる */
void func(int size1, int size2, int hoge[][size2]);
```

```
/* 要素数を書いても無視される */
void func(int size1, int size2, int hoge[size1][size2]);
```

──── p.232にも書いたように、私は「関数の仮引数の宣言においてのみ、配列の宣言がポインタの宣言に読み替えられるというシンタックスシュガーは、Cをわかりやすくするよりも、むしろ混乱を助長している」と考える立場です。なので、本来であれば上記の最初の書き方で書きたいところなのですが、さすがにこのケースでは、3番目の例が、意図をよく表していてわかりやすいかなあ、と思います……

なお、これも第3章で書きましたが、引数の順番において配列のサイズを配列より後ろにしたければ、プロトタイプ宣言を以下のように書きます。

```
void func(int hoge[*][*], int size1, int size2);
```

このように書けるのはプロトタイプ宣言のみで、関数定義では以下のように書くことに注意してください。

```
void func(int hoge[size1][size2], int size1, int size2)
{
     ⋮
```

4-2-7 縦横可変の2次元配列をmalloc()で確保する（C99）

　C99の可変長配列（VLA）は、自動変数でしか使えません。しかし実際に可変長の配列を使いたいときというのは、自動変数のように関数が終わると解放されてしまうのではなくて、もっと長期間保持したいのが大半です。たとえば「テキストエディタを作っている。1行分の文字列を保持したい」という場合、1行の長さは予測できませんが、ではそこにC99のVLAが使えるかといえば使えないわけです。テキストエディタの1行は、関数が終わっても保持し続けなければいけませんから。

　「じゃあVLAなんか使えないじゃん！」といいたくなるところですが（実は私も少なからずそういいたくなるのですが）、そうとばかりもいえません。VLAの構文は、malloc()でヒープに確保する場合も利用できるからです。

　たとえばオセロでも囲碁でもマインスイーパーでもいいのですが、何らかのゲームの「盤面」を2次元配列で確保するとします。オセロの盤面は普通8×8ですが、もっと広い盤面も選択できるようにしてもよいでしょう。そういう場合は、縦横が可変長の2次元配列が欲しくなります。

　そして、盤面はゲームが終わるまで継続して保持しなければなりませんから、たいていは`malloc()`で確保することでしょう。

　たとえば盤面の1つのマスを`int`型で表現するとして、C99なら、以下のように書けば、size × sizeの2次元配列を確保できます。

```c
int (*board)[size] = malloc(sizeof(int) * size * size);
```

　もちろん、盤面の各マスは、`board[i][j]`のようにしてアクセス可能です。

　この機能を使用したサンプルプログラムをList 4-17に掲載します。このプログラムでは、キーボードから入力したサイズで縦横同サイズの2次元配列を確保し、それに適当に値を代入してから表示しています。

List 4-17 board.c

```c
1  #include <stdio.h>
2  #include <stdlib.h>
3
4  int main(void)
5  {
6      int size;
```

```c
7
8      printf("board size?");
9      scanf("%d", &size);
10
11     /* size × sizeの2次元配列を確保 */
12     int (*board)[size] = malloc(sizeof(int) * size * size);
13
14     /* 2次元配列に適当に値を代入する */
15     for (int i = 0; i < size; i++) {
16         for (int j = 0; j < size; j++) {
17             board[i][j] = i * size + j;
18         }
19     }
20
21     /* 代入した値を表示 */
22     for (int i = 0; i < size; i++) {
23         for (int j = 0; j < size; j++) {
24             printf("%2d, ", board[i][j]);
25         }
26         printf("¥n");
27     }
28 }
```

Cの多次元配列は「行優先」だ

　List 4-17では、2次元配列boardをboard[i][j]のようにしてアクセスしましたが、こういう2次元配列は、横方向を「X座標」、縦方向を「Y座標」として考えたいことが多いでしょう。つまりboard[x][y]のようにしてアクセスするわけです。

　そして、そのような2次元配列をアクセスする際、「X座標を頻繁に動かす」ようなアクセスをついついしたくなります。したくなる、というより、この2次元配列がたとえば（横書きの）テキストエディタの仮想画面なら、必然的にそうなります。

　しかし、Cの2次元配列のメモリ配置では、board[x][y]とboard[x + 1][y]は連続して配置されていません。連続して配置されているのは、board[x][y]とboard[x][y + 1]です。これはCの2次元配列が「配列の配列」であることから明らかでしょう。そして、メモリ上で離れた場所に頻繁にアクセスすることは、キャッシュを無効化してしまい、性能に悪影響をおよぼ

すことがあります。

そのような場合は、あまり直感的ではないかもしれませんが、board[y][x]という順に書く、という方法もあります。

Cのように、多次元配列の最後の添字を動かすことで連続したメモリにアクセスできるメモリ配置を**行優先**（Row-major）、逆のものを**列優先**（Column-major）と呼びます。FORTRANの多次元配列はColumn-majorで配置されます。

ANSI Cで縦横可変の2次元配列を実現する

「4-2-7　縦横可変の2次元配列をmalloc()で確保する（C99）」で書いたように、C99であれば、縦横可変の2次元配列をmalloc()で確保し、array[i][j]のような形で参照できます。では、C99以前のANSI Cで同じようなことは実現できるでしょうか。

「4-2-2　動的配列の動的配列」のテクニックを使えば、Fig. 4-5のような形で「縦横可変の2次元配列」に見えるものを作ることは可能ではあります。

Fig. 4-5
縦横可変の2次元配列
（もどき）

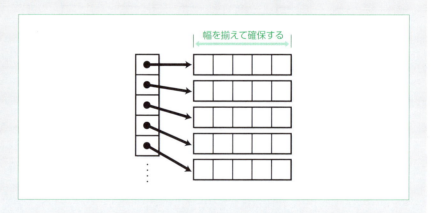

ただし、この方法は、malloc()の呼び出し回数が多いので、速度とメモリの両面であまり好ましくないでしょう。また、たくさんmalloc()するとfree()するのが面倒くさいという問題もあります。

そこで、malloc()の呼び出しは2回に抑えて、Fig. 4-6のようにポインタを張るという方法もあります。

Fig. 4-6
縦横可変の2次元配列
（もどき）その2

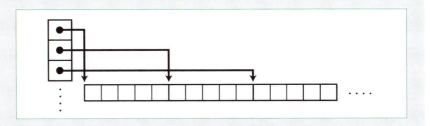

　もちろん、Fig. 4-5、Fig. 4-6ともに、内容を参照するときには、array[i][j]のように書くことができます。
　しかし、現実には、array[i][j]という書き方にこだわって上記のような方法を採るよりも、単純に1次元の配列を動的に確保して、array[i * width + j]のように書くのが、結局一番楽なような気がします。

補足 Note JavaやC#の多次元配列

　p.239の補足「他言語の配列」に書いたとおり、いまどきの言語の多くは、配列はヒープに確保し、参照（要するにポインタ）を経由して扱います。
　よって、2次元配列を「配列の配列」で実現する言語では、それは「配列への参照（ポインタ）の配列」になります。たとえばJavaで「2次元ポリライン（折れ線）」を、2次元配列を使用して確保したいと思ったら、以下のように書きます。

```
// nPointsは座標の数
double[][] polyline = new double[nPoints][2];
```

　これのメモリ上の配置は、Fig. 4-7のようになります。

Fig. 4-7
Javaでのポリラインの
2次元配列版

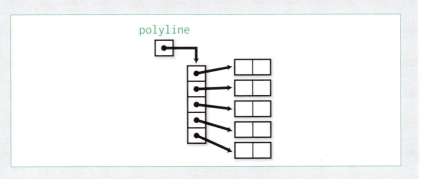

> polyline[0]をpolyline[1]に代入したり、polyline[0]にnullを代入したりすることもできます。
>
> これだと、プログラムが2次元配列を使いたかったのか、Fig. 4-3のような、要素ごとに長さが違っていてもよい配列（**ジャグ配列**と呼びます）を使いたかったのかが不明確になりますし、性能上も好ましくありません。
>
> そこでC#では、Java同様の「配列の配列」とは別に「多次元配列」も用意しています。C#で多次元配列を確保するには、以下のように書きます。
>
> ```
> // nPointsは座標の数
> double[,] polyline = new double[nPoints, 2];
> ```

4-2-8 配列の動的配列

たとえば、ドローツール（お絵描きソフト）を作っているとして、2次元のポリライン（折れ線）を表現することを考えます。

ポリラインは「点」の動的配列で表現することができます。そして「点」は、X座標とY座標から構成されますから「doubleの配列（要素数2）」で表現できます。

よって、ポリラインは、

> doubleの配列（要素数2）の動的配列

だということになります。「型Tの動的配列」は「型Tへのポインタ」で実現できますから＊、上記は、

＊ただし要素数は別途保持すること。

> doubleの配列（要素数2）へのポインタ

だということになりますね。

よって、ポリラインの領域を取得する際は、以下のように書けばよいことになります。

```
double (*polyline)[2];   ← polylineは、doubleの配列（要素数2）へのポインタ

/* npointsは、ポリラインを構成する座標の数 */
polyline = malloc(sizeof(double[2]) * npoints);
```

ちょっとわかりにくいと思うなら、以下のように「doubleの配列（要素数2）」の部分をtypedefするという手があります。

```
typedef double Point[2];
```

その場合、polylineの宣言と、領域の確保は、以下のように書き換えられます。

```
Point *polyline;    ← polylineは、Pointへのポインタ
polyline = malloc(sizeof(Point) * npoints);
```

だいぶすっきりしましたね。
どちらの方法を使うにせよ、i番目の点のX座標が欲しければ、

```
polyline[i][0]
```

Y座標が欲しければ、

```
polyline[i][1]
```

と書くことで、取得できます。
——が、本書では、こういう書き方はお勧めしません。その理由はこの続きで説明します。

4-2-9 変に凝る前に、構造体の使用を考えよう

「4-2-8 配列の動的配列」では、ポリラインを表現するのに「配列へのポインタ」を使いました。
その場合、ポリラインが5本あったら、どんな形で管理するのがよいでしょう？
「ポリライン」は「doubleの配列（要素数2）へのポインタ」（要素数は別途管理）です。よって「ポリラインの配列（要素数5）」なら「doubleの配列（要素数2）へのポインタの配列（要素数5）」ということになり、宣言は以下のようになります。

```
double (*polylines[5])[2];
```

第4章 定石集——配列とポインタのよくある使い方

本書をここまで読んだ方なら、この程度の宣言は、その気になれば読めるでしょう。しかし、これが「読みやすい」かどうか、となると、首をひねる方が多いのではないでしょうか。

また、この方法では、要素数（ポリラインごとの座標の数）も5本分必要ですから、以下の配列をペアにして宣言する必要があります。

```
int npoints[5];
```

5本ではなく、任意の数の「ポリライン」を引数として受け取る関数のプロトタイプなら、こんな感じになるはずです。

```
func(int polyline_num, double (**polylines)[2], int *npoints);
```

これは、以下のようにPoint型をtypedefしてあれば、

```
typedef double Point[2];
```

こう書けます。

```
func(int polyline_num, Point **polylines, int *npoints);
```

ついでに、

```
typedef Point *Polyline;
```

という宣言もしてあるのなら、

```
func(int polyline_num, Polyline *polylines, int *npoints);
```

と書くことができます。

でも、たとえtypedefでかなり簡素化できるとはいっても、わかりにくいことに変わりはないですよね。

特に気に入らないのは、**配列の要素数を別に管理しなければならない**ということです。

いっそ、Pointは、以下のように構造体で定義してしまって、

```
typedef struct {
    double x;
    double y;
} Point;
```

Polylineは、以下のように定義してしまえば、

```
typedef struct {
    int npoints;
    Point *point;
} Polyline;
```

npointsとpointがまとめて管理できてすっきりしますし「X座標が[0]でY座標が[1]」などという妙な「約束ごと」を作らなくて済みます。

ただし、CADなどで、図形に対して行列を掛けて座標変換を行う場合などもあって、そういうときにX座標、Y座標がx, yという構造体メンバになっていると、ループで回せなくて困る、という場合もあります。そんなときには、以下のように書くという手も考えられます。

```
typedef struct {
    double coordinate[2];
} Point;
```

2Dのドローツール程度なら、x,yをメンバにした構造体で十分でしょうけど。

4-2-10 可変長構造体（ANSI C版）

「4-2-9 変に凝る前に、構造体の使用を考えよう」では、ポリライン（折れ線）を以下のように定義しました。

```
typedef struct {
    int npoints;
    Point *point;
} Polyline;
```

このPolyline型自体をmalloc()で動的に確保する場合、malloc()を2回呼んで、ヒープ上に領域を2つ確保することになります（Fig. 4-8参照）。

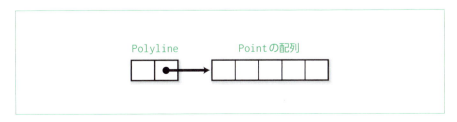

Fig. 4-8
Polylineの実現方法
（その1）

これはこれで十分正しいわけですが、通常、malloc()は領域ごとにいくらかの管理領域を必要としますし、フラグメンテーションの問題もあります（第2章を参照のこと）。そこで、Polyline型を以下のように宣言しておいて、

```
typedef struct {
    int npoints;
    Point point[1];
} Polyline;
```

以下のように領域を確保する、という手法があります。

```
Polyline *polyline;
polyline = malloc(sizeof(Polyline) + sizeof(Point) * (npoints-1));
```
npointsは、点の数 ↑

こう書いて、polyline->point[3]のように参照した場合、Polyline型のpointメンバは要素数1の配列ですから、配列の範囲を超えた参照になるわけですが、どうせたいていのCの処理系では**配列の範囲チェックなんてやってない**ですし、Polylineの後ろには、ちゃんと必要なだけの領域がmalloc()で確保されています（Fig. 4-9参照）。

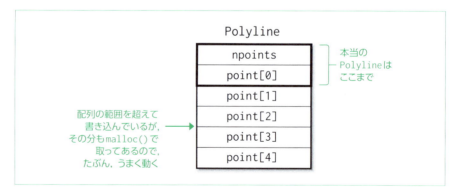

Fig. 4-9
Polylineの実現方法
（その2）

このように書けば、構造体の最後のメンバに限り、ポインタを介さずに、直接、可変長の配列を格納することができます。このテクニックを、構造体自体の長さが可変（のような気がする）という意味で「**可変長構造体**」と呼ぶことにしましょう（あまり一般的な呼称ではないようですが）。

なお、Polyline型のメンバpointを、point[0]のように宣言できれば、malloc()するときにnpoints -1のように調整する必要がなくなるわけですが、Cでは、配列の要素数はゼロより大きくなければならないと定めています。要素数ゼロで宣言できる処理系もありますが（gccなど）、それはあくまで独自仕様で

す。

　ただし、可変長構造体のテクニックは、いつも有用とは限りません。たとえば、あるPolylineについて座標の数を増やしたい、という場合、Pointの配列を別に確保していれば、Pointの配列だけをrealloc()して繋ぎ直せば済みますが、可変長構造体にしてしまうと、Polylineごとrealloc()することになります。そうなると、Polyline自体のアドレスが変わってしまう可能性が高いので、もし、そのPolylineへのポインタを保持しているポインタ変数がたくさんあったとしたら、それら全部を更新しなければなりません。これはたいへんです。

　むしろ、このテクニックは、構造体をまるごとファイルに格納したり、プロセス間通信やネットワークを経由して別のプログラムに渡したりするときに効果を発揮します*。fwrite()などで構造体をダンプするとき、ポインタの指す先までは出力してくれませんが、可変長構造体にしておけば、領域自体が1つしかないので簡単にデータ全体をダンプできます。また、読み込むときも、fread()などでまとめて読み込めば、全体が復元できます。

　ただし、いずれにしても、このテクニックは、ANSI Cの文法からすれば、**反則技**に属します。規格では、配列の範囲を超えたアクセスは保証されていないからです。

　とはいえ、この手法はたいていの環境で使えますから、これが有効に使える局面で、わざわざ避ける必要はないだろうと思います。「規格厳密合致プログラム」（strictly conforming program）を書くことに、それほど意味があるとは思えませんから。

*もちろん、「2-8 バイトオーダー」で説明したように、構造体をまるごとファイルに格納したりネットワークに流したりすること自体に問題があるわけですが、同一マシン上での一時ファイルによる情報の受け渡しや、同一マシン上でのプロセス間通信など、この技を使ってもかまわないと思える局面もあるものです。

> **補足 Note　可変長構造体確保時のサイズ指定について**
>
> 　可変長構造体の領域をmalloc()で確保するとき、p.272では以下のように書きました。
>
> ```
> Polyline *polyline;
> polyline = malloc(sizeof(Polyline) + sizeof(Point) * (npoints-1));
> ```
> 　　　　　　　　　　　　　　　　　　npointsは、点の数 ↑
>
> 　ただ、構造体は、末尾にもパディングが入ることがあるので、この方法だとそのような場合は多少メモリが無駄になります。たとえば、doubleが8バイト単位でしか配置できない環境では、以下のような構造体のサイズは16になるこ

とでしょう。そうしないと、`Struct`の配列のサイズが、`sizeof(Struct)` ×
要素数にならないからです。

```
typedef struct {
    double d;
    char   c_array[1];
} Struct;
```

この構造体で、末尾の`c_array`を可変長にする場合に以下のように書くと、
パディング分の7バイトが無駄になります。

```
p = malloc(sizeof(Struct) + size - 1);
```

その程度のことなら気にしない、という考え方もあるでしょう。実際私も気にしませんが、気になるのであれば、以下のように書くという方法があります。`offsetof()`は、stddef.hで定義されているマクロで、構造体メンバが構造体の中で何バイト目に位置するかを返します。

```
p = malloc(offsetof(Struct, c_array) + size);
```

4-2-11 フレキシブル配列メンバ（C99）

ANSI Cにおいて、可変長構造体のテクニックは一応反則技でしたが、C99では、**フレキシブル配列メンバ**として正式に言語仕様に採用されました。

これを使うと、ポリラインの構造体は以下のように宣言できます。

```
typedef struct {
    int npoints;
    Point point[];  // 要素数が入っていないことに注目
} Polyline;
```

実際に領域を確保する際は、以下のように書きます。

```
Polyline *polyline;
polyline = malloc(sizeof(Polyline) + sizeof(Point) * npoints);
                                          npointsは、点の数 ↑
```

ANSI Cで無理やり可変長構造体を実現したときとは異なり、npoints - 1のように1を引く必要はありません。

また、フレキシブル配列メンバを持つ構造体にsizeof演算子を適用したときの結果は、「フレキシブル配列メンバを未規定の長さの配列に置き換えて、それ以外は元のままとした構造体の最後のメンバのオフセットに等しいとする」とされているので（6.7.2.1）、構造体の末尾にパディングが入ることもありません。

ポインタは、配列の最後の要素の次の要素まで向けられる

何度か書いていますが、Cでは、配列の範囲を超えたアクセスは基本的に認められていません。可変長構造体のテクニックも厳密にいえば規格違反ですし、p.55に「注意！」として書いたとおり、ポインタ演算でポインタを配列の範囲外に向けることは、そのポインタ経由でアクセスするかどうかに関係なく、規格違反です。

ただし、規格は、配列の「最後の要素の次の要素」を指すポインタだけは、存在を認めています。

その理由として、ANSI C Rationaleには、以下のような例が載っています。

```
SOMETYPE array[SPAN];
/* ... */
for (p = &array[0]; p < &array[SPAN]; p++)
```

これは、ループカウンタを使わずに、ポインタを使用して配列arrayの各要素についてぐるぐる回るループです。

そして、このループが終了した時点で、pはどこを指しているかといえば…… &array[SPAN]、つまり、arrayの最後の要素を1つ超えたところ、ということになります。

こういった過去のコードを救済するために、規格では、配列の「最後の要素の次の要素」までは、ポインタを向けてもよいことになっているのです。

ところで、本書の提案は「ポインタ演算なんかやめてしまって、添字でアクセスするようにしよう」ということでした。

昔っからみんなそうしていれば、こんな**妙な**例外規則は、入れなくてもよかったわけなんですが＊。

＊まあ、昔は、ポインタ演算を使ったほうが効率がよいコードが書けるという事情があったわけですけど。

第5章

データ構造
──ポインタの真の使い方

第5章 データ構造──ポインタの真の使い方

5-1 ケーススタディ1：単語の使用頻度を数える

第4章までは、主に、Cにおける「宣言の読み方」と「配列とポインタの微妙な関係」について説明してきました。

このへんの話はCに特有のものであり、そのために、Cでは「ポインタは難しい」といわれることが多いのだと思います。

しかし、一般にポインタといえば、連結リストや木構造といった「データ構造」を構築するために必須の概念です＊。ですから、ある程度以上本格的なプログラミング言語であれば、まず間違いなくポインタは存在します。本章では、より一般的なデータ構造を構築するほうの意味でのポインタの使い方について説明していきます。

＊連結リスト程度なら、コレクションライブラリが充実していれば、あまりポインタを意識せずに使うこともできますが。

5-1-1 例題の仕様について

ポインタの使い方を説明するための例題として、ここでは、「単語の出現頻度を求める」プログラムを考えます。

このプログラムの名前は、word_countとします。

```
> word_count ファイル名
```

のように、コマンド行引数として英文のテキストファイルのファイル名を与えて起動すると、そのファイルに含まれる英単語をアルファベット順にソートし、各単語の出現回数を付けて、標準出力に出力します。

引数を省略した場合は、標準入力からの入力を処理するようにしましょう。

各種言語における「ポインタ」の呼び方

　何度も書いているように、ポインタがなければ本格的なデータ構造は構築できないので、ある程度本格的なプログラミング言語なら、まず間違いなくポインタは存在します。かつては「Javaにはポインタがない」という**悪質なデマ**もありましたが*、もちろんJavaにもポインタはあります。ただJavaは、それを「参照」と呼んでいるだけのことです。Javaは、配列とオブジェクトはポインタ経由でしか扱えない言語なのであって、Cなんぞよりもずっとポインタを強く意識しなければやってられない言語です。

＊いま、そんなことをいっている人は、さすがにもういませんよね？

　ただし、Javaの参照は、Cのポインタと違って、ポインタ演算やら配列との妙な交換性やらはありませんし、変数へのポインタを取得することもできませんが、それをもって「Javaにはポインタがない」と主張するのなら、Pascalにもポインタはないことになってしまいます。

　言語によって、「ポインタ相当品」の呼び方はいろいろあり、Javaのほか、Lisp、Smalltalk、Perl（Ver.5以降）、Ruby、Python等では、ポインタ相当品を「参照」と呼ぶようです。

　PascalやModula2/3では、Cと同様、ポインタと呼びます。

　Adaでは「アクセス型」と呼びます。このセンスはよくわかりません。

　厄介なのがC++で、「ポインタ」と「参照」が、文法上別のものとして存在しています。

　C++では、「ポインタ」は、CやPascalにおける「ポインタ」やJava等における「参照」と同義です。そして、C++における「参照」は、Java等の「参照」とは別物で、本来「別名」（alias）とでも呼ぶべきものです。別名だからこそ、一度「何の別名であるか」を決めたら、二度と変更できないわけです。

　名前が同じだからといって、C++の「参照」を他の言語の「参照」と混同すると、混乱するので注意してください。

補足 参照渡し

「参照」という言葉にまつわる話題としてもうひとつ。

Cでは関数に引数を渡す際に使えるのは「値渡し」のみであり、「参照渡し」の機能はありません。

Cに限らず、いまどきのたいていのプログラミング言語では、少なくともデフォルトは値渡しです。C++やC#には参照渡しの機能がありますが、これはオプションであり、C++なら&、C#ならrefといった特別な指定をしなければなりません。

にも関わらず、どうもネット上では、「Cでは配列は参照渡しだ」とか、「Javaでは配列とオブジェクトは参照渡しだ」とか、「Pythonの引数はすべて参照渡しだ」とかいったわけのわからない説明が横行しています。はっきりさせましょう。それらの説明は間違っています。

参照渡し（call by reference）とは、呼び出され側で引数に与えた変更が、そのまま呼び出し側の変数に反映される引数の渡し方のことです。C++で参照渡しを使った例をList 5-1に挙げておきます。

List 5-1
callbyreference.cpp

```cpp
#include <cstdio>

void swap(int &a, int &b)
{
    int temp;

    temp = a;
    a = b;
    b = temp;
}

int main(void)
{
    int a = 10;
    int b = 20;

    swap(a, b);

    printf("a..%d, b..%d¥n", a, b);
}
```

List 5-1は、2つの変数の値をひっくり返すswap()関数の実装です。main()関数のローカル変数a, bの値が、swap()を呼び出すことで変更されていることがわかります。

　「だったらJavaの配列も参照渡しじゃないか」といい出す人がいるかもしれませんが、違います。Javaの配列でswap()関数を作ってみましたが（List 5-2参照）、実行結果を見ればわかるように、aとbは入れ替えられていません。

List 5-2
JavaSwap.java

```java
 1  import java.util.Arrays;
 2
 3  class JavaSwap {
 4      public static void main(String[] args) {
 5          int[] a = new int[] {1, 2};
 6          int[] b = new int[] {3, 4};
 7
 8          System.out.println("a.." + Arrays.toString(a)
 9                          + ", b.." + Arrays.toString(b));
10          swap(a, b);
11          System.out.println("a.." + Arrays.toString(a)
12                          + ", b.." + Arrays.toString(b));
13      }
14
15      private static void swap(int[] a, int[] b) {
16          int[] temp;
17
18          temp = a;
19          a = b;
20          b = temp;
21      }
22  }
```

実行結果：

```
>java JavaSwap
a..[1, 2], b..[3, 4]
a..[1, 2], b..[3, 4]  ← swap()を呼んでも何も変わらない。
```

　Javaの配列は参照型なので、aやbの**指す先の配列**を書き換えることで、呼び出し元から渡された配列の中身を書き換えることはできるでしょう。しかし、引数として指定されたaやbを書き換えることはできないので、こういうものを参照渡しとは呼びません。

　Javaでの配列型の変数の受け渡しを図解するとFig.5-1のようになります。

第 5 章 データ構造——ポインタの真の使い方

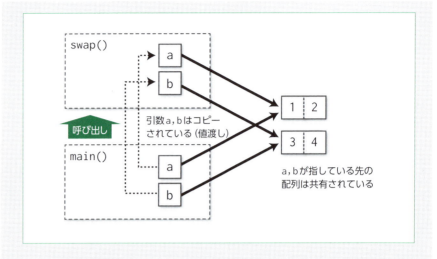

Fig. 5-1 Javaでの配列の受け渡し

　List 5-2で引数a, bをひっくり返しても呼び出し元に影響を与えなかったのは、Javaの配列でも、(Cや、Javaのプリミティブ型と同じく)引数はコピーが渡されているからです。つまり単なる値渡しです。ただ、値渡しされているものが参照(Cでいうポインタ)なので、呼び出され側で、その指す先のものを書き換えることはできます。

　これを「参照の値渡し」と呼ぶことはありますが、渡されているものが参照であるだけで、やっていることはあくまで値渡しです。「参照を渡しているんだからこれを参照渡しと呼べばいいじゃん」という**無茶な主張**を見たこともありますが、**技術用語というものはそういうものではありません**。語感だけで勝手に定義を変えてしまっては、コミュニケーションが不可能になってしまいます*。

*とはいえ「参照渡し」という言葉は、もとは、たとえばPascalでいうところの「変数引数」の実装手段でしかなかったと思うので、この言葉が引数の渡し方を示す言葉として使われているのは確かに不幸かとは思います。

5-1-2 設計

　大規模なプログラムを開発する際には、プログラムをいくつかの機能単位(モジュール)に分けることが非常に重要になってきます。今回のプログラムはきわめて小規模なものですが、練習の意味で、意識してモジュール分割をしてみましょう。

word_countでは、プログラム全体をFig. 5-2のように分割するとします。

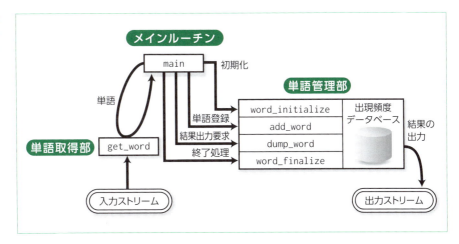

Fig. 5-2
word_countの
モジュール構造

1. **単語取得部**

　　入力ストリーム（ファイルなど）から、単語を1つずつ取得する。

2. **単語管理部**

　　単語を管理する。最終的な出力機能も、ここに持たせることにする。

3. **メインルーチン**

　　上記2つのモジュールを統轄する。

「単語取得部」は、「1-4-6　関数の引数として配列を渡す（つもり）」で実装を書いています。これをそっくり流用するとしましょう*。

このget_word()は、単語の文字数について呼び出し側が制限を与えるような形式になっています。この制限がどうしても許せないケースもあるでしょうが*、ここではあまり気にしないことにします。一時バッファを1024文字も取っておけば十分でしょう。

「英単語」の定義も、厳密に考えると切りがないので、すでに作成してあるget_word()の仕様に合わせて「Cのisalnum()マクロ（ctype.h）で真を返す文字が連続したものを単語と考える」ということにしてしまいます。

「単語取得部」は、他の部分に対するインタフェースとして、get_word.h（List 5-3参照）を提供します。「単語取得部」の利用者は、これを#includeすればいいわけです。

＊なんて計画的な構成の本なんだろう（笑）

＊そういう場合は、「4-2-4　引数経由でポインタを返してもらう」で紹介したような方法を採ればよいでしょう。

List 5-3
get_word.h

```
1  #ifndef GET_WORD_H_INCLUDED
2  #define GET_WORD_H_INCLUDED
3  #include <stdio.h>
4
5  int get_word(char *buf, int size, FILE *stream);
6
7  #endif /* GET_WORD_H_INCLUDED */
```

今回の主題となるのは「単語管理部」です。

「単語管理部」は、以下の4つの関数を、インタフェースとして外部に提供することとします。

1. 初期化

void word_initialize(void);

「単語管理部」を初期化する。「単語管理部」を使う側は、必ず最初にword_initialize()を呼び出さなくてはならない。

2. 単語の追加

void add_word(char *word);

「単語管理部」に対して、単語を追加する。

add_word()は、渡された文字列の分の領域を動的に確保し、そこに文字列を格納する。

3. 単語の出現頻度の出力

void dump_word(FILE *fp);

add_word()で登録された単語をアルファベット順にソートし、各単語の出現回数（add_word()を呼んだ回数）を付けて、fpで指定されたストリームに出力する。

4. 終了処理

void word_finalize(void);

「単語管理部」を終了する。「単語管理部」を使い終わったら、最後にword_finalize()を呼び出すべきである。

word_finalize()を呼び出した後、word_initialize()を呼び出すと「単語管理部」をまた最初から（過去登録した単語がクリアされた状態で）使うことができる。

これをヘッダファイルの形にすると、List 5-4になります。

List 5-4 word_manage.h

```c
#ifndef WORD_MANAGE_H_INCLUDED
#define WORD_MANAGE_H_INCLUDED
#include <stdio.h>

void word_initialize(void);
void add_word(char *word);
void dump_word(FILE *fp);
void word_finalize(void);

#endif /* WORD_MANAGE_H_INCLUDED */
```

「メインルーチン」は、入力に対してget_word()をガンガン呼び、右から左にadd_word()して最後にdump_word()を呼べばよいことになります。実装例をList 5-5に挙げておきます。

List 5-5 main.c

```c
#include <stdio.h>
#include <stdlib.h>
#include "get_word.h"
#include "word_manage.h"

#define WORD_LEN_MAX (1024)

int main(int argc, char **argv)
{
    char        buf[WORD_LEN_MAX];
    FILE        *fp;

    if (argc == 1) {
        fp = stdin;
    } else {
        fp = fopen(argv[1], "r");
        if (fp == NULL) {
            fprintf(stderr, "%s:%s can not open.\n", argv[0], argv[1]);
            exit(1);
        }
    }

    /* 「単語管理部」を初期化する */
    word_initialize();

    /* ファイルを読み込みながら、単語を登録する */
    while (get_word(buf, WORD_LEN_MAX, fp) != EOF) {
        add_word(buf);
    }
```

```
30      /* 単語の出現頻度を出力する */
31      dump_word(stdout);
32
33      /*「単語管理部」の終了処理 */
34      word_finalize();
35
36      return 0;
37 }
```

　List 5-5では、WORD_LEN_MAXを少々大きめに取ってありますが、これはあくまで一時バッファです。add_word()は、自力で必要なだけの領域を確保し、そこに文字列をコピーする（と仕様に書いてある）ので、さほど領域を無駄にするわけではありません。

　なお、サンプルプログラムを簡単にするため、本章のプログラムではすべてmalloc()の戻り値チェックを省略しています。

ヘッダファイルの書き方について

　ヘッダファイルを書く際には、**必ず**守るべき原則が2つあります。

1. すべてのヘッダファイルには、二重#include防止用のガードをかけること。
2. すべてのヘッダファイルは、単体で#includeできるようにすること。

　「二重#include防止用のガード」というのは、たとえばword_manage.h（List 5-4参照）にも書いてある、こんな奴です。

```
#ifndef WORD_MANAGE_H_INCLUDED
#define WORD_MANAGE_H_INCLUDED
      ⋮
#endif /* WORD_MANAGE_H_INCLUDED */
```

　こうしておけば、このヘッダファイルが複数回#includeされた場合は内容すべてが消えてなくなりますから、二重定義のエラーを起こさないようにできます。

　2つ目の規則は、あるヘッダファイル（a.hとします）で、別のヘッダファイル（b.h）を必要としている（b.hで定義している型やらマクロやらをa.hで使

用している）のなら、a.hの冒頭でb.hを`#include`してしまえ、ということです。たとえば、word_manage.hでは、`FILE`構造体を使っていますので、word_manage.hの中でstdio.hを`#include`しています。

世間には`#include`のネストを嫌う人がちょくちょくいるようなんですが[*]、a.hでb.hを必要としている場合、`#include`のネストをしなければ、a.hを使う**すべての**箇所で、

```
#include "b.h"
#include "a.h"
```

と書かなければなりません。こんなアホな話はないです。面倒くさいこともさることながら、将来の変更でa.hがb.hに依存しなくなったあとも、たぶんこの2行は永久に残ることになるのでしょう。また、こんなことをしていると、現場のプログラマーは、

> どれがどれに依存しているかなんてさっぱりわからないから、とりあえず、既存の、すでにコンパイルの通っている.cファイルから、冒頭の`#include`の部分をそっくりコピーしよう。

と考えるものです。こうして、本当は必要ないヘッダファイルがじゃんじゃん無駄に`#include`されることになるのです。

Makefile（を手で書くとして）の依存関係は、いまどきツール（gccの`-MM`オプション等）で自動生成するでしょうから、ヘッダファイルをネストしたからといって困ることはありません。

ヘッダファイルには、もう1つ、「パブリックとプライベートに分けるべし」という原則もあるのですが、それについては後述します。

> [*] 古典的なCのスタイルガイドである『Indian Hillスタイルガイド』（https://www.gfd-dennou.org/arch/comptech/cstyle/cstyle-ja.htm参照）でも「`#include`のネストはするな」という意味のことが書いてあったりします。しかし、Cの処理系に付属するヘッダファイルや、広く使われているフリーソフトなどでも、ヘッダファイルはたいていネストしています。

Point

ヘッダファイルを書く際に必ず守るべきこと：
1. すべてのヘッダファイルには、二重`#include`防止用のガードをかけること。
2. すべてのヘッダファイルは、単体で`#include`できるようにすること。

5-1-3 配列版

word_countの「単語管理部」のデータ構造として、まずは配列を使う方法を検討します。

配列で単語を管理する場合、以下のような方法が考えられます。

1. 単語とその出現回数をまとめて構造体にする。
2. この構造体を配列にして、各単語の出現頻度を管理する。
3. 単語の追加と結果出力を簡単にするため、配列はつねに単語のアルファベット順にソートした形で管理する。

この方針に基づいて書いたヘッダファイルが、word_manage_p.h（List 5-6参照）です。

List 5-6 word_manage_p.h（配列版）

```
1  #ifndef WORD_MANAGE_P_H_INCLUDED
2  #define WORD_MANAGE_P_H_INCLUDED
3  #include "word_manage.h"
4
5  typedef struct {
6      char        *name;
7      int         count;
8  } Word;
9
10 #define WORD_NUM_MAX    (10000)
11
12 extern Word     word_array[];
13 extern int      num_of_word;
14
15 #endif /* WORD_MANAGE_P_H_INCLUDED */
```

この配列に、新たに単語を登録する手順として、まず考えられるのは、以下のような方法です。

1. 配列を先頭から順に走査し、同じ単語が見つかれば、その単語の出現回数を1増やす。
2. 見つからずに、その単語よりも「大きい単語」（辞書順で後方に位置する単語）に至った場合には、その単語を、見つかった「大きい単語」の前に挿入する。

挿入の手順は、以下のようになります（Fig. 5-3参照）。

❶ 挿入箇所よりも後方の要素を、1つずつ後方に移動させる。
❷ 空いた場所に、新しい要素を格納する。

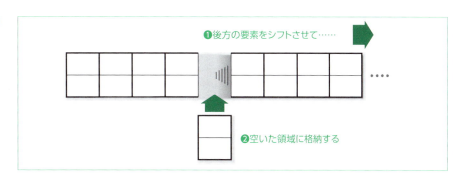

Fig. 5-3
配列への要素の挿入

ここで問題になるのは、配列では、挿入のたびに、後ろの要素をずらさなければならないということです。

また、配列は、最初に要素数が確定している必要があります。もちろん「4-1-3 動的配列——malloc()による可変長の配列」で説明したように、動的に配列の領域を割り当て、realloc()でニョキニョキ伸ばすという方法もあるのですが、あまり巨大な領域をrealloc()で頻繁に拡張するのは避けるべきです（「2-6-5 フラグメンテーション」を参照のこと）。

次の節で説明する「連結リスト」というデータ構造を用いると、これらの問題を回避することができます*。

配列版単語管理部のソースは、List 5-7、List 5-8、List 5-9、List 5-10に挙げておきます。

*とはいえ、配列にいいところがないわけではなくて、ソート済みの配列なら、検索がべらぼうに速い、という利点もあるわけですが、これについては「5-1-5 検索機能の追加」で説明します。

List 5-7
initialize.c（配列版）

```
 1  #include "word_manage_p.h"
 2
 3  Word    word_array[WORD_NUM_MAX];
 4  int     num_of_word;
 5
 6  /*************************************************************
 7   * 単語管理部を初期化する
 8   *************************************************************/
 9  void word_initialize(void)
10  {
11      num_of_word = 0;
12  }
```

第 5 章 データ構造――ポインタの真の使い方

List 5-8 add_word.c （配列版）

```c
1  #include <stdio.h>
2  #include <stdlib.h>
3  #include <string.h>
4  #include "word_manage_p.h"
5
6  /*
7   * indexより後方の要素（indexを含む）を1つずつ後方にシフトさせる。
8   */
9  static void shift_array(int index)
10 {
11     int src;     /* コピー元のインデックス */
12
13     for (src = num_of_word - 1; src >= index; src--) {
14         word_array[src+1] = word_array[src];
15     }
16     num_of_word++;
17 }
18
19 /*
20  * 文字列を複製する。
21  * 処理系によってはstrdup()という関数があるが、
22  * strdup()は規格にはないので、一応自作しておく。
23  */
24 static char *my_strdup(char *src)
25 {
26     char       *dest;
27
28     dest = malloc(sizeof(char) * (strlen(src) + 1));
29     strcpy(dest, src);
30
31     return dest;
32 }
33
34 /*************************************************************
35  * 単語を追加する
36  *************************************************************/
37 void add_word(char *word)
38 {
39     int i;
40     int result;
41
42     if (num_of_word >= WORD_NUM_MAX) {
43         /* 単語の数が配列の要素数を超えたら、異常終了 */
44         fprintf(stderr, "too many words.\n");
45         exit(1);
```

5-1 ケーススタディ1：単語の使用頻度を数える

```
46      }
47      for (i = 0; i < num_of_word; i++) {
48          result = strcmp(word_array[i].name, word);
49          if (result >= 0)
50              break;
51      }
52      if (num_of_word != 0 && result == 0) {
53          /* 同一の単語が見つかった */
54          word_array[i].count++;
55      } else {
56          shift_array(i);
57          word_array[i].name = my_strdup(word);
58          word_array[i].count = 1;
59      }
60  }
```

List 5-9 dump_word.c（配列版）

```
1   #include <stdio.h>
2   #include "word_manage_p.h"
3
4   /************************************************************
5    * 単語の一覧をダンプする
6    ************************************************************/
7   void dump_word(FILE *fp)
8   {
9       int         i;
10
11      for (i = 0; i < num_of_word; i++) {
12          fprintf(fp, "%-20s%5d\n",
13                  word_array[i].name, word_array[i].count);
14      }
15  }
```

List 5-10 finalize.c（配列版）

```
1   #include <stdlib.h>
2   #include "word_manage_p.h"
3
4   /************************************************************
5    * 単語管理部の終了処理を行う
6    ************************************************************/
7   void word_finalize(void)
8   {
9       int i;
10
11      /* 単語の分の領域を解放する */
12      for (i = 0; i < num_of_word; i++) {
```

```
13              free(word_array[i].name);
14          }
15
16      num_of_word = 0;
17  }
```

5-1-4 連結リスト版

前の節で、配列には以下の問題があるということを説明しました。

- 途中に挿入するときには、後ろの要素をすべて移動させなければならず、効率が悪い*。
- 最初に要素の最大数が決まっている必要がある。realloc()でニョキニョキ伸ばすという手はあるものの、巨大な領域では、それは避けたい。

*もちろん、削除するときも、そこを詰めようと思えば後ろの要素を移動させる必要があります。まあ、削除の場合には「削除フラグ」を立てておくという手もありますが、そういう手法は、やはり汚い手なので、避けられるなら避けたいところです。逃げられないこともあるにせよ。

連結リスト（linked list）と呼ばれるデータ構造を使えば、この問題を回避することができます。

連結リストは、ノード（節）と呼ばれる成分を、ポインタによって鎖状につないだものです（Fig. 5-4参照）。

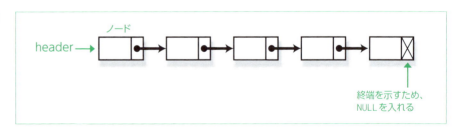

Fig. 5-4
連結リスト

連結リストにより単語を管理するためには、構造体Wordに、以下のように次の要素を指すポインタnextを加えます*。

*この宣言の書き方については、p.137も参照してください。

```
typedef struct Word_tag {
    char *name;
    int  count;
    struct Word_tag *next;
} Word;
```

そして、このnextで、次の要素を指すわけです。

連結リスト版のword_manage_p.hをList 5-11に挙げておきます。

List 5-11 word_manage_p.h（連結リスト版）

```
1  #ifndef WORD_MANAGE_P_H_INCLUDED
2  #define WORD_MANAGE_P_H_INCLUDED
3
4  #include "word_manage.h"
5
6  typedef struct Word_tag {
7      char                *name;
8      int                 count;
9      struct Word_tag     *next;
10 } Word;
11
12 extern Word *word_header;
13
14 #endif /* WORD_MANAGE_P_H_INCLUDED */
```

連結リストなら、メモリの続くかぎり、じゃんじゃんWordの領域を確保してリストを拡張していくことができます。配列をrealloc()で拡張していく場合と違って、連続した領域を必要としませんから、極端に効率が低下することもありません。

また、連結リストには挿入、削除が非常に楽だという利点もあります。配列の場合、要素を挿入する際には挿入箇所より後ろの要素を全部移動させる必要がありましたが、連結リストではポインタの張り替えだけで事が足ります。連結リストでは、要素がメモリ上で順番に並んでいる必要はないからです。

連結リストに対する基本操作には、以下のものが挙げられます。

1. 検索

連結リスト中から要素を検索する場合には、ポインタを順にたどります[*]。

```
/* headerが先頭の要素を押さえているとして */
for (pos = header; pos != NULL; pos = pos->next) {
    if (見つかった)
        break;
}
if (pos == NULL) {
    /* 見つからなかった場合の処理 */
} else {
    /* 見つかった場合の処理 */
}
```

*ここで、posというのはpositionの略です。

2. 挿入

ある要素へのポインタposがわかっているとき、その要素の次に要素new_itemを挿入するには、以下の操作を行います（Fig. 5-5参照）。

```
new_item->next = pos->next;
pos->next = new_item;
```

Fig. 5-5
連結リストへの追加

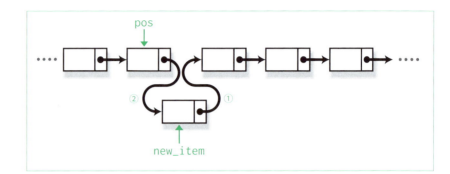

posが最後の要素の場合、ついつい場合分けしてしまいそうですが、この方法でちゃんと末尾に要素を追加できます。

今回の例のような「一方向」の連結リストでは、ある要素へのポインタがわかっているとき、その要素の前に要素を挿入することはできません。前の要素がたどれないからです*。

＊実は、「posの後ろに要素を追加し、中身だけひっくり返す」という技を使えば、見かけ上posの前に要素を追加することも可能だったりします。でも、Cではデータそのものにポインタを入れて連結リストを構築するのがふつうですし、その場合、「中身だけ」移動させると、その要素がどこかのポインタから指されていたときに困るので、やらないほうが無難という気がします。

3. 削除

ある要素へのポインタposがわかっているとき、その要素の次の要素を削除するには、以下の操作を行います（Fig. 5-6参照）。

```
temp = pos->next;
pos->next = pos->next->next;
free(temp);
```

Fig. 5-6
連結リストからの要素の削除

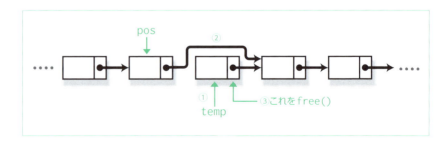

5-1 ケーススタディ1：単語の使用頻度を数える

一方向の連結リストでは、ある要素へのポインタだけがわかっているとき、その要素そのものを削除することはできません*。やはり、前の要素がたどれないからです。

連結リスト版単語管理部のソースは、List 5-12、List 5-13、List 5-14、List 5-15に挙げておきます。

* これも、「posの後ろの要素の内容をposにコピーし、posの後ろの要素を削除する」という技を使えば実は可能です。リストの最後の要素だけは削除できませんけど。

List 5-12
initialize.c
（連結リスト版）

```
1  #include "word_manage_p.h"
2
3  Word *word_header = NULL;
4
5  /***************************************************************
6   * 単語管理部を初期化する
7   ***************************************************************/
8  void word_initialize(void)
9  {
10     word_header = NULL;
11 }
```

List 5-13
add_word.c
（連結リスト版）

```
1  #include <stdio.h>
2  #include <stdlib.h>
3  #include <string.h>
4  #include "word_manage_p.h"
5
6  /*
7   * 文字列を複製する。
8   * 処理系によってはstrdup()という関数があるが、
9   * strdup()は規格にはないので、一応自作しておく。
10  */
11 static char *my_strdup(char *src)
12 {
13     char       *dest;
14
15     dest = malloc(sizeof(char) * (strlen(src) + 1));
16     strcpy(dest, src);
17
18     return dest;
19 }
20
21 /*
22  * 新しいWord構造体を生成する
23  */
24 static Word *create_word(char *name)
25 {
```

```
26      Word        *new_word;
27
28      new_word = malloc(sizeof(Word));
29
30      new_word->name = my_strdup(name);
31      new_word->count = 1;
32      new_word->next = NULL;
33
34      return new_word;
35  }
36
37  /*************************************************************
38   * 単語を追加する
39   *************************************************************/
40  void add_word(char *word)
41  {
42      Word        *pos;
43      Word        *prev;   /* posの後を1つ遅れて付いていくポインタ */
44      Word        *new_word;
45      int         result;
46
47      prev = NULL;
48      for (pos = word_header; pos != NULL; pos = pos->next) {
49          result = strcmp(pos->name, word);
50          if (result >= 0)
51              break;
52
53          prev = pos;
54      }
55      if (word_header != NULL && result == 0) {
56          /* 同一の単語が見つかった */
57          pos->count++;
58      } else {
59          new_word =  create_word(word);
60          if (prev == NULL) {
61              /* 冒頭に挿入 */
62              new_word->next = word_header;
63              word_header = new_word;
64          } else {
65              new_word->next = pos;
66              prev->next = new_word;
67          }
68      }
69  }
```

5-1 ケーススタディ1：単語の使用頻度を数える

List 5-14 dump_word.c （連結リスト版）

```c
#include <stdio.h>
#include "word_manage_p.h"

/************************************************************
 * 単語の一覧をダンプする
 ************************************************************/
void dump_word(FILE *fp)
{
    Word        *pos;

    for (pos = word_header; pos; pos = pos->next) {
        fprintf(fp, "%-20s%5d\n",
                pos->name, pos->count);
    }
}
```

List 5-15 finalize.c （連結リスト版）

```c
#include <stdlib.h>
#include "word_manage_p.h"

/************************************************************
 * 単語管理部の終了処理を行う
 ************************************************************/
void word_finalize(void)
{
    Word        *temp;

    /* 登録されている単語をすべてfree()する */
    while (word_header != NULL) {
        temp = word_header;
        word_header = word_header->next;

        free(temp->name);
        free(temp);
    }
}
```

　add_word()では、配列のときと同様、連結リストを頭から順に走査して「その単語よりも『大きい単語』(辞書順で後方に位置する単語)に至った場合には、その単語を、見つかった『大きい単語』の前に挿入する」という方針をとります。

　一方向の連結リストでは、その単語よりも「大きい単語」が見つかったとき、その前に挿入することはできませんから、サンプルプログラムでは、prevというポインタが、posより1つ遅れて追いかけてくるようにしてあります。

　word_finalize()では、連結リストの要素をすべてfree()しています。何を

しているかをひとことで表すと「連結リストの先頭から要素を1つずつ切り離し、それをfree()している」といえます。

こういう場合に、以下のようなコーディングをしてしまう人がちょくちょくいるわけなんですが、

```
Word *pos;
/* リストを先頭から順にたどり、free()する（つもり） */
for (pos = word_header; pos != NULL; pos = pos->next) {
    free(pos->name);
    free(pos);
}
```

このコーディングは**間違っています**。posをfree()してしまったら、もうpos->nextを見てはいけません。でも、こういうプログラムは、環境と状況によっては**動いてしまうこともある**ため、かえって厄介な話になっています（「2-6-4 free()したあと、その領域はどうなるのか？」を参照のこと）

ヘッダファイルのパブリックとプライベート

「単語の出現頻度問題」では「単語管理部」について「配列版」と「連結リスト版」の2つのプログラムを作成しました。

しかし「単語管理部」が、外部に公開しているヘッダファイルword_manage.hは、**1文字たりとも変わっていません**。よって「単語管理部」の実装方法を、配列から連結リストに変更しても、それを使う側（main.c）は、まったく修正する必要はないですし、再コンパイルの必要すらありません（再リンクするだけでよい）。

「単語管理部」では、外部に公開するヘッダファイルword_manage.hと「単語管理部」内で情報を共有するために使用するヘッダファイルword_manage_p.hを完全に分離しています。こうすることで「単語管理部」内部の実装をどんなに変更しても「使う側」に影響を与えないようにすることができます。

私は、外部に公開するヘッダファイルのことを「**パブリックヘッダファイル**」、内部で情報を共有するためのヘッダファイルのことを「**プライベートヘッダファイル**」と呼んでいます。

プライベートヘッダファイルは、内部でたいていパブリックヘッダファイル

で提供している型やらマクロやらを使用しますから、プライベートヘッダファイルは、多くの場合パブリックヘッダファイルを#includeすることになります。

　しかし、パブリックヘッダファイルは、直接にも間接にも**絶対に**プライベートヘッダファイルを#includeしてはいけません。たとえば会社で、社外に配布するパンフレットに書いてあるようなことを社内向けの文書に書くのは全然問題ないですが、社内向けの（社外秘の）文書に書いてあるようなことを社外向けのパンフレットに書いてはいけないのと同じことです。

　この方針を守れば、プライベートヘッダファイルに記述されている内容がそのモジュールの利用者まで漏洩することがないので、大規模なプログラムを、複数のチームで分割して開発することが可能になります。

　さらに、大規模プロジェクトなら、関数名、グローバル変数名、パブリックヘッダファイルに載せている型名、マクロ名については、名前のバッティングを避けるため「命名規則」を適用する必要があるでしょう*。今回の例では、そこまではやっていませんが。

＊ JavaやC#やC++のように名前空間を制御できる言語では、命名規則に頼る必要はない―かと思いきや、「List」ぐらい単純な名前だと衝突するし、JavaのSwingではやっぱり接頭辞にJを付けてたりで、なかなか難しいものです。

同時に複数のデータを扱えるようにするには

　いまどきのアプリケーション（MS-WordとかMS-Excelとか）では、同時に複数のファイルを開いて、別々のウィンドウで編集できるのが常識です。

　しかし、今回の「単語管理部」は、配列版も連結リスト版も、データの「根元」をグローバル変数で押さえてしまっています。グローバル変数は同時に1つしか存在しえないので、これでは同時に複数のデータを扱うことができません。単語の出現頻度を数えるプログラムならこれでもよいかもしれませんが、一般には、困るケースも出てくるでしょう。

　この問題を避けるには、データの「根元」を押さえる部分を構造体にするのが定石です。連結リスト版なら、以下のようになります。

```
typedef struct {
    Word *word_header;
} WordManager;
```

　そして、word_initialize()で、新たにWordManagerをmalloc()によ

り確保し、そのポインタを戻り値で返すようにします。

```
WordManager *word_initialize(void);
```

さらに「単語管理部」のその他の関数は、すべて第1引数でWordManagerへのポインタを渡すようにします。

```
void add_word(WordManager* word_manager, char *word);
void dump_word(WordManager* word_manager, FILE *fp);
void word_finalize(WordManager* word_manager);
```

こうすれば「単語管理部」の利用者側で複数のWordManagerを管理することで、同時に複数のデータを扱うことができます。

ところでWordManager型ですが、これをパブリックヘッダファイルで宣言したのでは、結局Word型も必要になりますから「連結リストを使っている」という実装詳細が利用者側に漏れてしまいます。

利用者側で必要なのはWordManagerへのポインタだけであり、その詳細は知らせる必要がありません。こういう場合は、パブリックヘッダファイルでは、**不完全型**だけを宣言するのが定石です。

```
typedef struct WordManager_tag WordManager;
```

そして、プライベートヘッダファイル側で、struct WordManager_tagに実体を与えてやります。

```
struct WordManager_tag {
    Word *word_header;
};
```

こうすることで、利用者側には構造体の内容を晒さずに、構造体へのポインタだけを利用させることができます。

イテレータ

今回のword_countプログラムでは、単語の使用頻度の一覧を出力するdump_word()関数を、「単語管理部」に含めてしまっていました。これでよいケースもあるでしょうが、たとえばdump_word()の出力フォーマットは利用者側で変更したいこともあるでしょう。

だからといって、利用者側で自分でforループを書いてdump_word()相当品を自作できるようにするには、普通に考えると、配列とか連結リストといった「単語管理部」内部のデータ構造を、利用者に晒さなければなりません。

直接内部データを晒すのを避けるため、たとえば「単語管理部」に「n番目の単語の情報を取得する」以下のような関数を追加するとしても、

```
/*
 * アルファベット順にソートしたn番目の単語を返す。
 * 戻り値で該当の単語を返し、countの指すアドレスに出現回数を格納する。
 */
char *get_nth_word(int n, int *count);
```

配列ならともかく、連結リストでは「n番目の要素」を得るためには先頭からループを回す必要があり、リストの後ろのほうでは性能が大きく低下してしまいます。

そこで、以下のような一連の関数を用意する、という方法も考えられます。

```
/* 単語を指す「カーソル」を先頭に向ける */
void move_to_first_word(void);
/*
 * 現在の「カーソル」が指す単語を返し、カーソルを1つ進める。
 * 最後の単語の次の呼び出しでは、NULLを返す。
 */
char *get_next_word(int *count);
```

このような関数を用意したうえで、呼び出し側では以下のように使います。

```
char *word;
int count;

move_to_first_word();
while ((word = get_next_word(&count)) != NULL) {
    /* wordとcountを使った処理を行う */
}
```

これで十分に使えるケースもあるかもしれませんが、この方法では、現在の単語を指す「カーソル」を、「単語管理部」側で内部的に保持する必要があります。それをグローバル変数やファイル内static変数で保持すると、同時に1つしか保持できないので、たとえば「ループを二重にネストして、全件の突き合わせを行う」といったことができません。

それを解決するために、**イテレータ**(iterator)という概念があります。イテレータは、上述の「カーソル」に相当しますが、「どの単語を指しているか」の

情報をイテレータ内部に持つため、利用者は複数のイテレータを同時に使うことができます。

最近の言語なら、イテレータはたいてい言語の機能として提供されていますが、Cで実装するなら、パブリックヘッダファイルは以下のようになるでしょう。

```c
/* イテレータの型を不完全型で提供する */
typedef struct WordIterator_tag WordIterator;

/* イテレータを取得する */
WordIterator *get_word_iterator(void);
/*
 * イテレータが指す単語を返し、イテレータを1つ進める。
 * 最後の単語の次の呼び出しでは、NULLを返す。
 */
char *get_next_word(WordIterator *iterator, int *count);
/* イテレータのメモリを解放する */
void free_word_iterator(WordIterator *iterator);
```

この場合、プライベートヘッダファイルでは、たとえば「配列版」なら、`WordIterator`構造体で以下のように現在の単語の添字を保持します[*]。`get_word_iterator()`でこの構造体を`malloc()`して利用者に返せばよいわけです。

```c
struct WordIterator_tag {
    int current_word_index;
};
```

[*] このタイプの（Javaタイプの）イテレータは、「要素と要素の間」を指すので、正確には「次に返す単語の添字」ですね。

5-1-5 検索機能の追加

現在のword_countでは、テキストファイルを読み込んで統計情報をダンプするだけですが、せっかくテキストファイルの単語の出現頻度を集計したのですから「この単語は何回出現したんだっけ？」という検索ができてもよさそうなものです。

というわけで「単語管理部」に、以下のような機能を追加することを考えます。

```
/* wordで指定された単語の出現回数を返す */
int get_word_count(char *word);
```

　一番単純な方法は、配列なり連結リストなりで管理されている単語を頭から順に走査して、目的の単語を検索することでしょう。こういう方法を、**線型検索**（linear search）と呼びます。しかし、データがつねに配列上にソートして保持されているのなら、もっと効率のよい**二分検索**（binary search）という方法が使えます。

　二分検索の手順は以下のとおりです。

❶ 配列の中央の要素を選択する。
❷ その要素が、
　① 検索すべき要素そのものであれば、検索終了。
　② 検索すべき要素よりも小さければ、その要素より後方の配列について同じ手順を繰り返す。
　③ 検索すべき要素よりも大きければ、その要素より前方の配列について同じ手順を繰り返す。

　人間が辞書を引くときなども、似たような方法を採っていますよね。
　`get_word_count()`を「配列版」に対して実装した例を、List 5-16に挙げます。

List 5-16　get_word_count.c

```c
1  #include <stdio.h>
2  #include <string.h>
3  #include "word_manage_p.h"
4
5  /*************************************************************
6   * ある単語の出現回数を返す
7   *************************************************************/
8  int get_word_count(char *word)
9  {
10     int left = 0;
11     int right = num_of_word - 1;
12     int mid;
13     int result;
14
15     while (left <= right) {
16         mid = (left + right) / 2;
17         result = strcmp(word_array[mid].name, word);
18         if (result < 0) {
```

```
19                left = mid + 1;
20            } else if (result > 0) {
21                right = mid - 1;
22            } else {
23                return word_array[mid].count;
24            }
25        }
26        return 0;
27    }
```

ところで、この方法は、相手が配列である場合のみ有効な方法です。連結リストでは「中央の要素」を探し当てることが（すぐには）できないので、二分検索は使えません。

データ構造は、どれか1つが万能ということはなく、それぞれ利点、欠点があります。状況に応じて適切なデータ構造を選ぶことが重要です。

たとえば、要素1つのサイズが比較的大きい場合には、ポインタの動的配列を使うという方法が挙げられます（Fig. 5-7参照）。

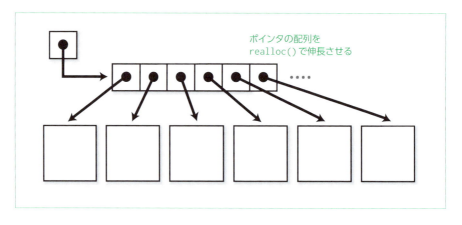

Fig. 5-7
要素へのポインタの配列を使う

ポインタの配列を
realloc()で伸長させる

この方法なら、要素1つ1つが大きくても、ポインタ配列の領域自体はさほど巨大にはならないので、realloc()で配列をニョキニョキ伸ばしていけるかもしれません＊。そして、この方法なら、検索には二分検索が使えます。

＊もちろん、要素数がやたらに多いと、ポインタ配列の領域でさえrealloc()で伸ばすのはちょっと……という状況はありえます。

倍々ゲーム

データ量が少なければ、線型検索を使おうが二分検索を使おうが、効率にたいした差は出てこないでしょう。しかし、データ量が増えれば増えるほど、二分検索のほうが**圧倒的に**高速になります。

こう書くと、

> 本当かなあ？ 二分検索のほうがプログラムが複雑化する分遅くなるはずだから、それで相殺されて、実はたいした差は出ないんじゃない？

と思う人がいるかもしれません。が……

線型検索では、データ量が増えれば、それに比例して検索に時間がかかります。しかし、二分検索では、データ量が**倍になっても**、検索回数は1回増えるのみです。これは、データ量が現実にはありえないほど巨大であっても、ごくわずかな時間で検索できる、ということを意味します。

これを実感していただくために、1つたとえ話を出しましょう。

ここに新聞紙が1枚あったとして、その厚さが0.1mmだったとします。この新聞紙を2つ折りにすると、厚さは0.2mmになります。もう一度2つ折りにすると、0.4mmになるでしょう。

では、100回折り曲げたら、厚さはどれぐらいになるでしょうか？

もちろん、実際にはそんなに曲げることはできませんが、曲げられなければ、2つに切って積み上げてもよいでしょう。とにかく、数学的に「厚さを倍にする」ことを100回繰り返したら、最終的な厚さはどれぐらいになるでしょうか？

1メートルぐらい？ いえいえとんでもない。答えは、**約134億光年**になります。嘘だと思ったら、その辺のコンピュータで計算してみましょう（1光年は、9兆4600億kmで計算しています）。

これはつまり、二分検索なら「134億光年/0.1mm」件のデータに対し、わずか100回のループで検索を終了する、ということになります。同じ量のデータを線型検索したら……まあ、私の生きている間には終わりそうにないですね*。

＊というわけで、私は、ドラえもんの道具の中では「地球はかいばくだん」（てんとう虫コミックス7巻を参照）よりも「バイバイン」（てんとう虫コミックス17巻を参照）のほうがずっと怖いです（笑）。

第 5 章 データ構造——ポインタの真の使い方

5-1-6 その他のデータ構造

その他のデータ構造には、以下のようなものがあります。

■ 双方向連結リスト

ここまで説明してきた連結リストは「一方向」の連結リストでした。
「一方向」の連結リストは「逆戻り」ができないため、以下の欠点があります。

1. リストに要素を追加するとき、追加する位置の前の要素がわからなければならない。
2. リストから要素を削除する際、削除する要素の前の要素がわからなければならない。
3. リストを逆順にたどることが、（簡単には）できない。

双方向連結リスト（doubly linked list）なら、この問題は解決できます（Fig. 5-8 参照）。

Fig. 5-8 双方向連結リスト

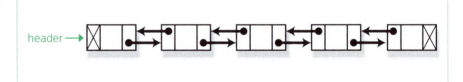

Cで構造体を書くなら、こんな感じになりますね。

```
typedef struct Node_tag {
    /* Node固有のデータ */
    struct Node_tag *prev; /* 前の要素へのポインタ */
    struct Node_tag *next; /* 後ろの要素へのポインタ */
} Node;
```

ただし、双方向連結リストにも欠点はあります。

1. 要素ごとにポインタが2つ必要なので、メモリをよけいに消費する。
2. 操作しなければならないポインタが多いので、コーディングでバグを入れやすい。

■ 木構造

たとえばWindowsやMacintoshの「フォルダ」は階層構造になっています。このようなデータ構造のことを、木を逆さにした形に似ていることから、**木**（tree）と呼びます（Fig. 5-9参照）。

木の各要素を**ノード**（node）と呼びます。一番根本にあるノードのことを**ルート**（root：根）と呼びます。あるノードAがノードBの下位にあるとき、AをBの**子**（child）、BをAの**親**（parent）と呼びます。たとえば、Fig. 5-9では、Node5はNode2の子であり、Node2はNode5の親となります。親と子を結ぶ線を、**枝**（branch）と呼びます。

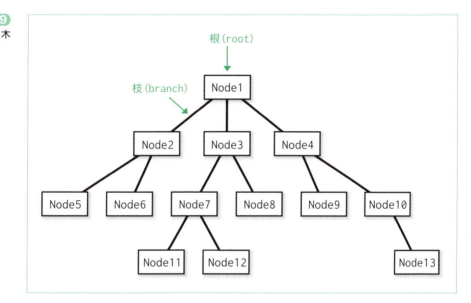

Fig. 5-9 木

C言語で木を表現する場合、典型的には、以下のような構造体を用いることになります（Fig. 5-10参照）。

```
typedef struct Node_tag {
    /* そのプログラムに固有のデータ */
    int nchildren; /* 子の数 */
    struct Node_tag **child; /* このポインタの先に、malloc()で
                                子へのポインタの動的配列をつなぐ */
} Node;
```

Fig. 5-10
Cで木構造を
表現するには……

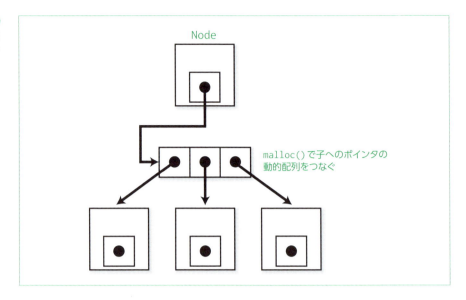

＊問題：子の数が最大1
である木のことをなんと
呼ぶか？
──「連結リスト」です
ね。

　木の中で、子の数が最大2のものを、特に**二分木**（binary tree）と呼びます＊。
　今回のword_countには、二分木を応用した**二分探索木**（binary search tree）というデータ構造を適用することもできます。
　二分探索木とは、すべてのノードについて、以下の条件を満たす二分木のことです（Fig. 5-11参照）。

　　1. ノードpについて、pの左の子は、pよりも小さい
　　2. ノードpについて、pの右の子は、pよりも大きい

Fig. 5-11
二分探索木

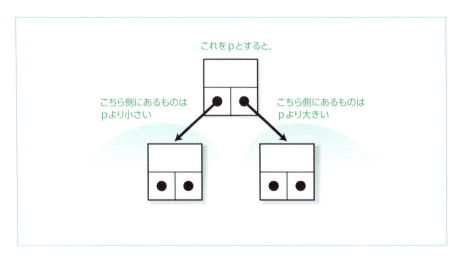

二分探索木が構築されていれば、要素の追加および検索は、以下のようにして行うことができます。

1. **追加**

    ルートから順に、追加すべき要素がそのノードよりも小さければ左へ、大きければ右へ移動する。等しいノードあるいはNULLに達した時点でそこにノードを追加する。

2. **検索**

    ルートから順に、追加すべき要素がそのノードよりも小さければ左へ、大きければ右へ移動する。目的とする要素が見つかれば検索終了。NULLで行き止まりになってしまったら、該当要素なし。

この方法なら、二分木が理想的に構築されているかぎり、高速な追加・検索が可能です。しかし、最悪の場合（たとえばword_countに対して辞書順に単語を食わせた場合）には、単なる連結リストになってしまいます。

単純な二分探索木は、場合によって効率に差がありすぎ、しかもワーストケースが起きやすい*ので、現実には実用的ではありません。この欠点を避けるため、AVL木、赤黒木などのアルゴリズムが考案されています。

*入力データが最初からソートされているケースというのは、よくある話です。

■ ハッシュ

人間が、大量のデータ（カードに記録されているとします）の管理を任された場合、どうするでしょうか。かつ、要素の追加、削除、検索などが頻繁に発生するとしたら？

律義な人なら、カードをつねにソートされた状態に保つでしょう。その場合、検索には二分検索が使えますから高速です。しかし、（引き出しをまたがっていたりして）カードの挿入に手間がかかる場合、ソートされた状態を保ったまま要素を追加するのはたいへんなことです。

ずぼらな人なら、カードを全部1つの箱に投げ込み、検索を依頼されたらすべてのカードを頭から順に検索するかもしれません。この方法では、追加は簡単ですが、検索にひどく時間がかかるでしょう。

それなりに律義かつそれなりにずぼらな人なら、カードをいくつかの箱に分類して投げ込むことでしょう。

ハッシュ（hash）とは、3番目の考え方に基づくデータ構造です。

典型的なハッシュである「外部連鎖ハッシュ*」では、**ハッシュテーブル**（hash table）という配列から、連結リストで要素を保持します（Fig. 5-12参照）。

*このほかにも、完全ハッシュ、開番地法などがあります。

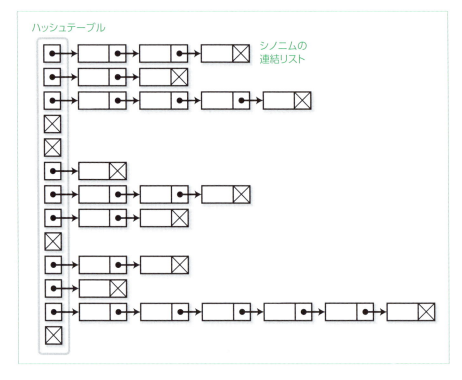

Fig. 5-12
外部連鎖ハッシュ

　ある要素が格納されるハッシュテーブルの添字を決めるのが、**ハッシュ関数**です。ハッシュ関数は、検索のキー（word_countにおけるget_word_count()なら単語の文字列）をもとに、できるだけバラバラの値を返すことが求められます。文字列がキーなら「各文字をビットシフトしながら足していって、その値をハッシュテーブルの要素数で割った余り」といったものがよく使われます。運悪くハッシュ関数が異なるキーに対して同じ値を返してしまった場合、それを**シノニム**（synonym：同義語）と呼びます。

　検索する際には、検索のキーからハッシュテーブルの添字を求め、そこに繋がっている連結リストから要素を検索します。ハッシュ関数ができるだけ均等な値を返してくれれば、ハッシュテーブルから連なる連結リストが短くなるので、それだけ検索が高速になるわけです。

　ハッシュテーブルは、コンパイラにおける識別子の管理や、Perl、Python、Ruby、JavaScriptなどの言語にある**連想配列**＊を実現するときなどによく使われます＊。

＊（添字に、整数だけでなく文字列（等）が使える配列のこと。

＊Perlは、Ver.5から、「連想配列」のことを「ハッシュ」と呼ぶようになりましたが、そんな内部的な「実装手段」をわざわざ表に出すセンスというのが、私には理解できません。

5-2 ケーススタディ2：ドローツールのデータ構造

5-2-1 例題の仕様について

今度は、もっと実践的な例として、Fig. 5-13にあるような、ドローツール（お絵描きプログラム）を作成することを考えます。このプログラムの名前は、仮に「X-Draw」としましょう。

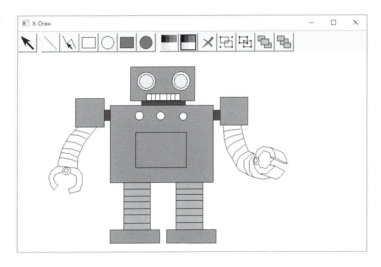

Fig. 5-13
ドローツール「X-Draw」の画面

＊かなりショボいドローツールですが、ま、例題ですから。

X-Drawでは、以下の図形を扱うことができるものとします＊。

- 直線。描画後に「直線変形」を選択することで、ポリライン（折れ線）に変更可能。
- 長方形（座標軸に対して傾いた長方形は考慮外）。塗りつぶし可能。
- 楕円（円弧は考慮外）。塗りつぶし可能。

こんなプログラムの全貌を説明していたらとてもページが足りませんし、なによりも、ウィンドウシステムなど、環境に強く依存してしまいます。

そこで、本書では、X-Drawの「データ構造だけ」を考え「ヘッダファイルのみ」を作成することにします。

実際に動作するX-Drawは、私のWebページからダウンロードできます。Windows用です。

https://kmaebashi.com/seiha2/xdraw/index.html

5-2-2 各種の図形を表現する

まず、直線、ポリライン、長方形、楕円といった、個々の図形をどう表現するかを考えましょう。

まず、「直線」については、単なる頂点が2個のポリラインですから、ポリラインで表現することにします。直線は辺をドラッグすることで頂点を増やすことができるので、最初からポリラインとして扱うほうが楽です。

ポリラインについては、すでに第4章で検討しましたので、それを流用することにします。

```
typedef struct {
    double x;
    double y;
} Point;

typedef struct {
    int npoints;
    Point *point;
} Polyline;
```

長方形（Rectangle）は、対角線を示す2点で表現できますから、以下のようになります。

```
typedef struct {
    Point min_point; /* 左下の座標 */
    Point max_point; /* 右上の座標 */
} Rectangle;
```

楕円（Ellipse）は、中心と、横方向、縦方向の半径で表現することにします。

```
typedef struct {
    Point center; /* 中心 */
    double h_radius; /* 横方向の半径 */
    double v_radius; /* 縦方向の半径 */
} Ellipse;
```

座標系の話

ここまでの説明を読んで、

> あれ？ なんで座標値が全部doubleになってるんだろう？
> 最終的に描画する対象である画面は、ピクセルで表現されているんだから、
> 座標はint型で保持するべきじゃないのか？

と思った人がいるかもしれません。

確かに、WindowsのC APIや、UNIXのウィンドウシステムであるX Window Systemの描画ライブラリXlib、また、JavaのAWTなどでも、描画する座標をピクセル単位の整数で与えます。

しかし、だからといって、内部で保持するデータまでintにすべきだということにはなりません。もし、内部でも座標をピクセル単位の整数値で保持するのだとしたら、まず、ズーム（拡大表示）はどうすればよいのでしょう？ 200%、300%のように整数倍でしか拡大できないのでは不便ですし、ズームした状態で新たに図形を描画するとき、ユーザーは、より細かい図形が描けることを期待するでしょうが、座標を整数で扱っていてはこういうことができません。また、ちょっとややこしい図を描いて、グループ化して、端をつまんでひょいっと小さくして、もう一度大きくしただけで、図形がガタガタになってしまうようでは困ります*。

だいたい、画面が（さして細かくもない）ピクセルで表現されている、なんてことは、あくまで画面という**表示装置の都合**です。ドローツールを使うとき、ユーザーは、ピクセルで表現された図形を描きたいとは思っていないはずです*。

よって、ドローツールでは、論理的な**ユーザー座標系***を仮定して、表示のときだけそれを**デバイス座標系**に変換する、と考えるのが、正しい考え方です（Fig. 5-14参照）。

*かつてそういうツールを見たことがあるのですが……

*ペイント系のツールの場合は、そうとは限らないわけですが。

*ワールド座標系とか論理座標系とか呼ぶこともあります。

Fig. 5-14
座標系変換

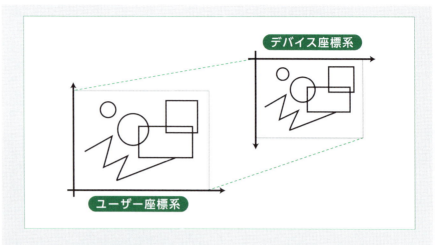

ユーザー座標系は、「ピクセル」という、デバイスの都合による制限が入らないので、座標にはdoubleを使います※。そして、デバイス座標系はたいてい左上を原点としていますが、ユーザー座標系では、数学の座標軸に合わせ、左下を原点にするほうが便利なことが多いように思います（もちろん、用途次第ですが）。

ユーザー座標系とデバイス座標系の間の変換は、ちょっとした掛け算と引き算で、簡単にできますよね※。

なお、Windowsでは、デバイス座標系から独立した論理座標系を定義することができて、ミリ単位で描画する、ということも可能になっています。が……その座標値の型はshort intなのです。この設計思想は、私の理解を相当超えているのですが……

※ 別にfloatでもいいですが、Cでは、浮動小数点数はdoubleが基本になっているので、メモリに余裕があるのならdoubleを使うべきでしょう。

※ もっと一般的には、マトリクス（行列）を使ったりしますけど。

5-2-3 Shape型

「5-2-2 各種の図形を表現する」では、個々の図形の表現方法を検討しましたが、ドローツールでは、そういったいろいろな種類の図形を、たくさん管理しなければなりません。

ここでは、1つの「図形」を、Shapeという構造体で表現することにします。

Shape構造体に含めるべきメンバには、何が考えられるでしょうか。

まず、図形には色があります。色は、赤、緑、青の三原色の混合で表現できますから、これを保持するColor構造体を用意します。

```
typedef struct {
    int red;
    int green;
    int blue;
} Color;
```

また、図形は、中を塗りつぶす場合と塗りつぶさない場合があるので、それを表現する列挙型も作ります。

```
typedef enum {
    FILL_NONE,                  /* 塗り潰さない */
    FILL_SOLID                  /* べた塗り */
} FillPattern;
```

塗りつぶすか塗りつぶさないかを表現するだけならフラグでよいかもしれませんが、将来的に、「斜線によるパターンで塗りつぶす」といった機能を追加することも考え、列挙型にしました。

そして、ドローツールで作成する図形の数は、最初に予測することはできませんから、Shape構造体はmalloc()により動的に確保し、連結リストで管理するのがよさそうです。

連結リストは、一方向と双方向がありますが、以下のような事情を考えると、双方向にすべきでしょう。

- 図形には前後関係があり、あとで描いた図形ほど手前に表示される。これは、あとで描いた図形を連結リストの末尾に追加するようにして、画面全体を再描画するときには連結リストを先頭から描画することで実現できる。
- 図形をマウスでクリックして選択するときには、手前に表示されている図形を優先して選択しなければならない。これは、連結リストを末尾から走査し、クリックした座標との距離を数学的に計算することで実現できる。

連結リストを、描画するときは先頭から、クリックして選択するときは末尾から走査する必要がありますから、双方向の連結リストにするわけです。

また、ドローツールでは、図形をクリックしたりドラッグして囲むことで、選択状態にすることができます。その図形が選択されていることを表現するフラグとして、Shape構造体にselectedというメンバを付けましょう。selectedの型は、intにして「0のときは非選択状態、1のときは選択状態」とするのもCでは

ありだと思いますが、わかりやすくするために列挙でBoolean型を作ることにします。

```
typedef enum {
    FALSE = 0,
    TRUE  = 1
} Boolean;
```

Shapeは「ポリラインかもしれないし、長方形かもしれないし、楕円かもしれない」わけですが、そういう場合は、Cでは、列挙と共用体を使って表現するのが定石です。

```
/* 図形の種類を表現する列挙型 */
typedef enum {
    POLYLINE_SHAPE,
    RECTANGLE_SHAPE,
    ELLIPSE_SHAPE
} ShapeType;

typedef struct Shape_tag {
    /* 図形の種類 */
    ShapeType   type;
    /* ペン(輪郭)の色 */
    Color       line_color;
    /* 塗り潰しパターン。FILL_NONEのときには塗り潰さない */
    FillPattern fill_pattern;
    /* 塗り潰すときの色 */
    Color       fill_color;
    /* 選択されているかどうかのフラグ */
    Boolean     selected;
    union {
        Polyline    polyline;
        Rectangle   rectangle;
        Ellipse     ellipse;
    } u;
    struct Shape_tag *prev;
    struct Shape_tag *next;
} Shape;
```

ShapeTypeが、Shapeの種類を区別するための列挙型です。Shapeのtypeメンバにより、そのShapeの種類を識別することができます。そして、図形の種類に応じた情報を、共用体で保持します。たとえば、typeがELLIPSE_SHAPEのとき、楕円の中心座標は、shape->u.ellipse.centerとして参照することができます。

——共用体といえば、Cの機能の中でも「何に使うのかわからない」機能の筆

頭と思われているようですが、実際のプログラムでの用途の大半は、このような「列挙と組で使って、1つの構造体にいろいろな種類のデータを格納する」という使い方です。

そして、「すべての図形を描画するプログラム」は、たとえば以下のような感じになります。これは、Shapeの連結リストの先頭要素へのポインタをheadという変数が保持している場合の例です。

```
Shape *pos;

for (pos = head; pos != NULL; pos = pos->next) {
    switch (pos->type) {
    case POLYLINE_SHAPE:
        /* ポリラインの描画関数を呼び出す */
        draw_polyline(pos);
        break;
    case RECTANGLE_SHAPE:
        /* 長方形の描画関数を呼び出す */
        draw_rectangle(pos);
        break;
    case ELLIPSE_SHAPE:
        /* 楕円の描画関数を呼び出す */
        draw_ellipse(pos);
        break;
    default:
        assert(0);
    }
}
```

連結リストの最初から順に描画しているので、リストの後ろのほうにある図形ほど、前面に表示されることになります。

たいていのドローツールでは、図形をクリックして選択し、最前面／最背面に移動できるものです。そういう場合は、選択された図形を連結リストから外して、最前面に移動させるには末尾に、最背面に移動させる場合には先頭に移動させればよいですね。

こういう移動が簡単にできるのが、連結リストの強みといえます。

5-2-4　検討——他の方法は考えられないか

　ここまでで考えた方法でもとりあえずよさそうですが、ほかにもっとよい方法がないかどうか、検討してみましょう。

　こんなふうに思った人がいるかもしれません。

> ポリラインについて「頂点を増やしたり減らしたりする機能」があるのなら、ポリラインはPointの動的配列ではなく、連結リストで表現すべきなんじゃないか? 頂点を追加するときには、頂点と頂点の間に新しい頂点を挿入するわけで、配列よりも連結リストのほうが、挿入操作は簡単だったはずじゃないか。

　これは難しい問題です。どちらが正解とはいえないと思います。

　ただ、Point型は、doubleの要素が2つあるだけの、比較的小さな型です。ドローツールなら、ポリラインの頂点の数もたかが知れていると思います。よって、Pointの配列はさほど巨大なものにはならないでしょうから、頂点を追加したときにrealloc()で領域をニョキニョキ伸ばしたり、挿入するために後ろの要素を全部ずらしたりしても、どうということはないと私は判断しました。むしろ、連結リストにするために、メンバにポインタを追加したり、Pointごとにmalloc()の管理領域が取られたりするほうがもったいないように思います。

> malloc()の管理領域を気にするのなら、Polyline型は、可変長構造体のテクニックを使ったほうがいいんじゃない?

　なるほど「4-2-10　可変長構造体（ANSI C版）」もしくはC99なら「4-2-11　フレキシブル配列メンバ（C99）」で紹介したテクニックを使えば、Pointの配列のために新たにmalloc()を呼ばなくてもよくなります。……が、polylineは、Shape構造体の最後のメンバではないので、このテクニックは使えません。

　Shape構造体のメンバの順番を入れ替えればよいと思うかもしれません。それは確かにそうなのですが、そうすると、ポリラインの頂点の数が変わっただけでShapeごとrealloc()しなければならなくなるので、そのShapeのアドレスが変わってしまう（可能性がある）ことになります。Shapeは双方向の連結リストですから、前後2つのShapeから指されているわけで、移動してしまうとそれらのポインタも書き換えなければなりません。それはいかにも面倒ですし、バグを誘発しそうです。

5-2 ケーススタディ２：ドローツールのデータ構造

> 共用体を使っているけど、共用体は、メンバの中で一番大きいメンバに合わせたサイズを食う。これはちょっと無駄があるよね。

そのとおりなのですが、今回は、PolylineもRectangleもEllipseも、サイズはたいていの環境で似たようなものになると思います。

もし、これらの型のサイズが大きく違っていて、最大のものに合わせると無駄が無視できない、ということなら「ポインタの共用体」を使えばよいでしょう*。PolylineやRectangleやEllipseの領域は、別途malloc()を使って確保します。

* void*を使うという方法もありますが、それでは「どんな型を指す可能性があるのか？」がさっぱりわかりませんから、ソースの可読性を考えればポインタの共用体にすべきです。

```
typedef struct Shape_tag {
        ⋮
    union {
        Polyline *polyline;
        Rectangle *rectangle;    ─ポインタの共用体
        Ellipse *ellipse;
    } u;
    struct Shape_tag *prev;
    struct Shape_tag *next;
} Shape;
```

この場合には、先の「Polylineは可変長構造体にすべきではないか」という提案も現実的なものになってきます。

しかし、今回は、先にも述べたように、Polyline、Rectangle、Ellipseのサイズが似かよっているので、malloc()の管理領域をよけいに食うことや、free()の手間を考えると、私には、別途領域を確保すべきだとは思えません。

> Shapeの中に、prevやnextが入っているのが気に食わん。Shapeは単なる「図形」であって、これを連結リストで管理するか、配列で管理するかは、使う側の勝手じゃないか。なのに、この例では、Shapeは**最初から双方向連結リストの要素として生まれついている**。これは変だ。

この指摘はまったくそのとおりだと思います。プログラムによっては、連結リストとは無関係のShapeもあちこちで使うかもしれません。そういうときには、prevもnextもNULLにしとけばいいじゃん、という考え方もありますが、本来いらないものがつねに付いて回るのは変だ、という発想も、しごく健全なものであると思います。

だとすれば、Shapeにprevやnextを入れるのではなく、以下のようにLinkableShapeという型を別途定義し、Shapeはその中に格納する、という案が

考えられます（Fig. 5-15参照）。

```
typedef struct LinkableShape_tag {
    Shape shape;
    struct LinkableShape_tag *prev;
    struct LinkableShape_tag *next;
} LinkableShape;
```

Fig. 5-15
Shapeの保持方法
（その2）

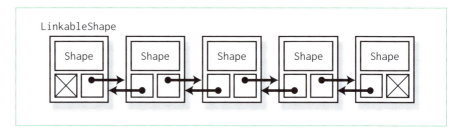

ただ、この方法では、Shapeを連結リストに格納する際に、Shape全体をコピーする必要があります。コピーするとアドレスが変わってしまいますから、元のShapeを指しているポインタがどこかに存在する場合には困ったことになります。

それを避けるなら、LinkableShapeでは、Shapeのポインタだけを保持するほうがよいでしょう（Fig. 5-16参照）。

```
typedef struct LinkableShape_tag {
    Shape *shape;
    struct LinkableShape_tag *prev;
    struct LinkableShape_tag *next;
} LinkableShape;
```

Fig. 5-16
Shapeの保持方法
（その3）

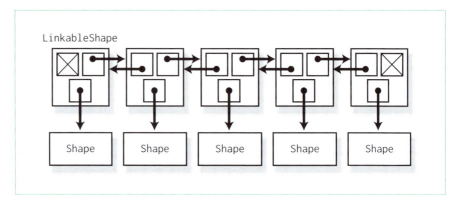

ただしこの方法は、malloc()の回数が増えて管理領域分のメモリが無駄になるのと、free()の手間が増えるというデメリットがあります。それを考えると、結局、ドローツール程度の用途なら、簡単にするためにShapeにprevやnextを入れてしまうという当初の方法も、十分「あり」な方法だと思います。

> ドローツール上で図形が選択されていることを表現するために、Shapeにselectedというフラグを含めているけれど、図形が「選択されている」などという状態は、ドローツールで編集中のごく一時的な状態にすぎない。そんなものをShape構造体に入れてよいのか。

これまたもっともな指摘です。たとえば、ドローツールで作成した図をファイルに保存する際、selectedは保存する必要はありません。仮に、「ドローツールで作ったファイルを、印刷だけするプログラム」のようなものを作るとして、その印刷プログラムもShape構造体を参照する必要があるでしょうが、印刷プログラムにとってselectedメンバは不要です。2次元のドローツールならともかく、CADなどでは、CADで作ったデータをもとに形状を削り出したり[*]、シミュレーションを行ったりします。このように、データはいろいろな用途で使い回されるものなので、「選択されているかどうか」などという一時的な状態をShapeの中に入れるのは、一般に、あまりおすすめできるものではありません。

Shapeにselectedを含める代わりに、「現在選択されているShapeの一覧」を、Shapeへのポインタの配列なり連結リストなりで保持する、という方法は考えられます。このほうが、Shapeを汚さなくてよいのは確かです。また、「ネットワーク越しのチャット的なソフトで、1つの図を、複数人で編集する」といった用途では、参加する人ごとに「選択中の図形」は異なるでしょうから、その場合はこのような方法で「選択中の図形」をShapeから切り離す必要があるでしょう。

ただ、ドローツールでは、たとえば「いくつかの図形が選択されている状態で、図形をつかんでドラッグして移動する」とき、すでに選択されている図形を優先してつかんでほしいものです[*]。そして、選択されている図形の中では、より手前に表示されているものを優先に、つまりShapeの連結リストの逆順でつかまなければなりません。こういったことを実現する際に、選択されている図形をShapeの連結リストとは別に管理すると、いろいろと面倒である、と私は判断し、今回はselectedをShapeに含めてしまいました。もちろん、それ以外の選択も、当然あり得ると思います。

というわけで、データ構造は、**結局はトレードオフです**。王道は存在しません。データの性質や、その使われ方を見極めて、最適な手法を選択する責任

[*] 金型などを作る際はCNC工作機械というものを使いますが、いまどきなら、3Dプリンタをイメージしてもよいでしょう。

[*] この辺がちゃんと考慮されていないドローツールは結構あります。近くにある別の図形をつかんでしまい、既存の選択が解けてしまうのです……

は、設計者に委ねられています。その際、malloc()やrealloc()の内部的な実装を気にしなければならない局面も出てくるでしょう。

現状で想定される使い方、将来の拡張性などを踏まえ、速度、メモリの両面で効率がよく、かつプログラマーにとっても使いやすくなるようにデータ構造を決定するのが、設計者の腕の見せどころといえます。

なんでも入る連結リスト

Fig. 5-16をさらに進めた、以下のような方法もあります。

```
typedef struct Linkable_tag {
    void *object;
    struct Linkable_tag *prev;
    struct Linkable_tag *next;
} Linkable;
```

Linkableの**object**メンバは、**void***型なので、まさになんでも指せます。つまり、この**Linkable**は、**Shape**に限らず、なんでも格納できるということです。

双方向連結リストは、たいてい先頭と末尾へのポインタを押さえるので、双方向連結リスト全体を保持するために、以下のような型も必要になるでしょう。

```
/* 双方向連結リスト全体を保持する型 */
typedef struct {
    Linkable *head; /* 先頭の要素 */
    Linkable *tail; /* 末尾の要素 */
} LinkedList;
```

双方向連結リストは、かなり頻繁に使うデータ構造です。なのに、双方向連結リストを使ったプログラムを作るたびに「ある要素の前に要素を挿入する」といった退屈なコーディングを毎回繰り返すのは、時間のムダでもありますし、バグを入れてしまう原因にもなるでしょう。

そこで、**LinkedList**や**Linkable**のような型を使って、一般的な双方向連結リストの操作をライブラリとしてまとめてしまえば、決まりきったコーディングの繰り返しを避けられます。

……が、この方法には、特に大規模プロジェクトにおいては致命的な欠点が

あります。その欠点とは、まさに「なんでも入っちゃう」ことに起因します。Shapeを格納するための連結リストに「大根」だろうが「人参」だろうが、何を格納してもコンパイラがエラーを出さないのは問題だと思います。

それに、ソースを見た際、LinkedList型には、何が格納されるのかさっぱりわかりません。たとえばPolylineをPointの連結リストで表現するとして、それを、

```
typedef struct {
    LinkedList list;
} Polyline;
```

こんなふうに書いてしまったら、何のことやらさっぱりわかりません。どうやら連結リストであることはわかっても「Point型の連結リスト」であることが、コメントなどで補わないかぎりわからないからです。これでは、プログラムの可読性と保守性に大きな悪影響を与えます。

JavaScriptとかRubyとかPythonとか、いわゆる「型のない」言語は、この点で可読性に難がある、と私は思っています。

いまどきの静的な型がある言語では、連結リストのようなデータ構造を毎回実装しなくて済み、かつvoid*の危険性を組み込まないように、Genericsとかテンプレートとか呼ばれる機能が付いているものがあります＊。ただ、Cは骨董品言語なので、そのあたりが残念なのは、まあ、しょうがないですね。

＊いまどきの言語だと、GoにはGenericsがないのですが……（第5刷での注：バージョン1.18で追加されました）

5-2-5　図形のグループ化

たいていのドローツールでは、いくつかの図形をまとめて1つの図形のように扱う「グループ化」の機能があります。これをX-Drawに導入することを考えましょう。

まず、Group型を定義します。Group型は、複数のShapeを保持しなければなりませんが、現状では、Shapeは、それ自身で双方向連結リストを構築できますから、Groupでは最初と最後の要素へのポインタを押さえておけばよいでしょう。

```
typedef struct {
    Shape *head;
    Shape *tail;
} Group;
```

グループ化は「いくつかの図形をまとめて1つの図形にする」機能です。ということは、グループ化された図形群は、それ自体、一種の「図形」であるといえます。よって、列挙型ShapeTypeに「グループ」を追加する、という案が考えられます。

```
typedef enum {
    POLYLINE_SHAPE,
    RECTANGLE_SHAPE,
    CIRCLE_SHAPE,
    GROUP_SHAPE
} ShapeType;
```

……が、ここに違和感を感じる人がいるかもしれません。Groupが、PolylineやRectangleと同列に並んでいるのはちょっと変じゃないかと。

Groupは、1つのShapeなのだから、これでいいんじゃないかとも思います。ただ、Shapeでは、色やら塗り潰しパターンも保持していますが、たいていのドローツールでは「グループ化した図形」は、固有の色を持つわけではないようです。図形をグループ化して色を変更するとグループ全体の色が変わったりしますが、その後グループを解除したときに個々の図形の色がもとに戻るわけではないですから、これは「グループ化した図形の色を変更する」機能ではなく「グループ内の個々の図形の色を全部変更する」という機能なのでしょう。

そこで、まずShapeを、ポリラインや長方形といった「基本図形」（プリミティブ）と「グループ」に分類することにします。

```
typedef enum {
    PRIMITIVE_SHAPE,
    GROUP_SHAPE
} ShapeType;

struct Shape_tag {
    ShapeType           type;
    Boolean             selected;
    union {
        Primitive       primitive;
```

```
        Group           group;
    } u;
    struct Shape_tag *prev;
    struct Shape_tag *next;
};
```

そして、Primitive型のほうに、従来のShapeで押さえていた情報を持ってきます。

```
typedef enum {
    POLYLINE_PRIMITIVE,
    RECTANGLE_PRIMITIVE,
    ELLIPSE_PRIMITIVE
} PrimitiveType;


typedef struct {
    /* 図形の種類 */
    PrimitiveType   type;
    /* ペン（輪郭）の色 */
    Color           line_color;
    /* 塗り潰しパターン。FILL_NONEのときには塗り潰さない */
    FillPattern fill_pattern;
    /* 塗り潰すときの色 */
    Color           fill_color;
    union {
        Polyline        polyline;
        Rectangle       rectangle;
        Ellipse         ellipse;
    } u;
} Primitive;
```

こうすると、グループを含むShapeのデータ構造は、Fig. 5-17のようになります。「5-1-6　その他のデータ構造」で挙げた例と、少し見かけは違いますが、これも一種の木構造ですね。

ここまでで検討したすべてを含むヘッダファイルは、List 5-17のようになります。

Fig. 5-17 グループを含む図形のデータ構造

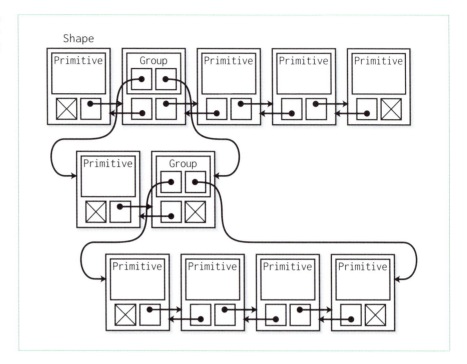

List 5-17 shape.h

```
 1  #ifndef SHAPE_H_INCLUDED
 2  #define SHAPE_H_INCLUDED
 3
 4  typedef enum {
 5      FALSE = 0,
 6      TRUE = 1
 7  } Boolean;
 8
 9  typedef struct {
10      int red;
11      int green;
12      int blue;
13  } Color;
14
15  typedef enum {
16      FILL_NONE,              /* 塗り潰さない */
17      FILL_SOLID              /* べた塗り */
18  } FillPattern;
19
20  typedef enum {
21      POLYLINE_PRIMITIVE,
22      RECTANGLE_PRIMITIVE,
```

```c
23        ELLIPSE_PRIMITIVE
24  } PrimitiveType;
25
26  typedef struct {
27      double      x;
28      double      y;
29  } Point;
30
31  typedef struct {
32      int         npoints;
33      Point       *point;
34  } Polyline;
35
36  typedef struct {
37      Point       min_point;      /* 左下の座標 */
38      Point       max_point;      /* 右上の座標 */
39  } Rectangle;
40
41  typedef struct {
42      Point       center;         /* 中心 */
43      double      h_radius;   /* 横方向の半径 */
44      double      v_radius;   /* 縦方向の半径 */
45  } Ellipse;
46
47  typedef struct {
48      /* 図形の種類 */
49      PrimitiveType   type;
50      /* ペン (輪郭) の色 */
51      Color       line_color;
52      /* 塗り潰しパターン。FILL_NONE のときには塗り潰さない */
53      FillPattern fill_pattern;
54      /* 塗り潰すときの色 */
55      Color       fill_color;
56      union {
57          Polyline        polyline;
58          Rectangle       rectangle;
59          Ellipse         ellipse;
60      } u;
61  } Primitive;
62
63  typedef struct Shape_tag Shape;
64
65  typedef struct {
66      Shape   *head;
67      Shape   *tail;
68  } Group;
```

第 5 章 データ構造──ポインタの真の使い方

```
69
70 typedef enum {
71     PRIMITIVE_SHAPE,
72     GROUP_SHAPE
73 } ShapeType;
74
75 struct Shape_tag {
76     ShapeType       type;
77     Boolean         selected;
78     union {
79         Primitive   primitive;
80         Group       group;
81     } u;
82     struct Shape_tag *prev;
83     struct Shape_tag *next;
84 };
85
86 #endif /* SHAPE_H_INCLUDED */
```

Shape 型を定義するには Group 型が必要で、Group 型を定義するには Shape 型へのポインタが必要、という相互依存の形式になっていますから、63 行目で Shape 型を不完全型で宣言しています。75 行目以降で、struct Shape_tag 型に実体を与えています。

このデータ構造を扱うプログラムですが、たとえば「すべての図形を描画する」プログラムは、List 5-18 のようになります。

List 5-18 draw_shapes.c

```
1  #include <stdio.h>
2  #include <assert.h>
3  #include "shape.h"
4
5  void draw_polyline(Shape *shape);
6  void draw_rectangle(Shape *shape);
7  void draw_ellipse(Shape *shape);
8
9  /*
10  * グローバル変数 shape_list_head と shape_list_tail で
11  * Shape の連結リストの先頭と末尾を保持している前提
12  */
13 Shape *shape_list_head;
14 Shape *shape_list_tail;
15
16 void draw_shape(Shape *shape)
17 {
```

```
18      Shape *pos;
19
20      if (shape->type == PRIMITIVE_SHAPE) {
21          switch (shape->u.primitive.type) {
22          case POLYLINE_PRIMITIVE:
23              draw_polyline(shape);
24              break;
25          case RECTANGLE_PRIMITIVE:
26              draw_rectangle(shape);
27              break;
28          case ELLIPSE_PRIMITIVE:
29              draw_ellipse(shape);
30              break;
31          default:
32              assert(0);
33          }
34      } else {
35          assert(shape->type == GROUP_SHAPE);
36          for (pos = shape->u.group.head; pos != NULL; pos = pos->next) {
37              draw_shape(pos);
38          }
39      }
40  }
41
42  void draw_all_shapes(void)
43  {
44      Shape *pos;
45
46      for (pos = shape_list_head; pos != NULL; pos = pos->next) {
47          draw_shape(pos);
48      }
49  }
```

＊常識的にいって、staticでない関数のプロトタイプ宣言を.cファイルに書くことはありません。外部関数のプロトタイプ宣言は必ずヘッダファイルに書いて複数の.cファイルで共用します。ここでは、あくまでこのサンプルプログラムが（警告なしに）コンパイルを通るように、暫定的にプロトタイプ宣言を書いているだけです。

　図形の具体的な描画方法は、ウィンドウシステムなどに依存しますので、ここでは、List 5-18の5～7行目のプロトタイプ宣言のような、Shape型へのポインタを渡すと各種図形を描画してくれる関数があると仮定しましょう＊。

　37行目を見ると、グループを描画する際には、draw_shape()を再帰的に呼び出しています。このように、木構造をたどるときには、再帰呼び出しを使うのが定石です。

5-2-6 関数へのポインタの配列で処理を振り分ける

　List 5-18の21行目以降では、図形の種類に応じて、switch caseで処理を振り分けています。このようなswitch caseは、図形を描画するところだけでなく、図形をマウスでクリックして選択する、図形全体をファイルにセーブする、ロードする、といったあらゆるところに登場することになるでしょう。

　そんなふうにプログラムのあちこちにswitch caseを書いてしまうと、いざ図形の種類を増やすときには、あちこちに分散したswitch caseに、1つずつcaseを追加していかなくてはなりません。これは、たいへんであるだけでなく、いかにも修正漏れを起こしそうです*。

＊List 5-18で、default節にassert(0)が入れてあるのは、この手の修正漏れを早めに検出する策です。

　この手の問題を（ある程度）解決するために、Cでは、「関数へのポインタの配列で処理を振り分ける」という方法を使うことがあります。

　たとえば、以下のようにグローバル変数draw_shape_func_tableを宣言し、ついでに初期化も行います。

```
void (*draw_shape_func_table[])(Shape *shape) = {
    draw_polyline,
    draw_rectangle,
    draw_ellipse,
};
```

　このdraw_shape_func_tableの型は、「（Shapeへのポインタを引数に取る）関数へのポインタの配列」です（わからない人は第3章を読み返しましょう）。

　関数へのポインタの配列の各要素に、各図形の描画関数へのポインタ（上記のdraw_polylineとかの後ろに()が付いていないことに注目）を設定していますから、この配列を使えば、添字を指定することで描画関数を選択することができます（Fig. 5-18参照）。

　つまり、この配列を使えば、List 5-18の21行目からのswitch caseは、以下の1行に書き換えることができます。

```
draw_shape_func_table[(int)shape->u.primitive.type](shape);
```

　この例では、列挙型PrimitiveTypeをintにキャストすることで0～2の整数とし、それによって図形の描画関数を選択しています。それに対し、関数呼び出し演算子の()を適用することで、実際に関数を呼び出すことができるわけです。

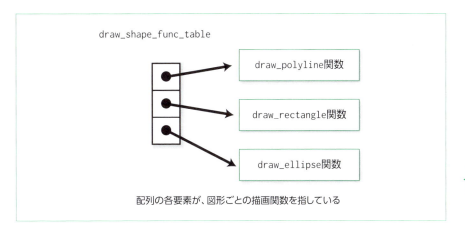

Fig. 5-18 描画関数へのポインタの配列

図形を描画する関数だけでなく、図形をマウスでクリックして選択するための距離計算を行う関数とか、図形の情報をファイルに出力する関数とかも、同様に配列に格納し、その配列を初期化する宣言群をどこか1つの.cファイルにまとめておけば、図形の種類を増やす際に、あちこち直さなくて済むでしょう。

ところで、それにしても「void (*draw_shape_func_table[])(Shape *shape)」などという宣言は読みにくい、と思う人は、以下のようなtypedefを使うことも考えられます。

```
typedef void (*DrawFunc)(Shape *shape);
```

このtypedefは、「（Shapeへのポインタを引数に取る）関数へのポインタ」型としてDrawFuncを宣言していますから、draw_shape_func_tableは以下のように宣言できます。

```
DrawFunc draw_shape_func_table[] = {
    ⋮
```

5-2-7 継承とポリモルフィズムへの道

C++やJavaやC#のようなオブジェクト指向言語であれば、「図形の種類によって処理を振り分ける」ことをもっとエレガントに表現できます。本書はCの本ですが、紹介しておきます。

簡単に説明すると、オブジェクト指向言語には以下のような機能があります。

1. オブジェクト指向言語では、クラス（乱暴にいえば構造体のようなもの）に、変数だけでなく関数も入れることができる。この関数を**メソッド**（method）と呼ぶ。
2. オブジェクト指向言語では、既存のクラスを拡張して、新しいクラスを作ることができる。これを**継承**（inheritance）と呼ぶ。たとえば、Polylineクラスは、Shapeクラスを継承して作る。
3. 継承したクラスでは、継承元のクラスのメソッドを上書き（**オーバーライド**（override））できる。

この機能を使い、draw()というメソッドをShapeに入れて、PolylineなりRectangleなりでdraw()をオーバーライドすれば「すべての図形を描画するプログラム」は、以下のように書けることになります（C++流）。

```
for (pos = head; pos != NULL; pos = pos->next) {
    pos->draw();    ← posの指すShapeの、draw()メソッドを呼び出す
}
```

このように書くと、posがPolylineならPolylineのdraw()メソッドが、RectangleならRectangleのdraw()メソッドが、自動的に呼び出されます。

switch caseで処理を振り分ける必要はありません。こういう機能のことを、**ポリモルフィズム**（polymorphism：多態）といいます。

プログラミング言語は日々発展しています。やはり、新しい言語には、それだけ有用な機能が付いているものです。

本当に、draw()をShapeに入れていいのか？

draw()メソッドをShapeに入れ、ポリモルフィズムで処理を振り分ける、というのは、オブジェクト指向の入門書などでは例題としてかなりメジャーなものです。

私も、せいぜい数万行程度の小規模なプログラムなら「draw()をShapeに入れる」という手法は有効だと思います。しかし、実は、CADなどのもっともっとずっと巨大なシステムでは、この手法は避けたほうがよいと思える面がいくつも出てきます。

Shapeなどの型を定義したヘッダファイルshape.hは、おそらくはこのプログラム全体でかなりの部分が参照する、主要なヘッダファイルになります。よって、shape.hは、内容を十分に検討しなければなりませんし、一度内容を決定したら、そう簡単に変更してはいけないはずです。

なのに……draw()メソッドをここに入れてしまうと、draw()を直すたびにshape.hに修正が入ってしまいます。とりわけdraw()は、ウィンドウシステムなどの環境の影響を受けやすいので、移植性を考えるとこの問題は深刻です。C++のようにメソッドの宣言と実装を分けて書ける言語ならまだしも、Javaでは逃げられません。

「ウィンドウシステムの差異が問題だというのなら、ウィンドウシステムごとの描画関数の上に一枚皮をかぶせるような関数を作って、差異を吸収すればよいのでは？」という人がいるかもしれません。しかし、どんなウィンドウシステムにも対応できる抽象的な描画インタフェースを作るのは、現実には非常に困難です。たとえば本書のここまでの例では、「図形を描画する関数を呼べば、その場で画面に図形が表示される」という、「即時モード」と呼ばれる描画モデルを想定してきましたが（WindowsのGDIやUNIXのXlib等がこのモデルです）、たとえばWindowsのWPF（Windows Presentation Foundation）などでは、「保持モード」と呼ばれる描画モデルを採用しています。このモデルでは、図形を「描画」するのではなく「登録」するので、そもそもdraw()という名前自体が不適切に思えます。

そして、WindowsでGDIで作ったプログラムをWPFに移植しよう、という場合、プログラムは捨てて書き直せば済みますが、データはそうはいきません。データの寿命は、プログラムの寿命よりたいていずっと長いので、データ構造（この場合はshape.h）は、可能なかぎり不変にしなければならないのです。

また、CADなどで扱うデータでは、図形（形状）のデータだからといって、つねにdraw()するとは限りません。CADで形状を設計してファイルに保存したデータを、まったく別のプログラムで読み込んで、なんらかの解析を行うなんてことはよくあるものです。そういう場合、解析を行うプログラムにもshape.hは必要でしょうが、そちらではdraw()はまるで不要かもしれません。データは、データ構造（今回ならshape.h）を決めた人の思惑を超えて、いろいろなプログラムで使われる可能性があります。

では、どうすべきなのか？――C的に、データと手続きを分離するのはよいとして、問題は、図形の種類によるswitch caseです。データの寿命に比べ

第 5 章　データ構造——ポインタの真の使い方

*これは**デザインパター
ン**[9]の一種です。

ればプログラムなど使い捨てと割り切って`switch case`を書くのもありだと実のところ私は思います。また、Visitorパターン*を使うという手も考えられます。もっとも、Visitorは、Visitor側に`Polyline`だの`Rectangle`だのが並ぶので、`switch case`とあんまり変わらない気もしますけど。あるいは、すべての`Shape`に、形状をポリラインに変換するメソッドだけを付けておいて、`draw()`はクラスの外に出すべきか、はたまた、`Shape`には、実行時の振る舞いを規定するオブジェクトへのポインタを1つだけ持たせるようにして、`Shape`をファイルからロードするときに、そのアプリケーションに特化した実行時オブジェクトをAbstract Factoryパターンでくっつけるようにするか……設計者にとって、悩みは尽きないものです。

5-2-8　ポインタの怖さ

たいていのドローツールには、図形を「複製」する機能があると思います。その複製の処理を、以下のように書いてしまったとします。

```
/* コピー元の図形へのポインタを、shapeが押さえているとして */
Shape *new_shape;

new_shape = malloc(sizeof(Shape));
*new_shape = *shape;     ← Shape構造体を一括代入している

/* new_shapeを、連結リストの末尾につなぐ */
```

このプログラムのどこがまずいのか、わかるでしょうか？

複製する`Shape`が長方形や楕円なら、この方法でもよいでしょう。しかし、もし、ポリラインについて、この方法でコピーしてしまったら？

`Polyline`は、座標群（`Point`の動的配列）を別の領域にとり、そのポインタを保持しています。よって、`Shape`を構造体の一括代入でコピーしても、座標群のほうはコピーされません。結果的に、複数の`Shape`が同じ座標群を共有することになります（Fig. 5-19参照）。

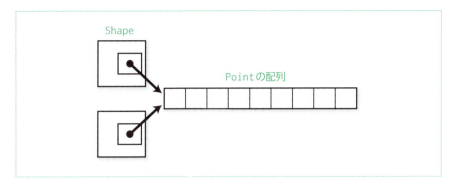

Fig. 5-19 複数のShapeが同じ座標群を参照している

この状況は「図形を複製する」という目的に合致したものではないでしょう。

どちらか片方のポリラインについて座標に変更を加えると、もう1つのポリラインの座標まで変わってしまいます。また、どちらかのポリラインを削除するとき、座標群の領域をfree()すると、非常にまずい状態になってしまいます。これについては「2-6-4　free()したあと、その領域はどうなる？」で説明しました。

このように、ポインタがプログラマーの意図と違うものを指している場合、デバッグは非常に困難になります。上のポリラインの例などはまだ単純な例ですが、グラフ構造など、もっと複雑なデータ構造でポインタが「こんがらがる」と、それはもう目も当てられないような惨状を呈するものです。

どうも、世間で「Cのポインタは怖い」といわれるとき、

> Cのポインタは、変なアドレスに向けると、とんでもないところをブチ壊すから怖い。

という意味であることが多いようです。その怖さを否定はしません。しかし、ポインタには

> 参照関係がこんがらがると、デバッグがたいへんになっちゃって怖い。

という怖さもあります。そして、前者の怖さは、かなりCに特有なものだといえますが、後者の怖さのほうは、ポインタのある言語なら必ず付いて回るものです*。

* GC（Garbage Collection）のある言語なら、free()の問題に関してだけは回避できますが。

5-2-9 で、結局ポインタってのは何なのか？

本章では「データ構造」の側面から、ポインタを説明してきました。

(一方向)連結リスト、双方向連結リスト、木、(外部連鎖)ハッシュなどを図解すると、そこには必ず「矢印」が登場します。この「矢印」こそが、ポインタです。

かつて、Pascalの作者のNiklaus Wirthは、前述のようなポインタの危険性を指して、データ構造におけるポインタは手続きにおけるgotoに対応するものであると述べています(『アルゴリズム＋データ構造＝プログラム[10]』p.192)。

そういう意味では、if、for、whileといった制御構造を使うことでgotoをさほど使わなくてもよくなったように、連結リストのような定番のデータ構造は、言語自体の機能やライブラリですでにサポートされていて、プログラマーがいちいちポインタを意識しなくても使えるようになってきています(Cのようなロートル言語以外では)。ただ、プログラムで使用するデータ構造は、そういった定番ものばかりではありません。プログラムが本質的に表現したいデータ構造に矢印が出てくる場合、結局そこではポインタを使うことになります。つまり「ポインタ」は、まともなデータ構造を構築するには必須の概念であり、いまどきのまともなプログラミング言語なら、まず間違いなくポインタが使えます(言語によっては「ポインタ」ではなく「参照」と呼んでいますが)。

「Cの」ポインタに特有の機能としては、配列との間の妙な交換性が挙げられますが、その使い方については第4章でひと通り説明しました。

Cについては、よく、以下のようにいわれることがあります。

> C言語では、ハードウェアに密着した記述ができる。なぜなら、Cにはポインタがあるからだ。

まあ、いまどきCなんて使っている現場では、実際に「ハードウェアに密着した記述」をしたくてCを使っているのかもしれません。しかし、そういったプログラムでも、ハードウェアに密着しない部分は多くあるでしょうし*、そういうところでは、第4章で説明した定石的な使い方、および第5章で説明した矢印としての使い方を理解していれば十分でしょう。

そして、「矢印としての使い方」こそが、他言語にも共通する「ポインタの真の使い方」であるといえると思います。

＊「ハードウェアに密着」するような部分はできるだけ狭い場所に押し込めるのがプログラミングの鉄則です。

第 6 章

その他
―― 落ち穂拾い

第6章 その他——落ち穂拾い

6-1 新しい関数群

ANSI Cより後のC、C99やC11において追加された関数には、セキュリティを高めるために境界チェックの機能を付けた関数や、静的な記憶領域を使わないように改善された関数があります。

使える環境なら、レガシーな関数よりはこちらを使うべきでしょうし、こういった関数の仕様を知ることは、自分が関数を作る際も参考になることでしょう。

6-1-1 範囲チェックが追加された関数（C11）

「2-5-4 典型的なセキュリティホール——バッファオーバーフロー脆弱性」において、Cで配列の範囲を超えた書き込みを行うと、バッファオーバーフロー脆弱性というセキュリティホールになりうる、ということを説明しました。そこでも書いたように、gets()関数は外部からの入力を受け取る関数であるにもかかわらず範囲チェックができないので、C11ではついに削除されました。

C11では、gets()関数の代わりとなる、範囲チェックができるバージョンの関数として、gets_s()関数が用意されています。同様に、strcpy_s()やsprintf_s()といった関数も追加されています*。ここでは、例としてstrcpy_s()を取り上げましょう。

strcpy_s()は、もともとMicrosoftによりVisual Studio2005から実装されたものですが、後にC11にも取り込まれました。まず、C11の規格書から、strcpy_s()の形式を引用します。

*と、いいつつ、これらの関数はC11のAnnex Kというオプション扱いの機能なので、必ず使えるとは限りません。

```
#define __STDC_WANT_LIB_EXT1__ 1
#include <string.h>
errno_t strcpy_s(char * restrict s1,
    rsize_t s1max,
    const char * restrict s2);
```

いきなり見慣れないものがたくさんでてきて面食らったかもしれません。

まず、「__STDC_WANT_LIB_EXT1__」というのは、Annex Kの関数群を使用したい場合に#defineするマクロです。そして、strcpy_s()の引数s1、s2に付いているrestrictというキーワードは、ポインタを修飾し、コンパイラの最適化を助けるためのものです（p.340の補足「restrictキーワード」参照）。rsize_tという型は、RSIZE_MAXよりも小さいと規定されている整数型です。RSIZE_MAXは、あまりに巨大な数は何らかのバグである（たとえば負の値をunsignedとして扱ったとか）という想定のもと、現実的なオブジェクトのサイズとして定められた数です。

さて、strcpy_s()は、s2が指す文字列を、s1が指す領域にコピーします。これだけならstrcpy()と同じですが、第2引数s1maxでs1が指す領域のサイズを渡しているので、範囲チェックが可能になっています。s1maxより長い文字列をs2に渡すと、エラーハンドラが呼び出されます。エラーハンドラはプログラマーが設定することもできるのですが（set_constraint_handler_s()関数を使います）、strcpy_s()を最初に実装したMicrosoftの処理系（Visual Studio）では*、デフォルトのエラーハンドラは、**そのままプログラムをクラッシュさせます**。

ここで、「プログラムをクラッシュさせる」という動作は重要です。「s1max-1文字までコピーしてナル文字で終端させる」といったことは**すべきではありません**。想定以上の長さの文字列をコピーしようとしているということはそれ自体がバグであり、バグのあるプログラムは一刻も早く殺すべきです。意図せず途中でちょん切れた文字列を後生大事に持っていたって意味がありません。

たとえば「このサービスではユーザーIDは8文字以内」というような文字数制限があるのなら、そのチェックは最初の入力の時点で1回だけ行うべきです（当然、ユーザーに適切なエラーメッセージを出す）。入力時点でチェックしているはずのものが、その後8文字を超えていたとしたら、それは明らかにバグなので、誤ったデータを保存して正しいデータを上書きしたり、別のシステムに渡して迷惑をかける前にプログラムを殺すべきです。

ANSI Cのsprintf()は、フォーマットの結果としてバッファよりも長い文字

*デフォルトのエラーハンドラの挙動は、規格では「処理系定義」とされています。

列を作り出してしまったら、領域破壊を起こします。その対策としてC99で追加された関数がsnprintf()ですが、この関数は、引数で指定したバッファサイズを超えた場合、バッファサイズに合わせて結果をナル文字で終端させます。これに対し、C11ではsprintf_s()が用意されており、こちらは指定したバッファサイズを超えるとエラーハンドラを呼び出します（つまり、Visual Studioなら、クラッシュします）。もっともsprintf()系の関数の場合、「試しに呼んでみないことにはバッファサイズを超えるかどうかもわからない」というケースもありますから、そういう場合はC11ではsnprintf_s()を使うことができます。これは、バッファサイズを超えた場合はエラーハンドラを呼ぶ代わりに戻り値として負の値を返します。

そういえば、昔は「strcpy()は領域破壊を起こすから危険だ。ちゃんとバッファサイズが渡せるstrncpy()を使うべきだ」などというトンチンカンな主張が大手を振ってなされていたものですが、strncpy()はバッファサイズを超えた際**にナル文字で終端しない文字列を生み出すので大変危険です**。こんなものを使っていたら、仮にその場で領域破壊を起こさなくても、別の場所でもっと深刻なバグを起こす可能性があります。私は、strncpy()は、p.57の補足「NULLと0と'¥0'と」で紹介したmy_strncpy()のような関数を実装するためか、あるいは、固定長フィールドのデータを操作する場合ぐらいしか使いません。

余談ですが、某所でこんな話を聞いたことがあります。

> あるプログラマーがこんなコーディングをしたそうな。
> ```
> strncpy(dest, src, strlen(src) + 1);
> ```
> 「な、なんだこれは。strcpy()を使えばいいのに」
> 「strncpy()のほうが安全だと聞いたから」

ギャグとしてはなかなか秀逸なんですけどねえ……実話だそうです。

restrictキーワード

　C99で追加されたrestrictキーワードは、ポインタを修飾し、「同じものを指すポインタは、他にない」ことを表明することで、コンパイラに最適化のヒントを与えるためのものです。

　ポインタが配列のどこかを指している場合、たとえ違う要素を指していて

も、同じ配列を指していれば「同じものを指す」ということになります。つまり、上記のstrcpy_s()の宣言においてs1とs2にrestrictが付いているということは、コピー元とコピー先の領域が重複していてはいけない、ということを意味します。もし、strcpy_s()に重複した領域を渡したら、その場合の動作は未定義です(つまり、重複した領域を渡さないことは、呼び出し側の責任です)。

```
errno_t strcpy_s(char * restrict s1,
    rsize_t s1max,
    const char * restrict s2);
```

C99以前から、もともとstrcpy()では、コピー元とコピー先で重複した領域を渡したときの動きは未定義でした。C99ではそれを陽に明示できるようになったわけで、strcpy()のような昔からある関数についてもC99からはrestrictが付与されています。わかりやすいのはmemcpy()とmemmove()で、もともと重複した領域を渡せなかったmemcpy()にはrestrictが付いていますが、重複した領域を渡せる仕様のmemmove()には付いていません。

```
void *memcpy(void * restrict s1,
        const void * restrict s2,
        size_t n);

void *memmove(void *s1, const void *s2, size_t n);
```

restrictにおいて「同じものを指すポインタは、他にない」ことを表明する範囲は、上記のstrcpy_s()のように関数の仮引数に付いている場合はその関数内、ブロックの内側でかつexternが付かない場合はそのブロック内となります。

6-1-2 静的な領域を使わないようにした関数(C11)

p.116の補足「自動変数の領域は、関数を抜けたら解放される!」の注において、「標準ライブラリにstrtok()という関数があり、この関数も似たような性質を持つので、よく怨嗟の声を聞きます。」と書きました。

strtok()は、たとえばコンマ区切りの文字列がchar型の配列strに格納され

第 6 章　その他──落ち穂拾い

ているとして、以下のように呼び出すことで、コンマに区切られた「トークン」
を順次取り出すことができます。

```
char str[] = "abc,def,ghi";
char *t;

/* 初回だけ、第1引数に対象の文字列を渡す */
t = strtok(str, ",");  /* tは「abc」を指す */
/* 2回目以降は、第1引数はNULLとする */
t = strtok(NULL, ","); /* tは「def」を指す */
t = strtok(NULL, ","); /* tは「ghi」を指す */
```

　strtok()が返すトークンはナル文字で終端されていますが、これは、元の文字列（この場合はstr）に破壊的にナル文字を突っ込むことで実現されています。この仕様自体どうかと思いますが、それはここではよいとしましょう。

　見てのとおり、strtok()の2回目以降の呼び出しでは、第1引数にはNULLしか渡していません。これでトークンの切り出しができるということは、「残りの文字列」の先頭へのポインタを、strtok()内で静的変数に保持している、ということになります。この仕様では、誰かがstrtok()を使っている最中は、プログラムの他の箇所でstrtok()を使うことはできない、ということになります。これではマルチスレッドに対応できませんし、シングルスレッドでも、たとえば「カンマ区切りの文字列の中の1つの項目に、コロン区切りで複数の情報が入っている」といったとき（本の情報を、「書名,著者名,価格,発行年,…」といった形でカンマ区切りにしたが、著者が共著だった場合等）、カンマ区切りを処理している途中でコロン区切りの処理はできません。

　そこで、C11で導入されたstrtok_s()の形式は以下のようになっています。

```
#define __STDC_WANT_LIB_EXT1__ 1
#include <string.h>
char *strtok_s(char * restrict s1,
    rsize_t * restrict s1max,
    const char * restrict s2,
    char ** restrict ptr);
```

　第1引数のs1が分割対象の文字列、第3引数s2が区切りとなる文字（デリミタ）です。この2つはstrtok()にもあった引数ですが、第2引数のs1maxと第4引数のptrが追加されていることがわかります。

　ptrには、呼び出し側で確保したchar*型の変数へのポインタを渡します（よって、ptrの型は、charへのポインタのポインタになっています）。strtok()は、

「残りの文字列」の先頭へのポインタをstrtok()内で静的に保持していましたが、呼び出し側で用意したchar*型変数へのポインタを渡してやることで、strtok_s()側ではその変数の領域を内部的な静的領域の代わりに使うことができます。これなら同時に複数の箇所でstrtok_s()を使うことが可能になります。

第2引数のs1maxは、分割対象の文字列の長さをrsize_t型の変数に格納し、そのポインタを渡します。*s1maxは「残りの文字数」を示すので、呼び出しのたびにstrtok_s()により減らされていきます。わざわざポインタを渡すのはそのためです。

実際のstrtok_s()の使用例を以下に示します。

```
char str[] = "abc,def,ghi";
char *t;
rsize_t s1max = sizeof(str);
char *ptr;

t = strtok_s(str, &s1max, ",", &ptr);   /* tは「abc」を指す */
t = strtok_s(NULL, &s1max, ",", &ptr);  /* tは「def」を指す */
t = strtok_s(NULL, &s1max, ",", &ptr);  /* tは「ghi」を指す */
```

strtok_s()のほか、日付関連の関数ctime()、asctime()、localtime()、gmtime()の静的領域を使わない版であるctime_s()、asctime_s()、localtime_s()、gmtime_s()等、C11ではいくつかの関数が追加されています。

なお、まぎらわしいことに、Visual Studio版のstrtok_s()は、C11におけるs1max引数がない、引数3つのものとなっています。

6-2 落とし穴

6-2-1 整数拡張

　たとえば、標準入力から1文字読み込む関数getchar()の戻り値の型はintです。

　初心者の定番の疑問で、「1文字読み込むんだから、戻り値の型はcharでよいのでは？」というものがあり、その回答として「ファイルの終わりを示すEOFを表現するためだ」というものをよく聞きます。

　この回答が間違っているというわけではありませんが、これだとputchar()の引数の型がintであることの説明にはなっていませんし、それ以前の話として、Cでは文字定数（'a' など）の型はintであるわけですから（p.58参照）、

> 「Cでは、文字列ではない、1文字の文字を表現するための型は、intだ」

といってしまってよいのでは、と私は思っています。

　「え、char（character）型っていうくらいだから、文字を表現するならcharを使うのが当たり前なのでは？」と思うのはもっともですが、Cでは、**整数拡張**（integer promotion）*という機能により、intよりサイズの小さな型は、式の中では片っ端からintに拡張されるのです。

　規格書から該当部分を引用します。

> int型又はunsigned int型を使用してよい式の中ではどこでも、次に示すものを使用することができる。
>
> - 整数変換の順位がint型及びunsigned int型より低い整数型をもつオブジェクト又は式

＊ ANSI Cまではintegral promotion, JISでは**汎整数拡張**と呼ばれていたのですが、C99ではinteger promotion、JISでは整数拡張になっています。なぜ変えたのだろう……

- _Bool型、int型、signed int型、又はunsigned int型のビットフィールド

これらのものの元の型のすべての値をint型で表現可能な場合、その値をint型に変換する。そうでない場合、unsigned int型に変換する。これらの処理を、**整数拡張 (integer promotion)** と呼ぶ。これら以外の型が整数拡張によって変わることはない。

整数拡張は、符号を含めてその値を変えない。"単なる"char型を符号付きとして扱うか否かは、処理系定義とする。

「これらのものの元の型のすべての値をint型で表現可能な場合、その値をint型に変換する。」というのがミソで、たとえばunsigned char型がとりうるすべての値は（符号付きの）int型で表現可能ですから、unsigned char型は、式の中ではintに変換されます。

　unsignedの整数というのは、表現できる最大の数を超えたら「ラップアラウンド」することが仕様で定められています。つまり、intが32ビットの処理系なら0xFFFFFFFFに1を足すとゼロになり、2を足すと1に、10を足せば9になります。しかし、unsigned charやunsigned shortでは、整数拡張により加算前にintに変換されるので、charやshortのビット幅でのラップアラウンドは起きません。よって、List6-1は、unsigned intのときとunsigned charのときで異なる動きをします。

List 6-1
integerpromotion.c

```
 1  #include <stdio.h>
 2
 3  int main(void)
 4  {
 5      unsigned int uint = 0xffffffff;
 6      unsigned char uchar = 0xff;
 7
 8      if (uint + 10 < 10) {
 9          printf("uint + 10 < 10¥n");
10      } else {
11          printf("uint + 10 >= 10¥n");
12      }
13
14      if (uchar + 10 < 10) {
15          printf("uchar + 10 < 10¥n");
16      } else {
17          printf("uchar + 10 >= 10¥n");
```

```
18      }
19      printf("uchar + 10..%u¥n", uchar + 10);
20      uchar = uchar + 10;
21      printf("uchar..%u¥n", uchar);
22 }
```

　8行目のif文では、ラップアラウンドによりuint + 10は9となるので9行目のprintf()が動きますが、14行目では、ucharは整数拡張でintになるので、値としては255となり、uchar + 10は265になりますから（19行目参照）、17行目のprintf()が実行されます。

　ただし、計算結果を再度unsigned char型の変数に代入したら（20行目）、unsigned char型に変換されますから、charのビット幅でのラップアラウンドが起きているような動きになります。

　ところで、Cではintやlongのビット幅が決められていないので、intの代わりにstdint.hを#includeしてint32_tのような型を使おう、という主張がありますが（charやintを使うのは誤りだ、という極端な主張すらあります*）。確かに、いまやCが主に使われているのはOSとか組み込みとかが多いでしょうし、そういう分野では、ビット数を強く意識した型を使う場合もあるでしょう。ただし、上記のとおり、int型と、それより小さな型とではそもそも挙動が違うので、int32_tのような型を使う場合もその点には気を付ける必要があります。また、正直私には、「整数型のビット数」などという低レベルな概念をソース全体にばらまくこと自体に抵抗があります。何らかの意味を持つ整数値がたとえば32ビットなら、その意味を表す名前でtypedefして使うべきではないかと思います。

＊ http://postd.cc/how-to-c-in-2016-1/

6-2-2 「古い」Cでfloat型の引数を使ったら

　いまさらANSI C以前のCを使っている人はそうそういないと思うのですが、関数の引数に関するある種の問題を理解するには「古いC」を避けて通るわけにはいきません。

　関数のプロトタイプ宣言が導入されたのはANSI Cからで、それ以前のCでは、関数の宣言は、

```
double sin();
```

のように戻り値の型だけを指定し、引数については指定できませんでした。

ところで、上に挙げたのは三角関数のsin()ですが、sin()の引数の型はdoubleです。では、sin()を呼び出すとき、引数にfloat型を渡すというのはいかにもやってしまいそうですが、その場合どうなるでしょうか？

ANSI Cでは、sin()はmath.hのプロトタイプ宣言で、

```
double sin(double x);
```

のように宣言されていますから、引数にfloat型を渡されても、コンパイラがdoubleに型変換することができます。

では、ANSI C以前のCではどうなるかというと —— floatの引数はやはりdoubleに変換されます。

ANSI C以前のCでは、式の中のfloat型は、片っ端からdoubleに変換されました（整数型における整数拡張と同様に）。float型どうしで加算を行い、float型の変数に格納する場合でさえ、

❶ 両辺をdouble型に変換し、
❷ double型で加算を行い、
❸ 結果をfloat型に変換する

という手順を踏んでいたものです。よって、float型を使うとdouble型よりかなり遅くなるので「float型は使うな」というCの格言（？）が生まれたのです*。

古いCでは、関数の引数でもfloatは無条件にdoubleに変換されました。よって、sin()を使うときは、floatを渡してもdoubleに変換されるので正常動作します。それはそれでよいとして、では「floatを引数として受け取る関数」を作った場合はどうなるのでしょうか。

古いCコンパイラで、List 6-2とList 6-3の2つの関数をコンパイルすると、実はまったく同じアセンブリ言語を生成します*。つまり、ANSI C以前には、仮引数の型をfloatにした場合、何もいわずに黙ってdoubleに読み替えてくれていたのです（凶悪）。

*もちろん、これはあくまで昔の話であって、いまのCコンパイラならfloat型同士の演算は通常floatのままで行うでしょうし、大きな配列を作るなら、floatのほうが記憶容量を節約できます。

*昔、gccの-traditionalオプションにて実験。いまのgccは-traditionalをもうサポートしていないので……

List 6-2
float.c

```
1  void sub_func();
2
3  void func(f)
4  float   f;
5  {
6      sub_func(&f);
7  }
```

347

List 6-3
double.c

```
1  void sub_func();
2
3  void func(d)
4  double  d;
5  {
6      sub_func(&d);
7  }
```

　しかも、上記の例ではsub_func()に仮引数のポインタを渡しています。List 6-2のsub_func()は、きっと「floatへのポインタ」を受けるようになっていることでしょう。でも、fは勝手にdoubleに読み替えられているので、当然正しく渡らないことになります。

　なお、整数型も、整数拡張により同じようなことが起こります。ただ、整数型の場合、引数をいったんintで受けてから小さな型に縮小しているようで、上記のような問題は起きなかったようです。

　整数拡張といい、doubleへの変換といい、少なくともANSI C以前のCでは、整数型ならint、浮動小数点数型ならdoubleが基本と考えられていたようです。

6-2-3 printf()とscanf()

　「ANSI C以前のC」について書いてきましたが、「いまどきANSI Cより古いCなんか使うわけがないから俺には関係ないね」と思う人が多いでしょう。それはもっともですが、printf()のような可変長引数を取る関数においては、可変部の引数についてはプロトタイプ宣言が効きません。よって、そういう部分については、ANSI C以前のCと同様の変換が入ります。つまり、intよりも小さな整数型はintに、floatはdoubleに格上げされます。

　つまり、printf()に対してchar型やfloat型を渡すことはできません。

> あれ？ printf()の%cは、char型を渡してその文字を表示するんじゃないかったっけ？

と思った人がいるかもしれませんが、%cに対して渡すべき型はintです。char型の変数を渡したとしても、整数拡張によりint型になります。

> printf()ではfloatを表示するときには%f、doubleを表示するときには%lf
> を使うんじゃなかったっけ？

と思った人もいるかもしれませんが、それは（おそらくはscanf()の変換指定子の仕様からくる）誤解です。printf()では、float、doubleともに%fを使用します。printf()で%lfを使ったときの挙動は、ANSI Cでは未定義、C99では「%fと同じ」となっています。

　同様に、charやshortも%dで表示可能です。

　逆に、可変長引数を取る関数の側で、

```
va_arg(ap, char)
va_arg(ap, short)
va_arg(ap, float)
```

などと書くのはつねに誤りです。

　ところで、scanf()も、printf()とよく似た変換指定子を使います。printf()においてfloatとdoubleの両方が%fで表示できることに慣れてしまったプログラマーは、ともするとscanf()でも同じことを期待してしまいがちです。

　しかし、scanf()に渡すのはポインタですから、型拡張は入りません。よって、scanf()でdouble型変数に値を格納してもらいたければ、必ず%lfを指定する必要があります。

6-2-4　プロトタイプ宣言の光と影

　最近はさすがにANSI C以前のCで書かれたソースコードは絶滅したかもしれませんが、昔はよく「古いCのソースを、ANSI Cに変換する」という仕事があったものです。

　ANSI Cでは、関数定義は以下のように書きますが、

```
int func(int hoge, int piyo)
{
    ⋮
}
```

ANSI C以前のCでは、こんな書き方をしていました。

```
int func(hoge, piyo)
int hoge;
int piyo;
{
        ⋮
}
```

ANSI Cでは、古い書き方も許していますから、何も無理に関数定義を新しい形式に直さなくてもコンパイルは通ります。しかし、ANSI Cで新たに導入された関数のプロトタイプ宣言は、プログラマーのミスを検出するには非常に有効なので、ぜひとも使いたいところです。

関数定義をいちいち書き直すのはたいへんなので、

> じゃあ、関数定義は古いままにしておいて、プロトタイプ宣言だけ、ヘッダファイルに書けばいいんじゃないの？

と思う人がいるかもしれません。実は私もそうでした。

でも、ここまで説明したことを考えてみてください。

プロトタイプ宣言がない場合、引数の型は、intより小さい場合は片っ端からintに、floatは片っ端からdoubleに変換されるのでした（この変換のことを**既定の実引数拡張**（default argument promotion）と呼びます）。そうすると、引数を受け取る側では、変換後の大きな型が渡されることを期待した機械語コードを生成しなければならないはずです。

逆に、プロトタイプ宣言がある場合には、引数はそのままの型で渡されますから、受け取る側も、そのままの型がくることを期待した機械語コードを生成する必要があります。

しかし、関数の定義とそれを呼び出す側とは、まったく別のコンパイル単位にあるかもしれません。では、コンパイラが関数定義をコンパイルするときに、上記2種の機械語コードのどちらを生成すべきなのかを何から決定しているかというと——関数定義が古い形式か新しい形式かを見て判定しているのです*。

古い関数定義に対してプロトタイプ宣言ありの呼び出しを行うと、関数定義の側では「既定の実引数拡張」が行われたあとの型が渡されることを期待しているのに、実際には拡張されていないそのままの型が渡されることになります。これでは正常に動作しない可能性があります。

こういう事故を未然に防ぐには、関数を定義しているファイルにおいて、必

＊たいていの処理系では、です。規格では、charやfloatの引数を持つ関数を、プロトタイプなしで呼んだ場合の動作はまるごと未定義とされています。

ず、その関数自体のプロトタイプを宣言しているヘッダファイルを#includeすべきでしょう。そうすれば、まともなコンパイラなら、プロトタイプと関数定義の食い違いについて警告を出してくれるはずです。どのみちこの問題がなくても、関数定義とプロトタイプの不一致をコンパイラに検出してもらおうと思ったら、関数を定義しているソースでプロトタイプを#includeすることは必須です[*]。プロトタイプが実際の関数定義と食い違っていたら、せっかくANSI Cで導入された機構がまるで役に立たない(というかむしろ有害)ことになってしまいますから。

＊実は、その昔、関数定義とプロトタイプの間で引数の不一致を検出しないコンパイラ、というのも見たことがあるのですが……

> **Point**
> 関数を定義しているソースファイルでは、その関数自体のプロトタイプ宣言を含むヘッダファイルを必ず#includeすること。

そして、別ファイルで定義された関数を呼び出す際には、**必ず**プロトタイプ宣言を含むヘッダファイルを#includeすべきです。ただ、人間のやることにはミスがつきものなので、コンパイラの警告レベルを上げて、プロトタイプ宣言なしで関数を呼んだら警告が出るようにしておくべきでしょう。

また、処理系によっては、高速化のためスタックを使わずにレジスタで引数を渡すものも存在します。そういう処理系でも、可変長引数を取る関数についてはスタックで渡すようになっていたりしますが、「可変長引数を取る関数かどうか」は、呼び出す側からはプロトタイプ宣言以外では判定できません。

よって、そういう処理系では、stdio.hを#includeしないとprintf()がちゃんと動かなかったりします。

> **Point**
> 別ファイルで定義された関数を呼ぶ際には、必ずプロトタイプ宣言を含むヘッダファイルを#includeすること。

6-3 イディオム

6-3-1 構造体宣言

　この流儀には異論もありますが、私は、構造体を宣言する際には必ず同時に`typedef`しています。

```
typedef struct {
    int a;
    int b;
} Hoge;
```

　また、私の場合、特に必要がなければタグは書きませんが※、タグを書く場合には、

```
typedef struct Hoge_tag {
    int a;
    int b;
} Hoge;
```

※これは、どうしても必要なところにだけタグを書くようにしていれば、タグがあることが「前方参照されているのだな」という情報を与えてくれると思うからです。「いつ必要になるかわからないからタグは必ず書け」という主張もわかりますけど。

のように、`typedef`する型名に対し`_tag`を付けた名前を使っています。

　なお、構造体、共用体、列挙のタグ名は、通常の識別子とは別の名前空間を持ちますので、以下のような書き方もできます。

```
typedef struct Hoge {
    int a;
    int b;
} Hoge;
```

　C++と同じ意味になることから、この書き方を好む人もいるようです。
　構造体宣言の際、同時にその構造体型の変数を定義することもできますが、私

はこの書き方はしません。typedefしようと思うと書きようがない、という理由もありますが、型の宣言と変数の定義は別物なので、分けて書くべきだろう、と思うからです。

```
/* 私はしない書き方*/
struct Hoge_tag {
    int a;
    int b;
} hoge;    ← struct Hoge_tag 型の変数 hoge を宣言
```

ついでに、構造体のメンバ宣言では、通常の変数宣言同様、一度に複数のメンバを宣言することもできますが、私はこの書き方も使ったことがありません。

```
/* 私はしない書き方*/
typedef struct {
    int a, b;
} Hoge;
```

ところで、構造体をtypedefする際に、その構造体へのポインタ型をまとめてtypedefする人もいます。

```
typedef struct {
    int a;
    int b;
} Hoge, *HogeP;    ← Hoge およびそのポインタ型 HogeP をまとめて宣言
```

こうしておくと、Hogeへのポインタ型変数をHogeP hoge_p;のように宣言できるわけですが、ポインタは*を付けてポインタであることを陽に示すほうがわかりやすいと思うので、私はこの書き方もしません。

6-3-2　自己参照構造体

　連結リストや木構造を構築する際には、宣言している型と同じ型へのポインタを含む構造体を作ります。

　こういう構造体のことを「**自己参照構造体**」と呼ぶことがあるようです──「ようです」というのは、C言語の入門書はともかくとして、現場でこの言葉を聞いたことが**ただの一度もない**からです。「自己参照構造体」といっても、何も特殊なわけではありません。

ただし、宣言ではちょっとだけ気をつけなければいけないことがあります。

```
typedef struct Hoge_tag {
    int a;
    int b;
    struct Hoge_tag *next;
} Hoge;
```

この場合、メンバnextを宣言するときには、まだtypedefが完了していないので、Hoge型は使えません。そこで、struct Hoge_tag *として宣言します。

あるいは、以下のような書き方もあります。

```
typedef struct Hoge_tag Hoge;

struct Hoge_tag {
    int a;
    int b;
    Hoge *next;
};
```

6-3-3 構造体の相互参照

「3-2-10 不完全型」でも説明しましたが、相互に参照し合う構造体は、以下のようにタグだけ先に宣言します。

これは、Manは妻へのポインタを持ち、Womanは夫へのポインタを持つ、という例です。

```
typedef struct Woman_tag Woman;    ← タグを先にtypedef
typedef struct {
        ⋮
    Woman *wife; /* 妻 */
        ⋮
} Man;

struct Woman_tag {
        ⋮
    Man *husband; /* 夫 */
        ⋮
};
```

以前、これを説明したら、

> ふむふむ。じゃあ、タグを全部先にtypedefしておけば、あとは任意の順番で構造体を宣言できるんだな。

と解釈して、

```
typedef struct Polyline_tag Polyline;       ┐
typedef struct Shape_tag Shape;             ├─ タグだけ先に全部宣言
        ⋮

struct Shape_tag {
    ShapeType type;
    union {
        Polyline    polyline;  ← タグしか宣言していない
                                 Polylineの実体を使っている
        Rectangle   rectangle;
        Ellipse     ellipse
    } u;
};

struct Polyline_tag {
        ⋮
};
```

と、こんな順番で宣言を書いてしまった人がいます。これはコンパイルを通りません。

タグだけ宣言した場合、その型は「不完全型」になります。不完全型はポインタをとることしかできません（「3-2-10 不完全型」を参照のこと）。

不完全型は、まだサイズが決まらないので、上記のように書くと、コンパイラが構造体の各メンバのオフセットを決定できないわけです。

6-3-4 構造体のネスティング

構造体を構造体のメンバに入れるとき、以下のようにすでに宣言されている構造体を使う方法もありますが、

第 6 章 その他——落ち穂拾い

```
typedef struct {
    int a;
    int b;
} Hoge;

typedef struct {
        ⋮
    Hoge hoge;    ← 構造体HogeをPiyoのメンバに入れる
} Piyo;
```

構造体宣言の中で構造体型を宣言し、同時にメンバを宣言する、という方法もあります。

```
typedef struct {
        ⋮
    struct Hoge_tag {
        int a;
        int b;
    } hoge;
} Piyo;
```

ここで宣言した`struct Hoge_tag`は、あとで使うこともできます。ただし、この場合もタグは省略できるので、

```
typedef struct {
        ⋮
    struct {
        int a;
        int b;
    } hoge;
} Piyo;
```

のように書くことも可能であり、この場合は、あとでこの型を使い回すことはできません。

私の場合、構造体宣言の中で構造体を宣言するような書き方は通常しませんが、構造体の中で共用体を宣言することはよくあります。続いて説明します。

6-3-5 共用体

共用体は、ほとんどの場合、構造体および列挙型と組み合わせて使います。第5章では、以下のような Shape 型を定義しました*。

※ここでの例は、第5章で実際に扱ったものから簡略化しています。

```
typedef enum {
    POLYLINE_SHAPE,
    RECTANGLE_SHAPE,
    ELLIPSE_SHAPE
} ShapeType;

typedef struct Shape_tag {
    ShapeType type;
    union {
        Polyline polyline;
        Rectangle rectangle;
        Ellipse ellipse;
    } u;
} Shape;
```

Shape は、Polyline（折れ線）かもしれないし、Rectangle（長方形）かもしれないし、Ellipse（楕円）かもしれません。こういう場合に共用体を使います。

列挙型 ShapeType は、共用体中「現在本当に使われているメンバはどれか」を表すために使います（この用途で使用する列挙型メンバを「タグ」と呼ぶことがあります）。列挙による標識（タグ）と、本当に格納されているメンバとの整合性を保つのは、プログラマーの責任です。

ときどき、共用体の使用法として、以下のようなものを挙げている本があります。

```
typedef union {
    char c[4];
    int int_value;
} Int32;
```

int が4バイトの場合、int_value 側に格納された整数値を、c の側からバイト単位でアクセスできる、というわけです。

しかし、この結果がどうなるかはその環境のバイトオーダー（「2-8 バイトオーダー」を参照のこと）に依存しますし、そもそも int が32ビットであることも規格に決められているわけではありません。

こういう書き方が無条件に悪だとは私は思いませんが、この手のテクニックを使うときは、基本的に移植性がないということをつねに意識しているべきでしょう。

6-3-6 無名構造体/共用体（C11）

上記のShape構造体では、各図形を表現する共用体メンバに「u」という名前を付けました。たとえばShape構造体を指すポインタshapeがあって、そのShapeにポリラインが格納されている場合、ポリラインの座標の数を参照するには以下のように書きます。

```
shape->u.polyline.npoints
```

この、「u.」部分が、ちょっと邪魔に感じられないでしょうか。この「u.」は、構造体の中に共用体を含めるために付けた名前ですが、これがなくても名前の重複が起きないのであれば、書かないほうがすっきりします。

C11の**無名構造体**（anonymous structure）、**無名共用体**（anonymous union）の機能により、このような構造体や共用体には名前を付けなくてもよくなりました。

具体的には、以下のように書きます。

```
typedef struct Shape_tag {
    ShapeType type;
    union {
        Polyline polyline;
        Rectangle rectangle;
        Ellipse ellipse;
    };    ←「u」がない
} Shape;
```

実際にメンバを参照する際には、以下のように書きます。

```
shape->polyline.npoints    ←「u.」が不要
```

まあ、最初から「u」のような短い名前にしておけば、無名にしても「u.」の2文字が節約できるだけなので、正直、どうでもいい機能のように私には思えるのですが……

6-3-7 配列の初期化

1次元の配列は、以下のようにして初期化できます。

```
int hoge[] = {1, 2, 3, 4, 5};
```

配列の要素数はコンパイラが数えてくれますので、特に書く必要はありません。よけいなミスを防ぐためには、むしろ書かないほうがよいでしょう。

2次元以上の配列は、以下のようにして初期化できます。

```
int hoge[][3] = {
    {1, 2, 3},
    {4, 5, 6},
    {7, 8, 9},
};
```

「最外周」以外の配列については、要素数を省略できません。「3-5-3 空の[]について」を参照してください。

charの配列は、特別に以下のようにして初期化できます[*]。

```
char str[] = "abc";
```

これは、

```
char str[] = {'a', 'b', 'c', '\0'};
```

のシンタックスシュガーです。

末尾にナル文字が入るので、strの要素数は4になります。

こういう場合、下手に要素数を書いてしまうと、

```
char str[3] = "abc";   ← '\0'の分を忘れている
```

というミスをしてしまうことが非常に多いものです[*]。こんなミスをしないために、要素数は省略してコンパイラに数えさせるべきです。

ところで、実際のプログラムでは、charの配列を文字列で初期化すべきケースはそれほどなく、たいていの場合は、

```
char *str = "abc";
```

[*] 細かいことをいうと、wchar_tの配列も同様に初期化できます。ただし文字列リテラルには「L"あいうえお"」のようにLを付けてください。

[*] そして、ナル文字分が足りないときに限り、これはコンパイルエラーになりません！

と書くほうが順当なことが多いかと思います。

両者の違いは、前者が「charの配列」の内容を初期化しているのに対し、後者は「charへのポインタ」を文字列リテラルに向けている、ということです。文字列リテラルは、通常は書き込み禁止の領域に配置されますから、後者では、文字列の内容を書き換えることができません。

6-3-8 charへのポインタの配列の初期化

いくつかの文字列からなる配列が欲しいときには「charへのポインタの配列」を使うのが普通です。

```
char *color_name[] = {
    "red",
    "green",
    "blue",
};
```

最後の"blue"のあとにもコンマがくっついていますが、これは誤植ではありません。

Cでは、配列の初期化子の最後の要素の後ろには、コンマを付けても付けなくてもよいことになっています。

この規則、嫌いな人もいるようですが、私はけっこう気に入ってます。後ろに追加するときに楽だからです。特に文字列の場合、最後のコンマを書かないでいると、要素を追加したときに、うっかり以下のように書いてしまいそうです。

```
char *color_name[] = {
    "red",
    "green",
    "blue"      ← コンマの付け忘れ
    "yellow"
};
```

＊いうまでもなく、この問題は本来「隣接する文字列リテラルは勝手に連結される」という困った仕様に起因します。文字列連結の機能自体は便利なのですが、どうせならピリオドなり+なり、何らかの演算子を間に挟むようにすれば、こんな問題は発生しなかったのに。

ANSI C以降のCでは、隣接する文字列リテラルは勝手に連結されることになっていますから、"red"、"green"、"blueyellow"からなる要素数3の配列になってしまいます*。

ANSI C Rationaleによると「配列の初期化子の最後の要素の後ろにはコンマを

入れても入れなくてもよい」という規則は、追加／削除を容易にするためと、もう1つ、コードを自動生成するプログラムを簡単に書けるようにするために入れたそうです (3.5.7)。

でも、どうせなら、列挙の宣言でもそのようになっていなければ、対応が不完全だと思うのです。

```
typedef enum {
    RED,
    GREEN,
    BLUE,    ← ANSI Cでは、ここにコンマを付けてはいけない
} Color;
```

ただし、C99では、ここにもコンマが書けるように改定されました。

6-3-9　構造体の初期化

たとえば以下のような構造体があった場合、

```
typedef struct {
    int a;
    int b;
} Hoge;
```

以下のように書くことで、構造体の内容を初期化できます。

```
Hoge hoge = {5, 10};
```

構造体がネストしていたり、構造体のメンバに配列を含んでいる場合でも、

```
typedef struct {
    int a[10];
    Hoge hoge;
} Piyo;
```

以下のように、きちんと対応がとれるように初期化子を書けば、初期化可能です。

```
Piyo piyo = {
    {0, 1, 2, 3, 4, 5, 6, 7, 8, 9},
```

```
    {1, 2},
};
```

6-3-10　共用体の初期化

　共用体は、構造体とは異なり、メンバのどれか1つしか有効な値を持ちません。初期化子を書くとして、それはどのメンバに対応すると考えればよいでしょうか。

　ANSI Cでは、共用体に対する初期化は、共用体の**最初の**メンバに対応すると定められています。正直、変な仕様だと思います……

```
typedef union {
    int int_value;
    char *str;
} Hoge;
    ⋮
Hoge hoge = {5};    ← 初期化子はint_valueに対応する
```

　この変な仕様は、C99にて改善されました。それについてはこの続きで。

6-3-11　要素指示子付きの初期化（C99）

　「6-3-9　構造体の初期化」で書いたように、ANSI Cでは、構造体を初期化する際には、先頭のメンバから順に値を指定していく必要がありました。メンバがたくさんあるとこれではわかりにくいですし、構造体の一部のメンバだけを初期化すればよい、というケースもあることでしょう。

　C99からは、**要素指示子付きの初期化子**（designated initializer）を使うことで、初期化するメンバを陽に指定できるようになりました。

　要素指示子を使うと、構造体だけでなく共用体もメンバを指定して初期化できますし、配列についても添字を指定して初期化することができます。

　こういうものは説明を聞くより実例を見たほうが早いと思うので、サンプルプログラムをList 6-4に載せておきます。

List 6-4
designated_
initializer.c

```c
#include <stdio.h>

typedef struct {
    int a;
    int b;
    int c;
    int array[10];
} Hoge;

typedef union {
    int int_value;
    double double_value;
} Piyo;

int main(void)
{
    // 構造体についてメンバを指定して初期化。
    // 配列についても、添字を指定して初期化。その後ろに並んだ数値は、
    // 添字で指定した要素の続きに割り当てられる。
    Hoge hoge = {.b = 3, .c = 5, {[3] = 10, 11, 12}};

    fprintf(stderr, "hoge.b..%d, hoge.c..%d\n", hoge.b, hoge.c);
    fprintf(stderr, "hoge.array[3..] %d, %d, %d\n",
            hoge.array[3], hoge.array[4], hoge.array[5]);

    // 共用体について、メンバを指定して初期化
    Piyo piyo = {.double_value = 123.456};
    fprintf(stderr, "piyo.double_value..%f\n", piyo.double_value);

    return 0;
}
```

6-3-12 複合リテラル（C99）

　たとえば決まった内容の構造体を関数に渡したりする際、ANSI Cでは一時的な変数を用意する必要がありますが、C99からは、構造体や配列についてリテラルを作れるようになりました。これを**複合リテラル**（compound literal）と呼びます。

　これも実例を見たほうが理解が早いと思います。List 6-5を参照してくださ

第 6 章 その他──落ち穂拾い

い。

List 6-5 compound_literal.c

```c
#include <stdio.h>

typedef struct {
    double x;
    double y;
} Point;

void draw_line(Point start_p, Point end_p)
{
    fprintf(stderr, "draw line: (%f, %f)-(%f, %f)\n",
            start_p.x, start_p.y, end_p.x, end_p.y);
}

void draw_polyline(int npoints, Point *point)
{
    for (int i = 0; i < npoints; i++) {
        fprintf(stderr, "[i]..(%f, %f)\n", point[i].x, point[i].y);
    }
}

int main(void)
{
    draw_line((Point){.x = 10, .y = 10}, (Point){.x = 20, .y = 20});

    draw_polyline(5,
                  (Point[]){
                      (Point){.x = 1, .y = 1},
                      (Point){.x = 2, .y = 2},
                      (Point){.x = 3, .y = 3},
                      (Point){.x = 4, .y = 4},
                      (Point){.x = 5, .y = 5},
                  });
}
```

　この例では、関数draw_line()にPoint構造体の複合リテラルを、draw_polyline()にPoint構造体の配列を、一時変数を使わずに渡しています。

参考文献

[1] 『Users' Reference to B』
Ken Tompson, https://www.bell-labs.com/usr/dmr/www/kbman.html

[2] 『プログラミング言語C 第2版』
B.W. カーニハン／D.M. リッチー 著, 石田晴久 訳, 共立出版, 1989

[3] 『Life with UNIX』
Don Libes／Sandy Ressler 著, 坂本文 監訳, 福崎俊博 訳, アスキー出版局, 1990

[4] 『CプログラミングFAQ』
Steve Summit 著, 北野欽一 訳, トッパン, 1997

[5] 『The Development of the C Language』
Dennis Ritchie, https://www.bell-labs.com/usr/dmr/www/chist.html

[6] 『プログラミングの壺 II』
P.J. ブローガ 著, 安藤進 訳, 共立出版, 1996

[7] 『The Limbo Programming Language』
Dennis Ritchie, http://www.vitanuova.com/inferno/papers/limbo.html

[8] 『文芸的プログラミング』
Donald E.Knuth 著, 有澤誠 訳, アスキー出版局, 1994

[9] 『オブジェクト指向における再利用のためのデザインパターン 改訂版』
Eric Gamma 他著, 本位田真一／吉田和樹 監訳, ソフトバンク, 1999

[10] 『アルゴリズム＋データ構造＝プログラム』
Niklaus Wirth 著, 片山卓也 訳, 日本コンピュータ協会, 1979

[その他] 『エキスパートCプログラミング』
Peter van der Linden 著, 梅原系 訳, アスキー出版局, 1996

索引 Index

記号・数字
_Bool	181
[]	47, 194
->	194
&	45, 47, 193
*	44, 46, 47, 193
16進数	35
1の補数表現	39
2進数	35
2の補数表現	38

A・B
Abstract Factory	334
ActionScript	167
Ada	78, 279
AMD1	28
ANSI C	27
ANSI C Rationale	30
ASLR	120
assert()	126
AVL木	309
B	21, 22
BCPL	21
Brian Kernighan	24
brk()	140

C
C++	259, 279, 280, 299, 331
C#	14, 196, 239, 249, 259, 268, 280, 299, 331
C11	30, 338, 341, 358
C89/C90	27
C99	29, 52, 84, 125, 128, 133, 181, 208, 213, 216, 262, 264, 340, 361, 362, 363
Calling Convention	112
calloc()	58, 145
const	50
const修飾子	200
CPL	21

D・E・F
Dennis Ritchie	21, 24
DEP	121
DRAM	35
Eiffel	78
extern	215
fflush()	93
FORTRAN	67
free()	95, 135

G
GC	335
Generics	323
gets_s()	338
gets()	119, 338
Go	166, 239, 323
goto	259

I
IEEE754	38

J・K
int32_t	346
intptr_t	52
ISO/IEC 9899:2011	30
ISO/IEC 9899/AMD1:1995	28
ISO-IEC 9899:1990	27
Java	14, 49, 239, 249, 259, 267, 279, 299, 331
JavaScript	249, 310, 323
JIS X3010:1993	27
JIS X3010:2003	27, 29
JITコンパイラ	121
K&R	24, 42, 75, 76, 162, 166, 198, 211, 228
Ken Thompson	21

L・M・N
Limbo	166
Lisp	14, 279
longjmp()	259
malloc()	95, 135
MALLOC_PERTURB_	143
memcpy()	341
memmove()	341
memset()	58
mmap()	158
Modula2/3	279
Multics	21
NB (New B)	21

P
Pascal	14, 32, 166, 196, 279
PDP-11	21, 23
PDP-7	22
Perl	279, 310
PHP	239
PL/I	21
Python	14, 239, 279, 310, 323

R
Rationale	30
realloc()	146
register	96
restrict	340
RSIZE_MAX	339
rsize_t	339
Ruby	14, 239, 279, 310, 323

S
Scala	78, 167
scanf()	85, 91
set_constraint_handler_s()	339
setbuf()	129
setjmp()	259
size_t型	40
sizeof	38, 40, 85, 152, 188, 192
Smalltalk	279
snprintf_s()	340
snprintf()	120, 340
sprintf_s()	120, 338, 340
strcpy_s()	338
strncpy()	340
strtok_s()	342

T・U
strtok()	116, 341
Swift	167
TCHAR	249
typedef	96, 206, 227
Unicode	249
UNIX	20

V
va_arg()	124
va_copy()	125
va_end()	124
va_list	124
va_start()	124
Valgrind	144
Visitor	334
VLA	29, 84, 133, 208, 213, 262, 264
void*	52, 138, 222

X
X-Draw	311
wchar_t	28, 247
wcrtomb()	249
wcscpy()	249
wprintf()	249

ア行
赤黒木	309
アクセス型	279
アセンブラ	22
アセンブリ言語	20, 22, 114
アドレス	36
アドレス演算子	45, 47, 193
アドレス空間配置のランダム化	120
アラインメント	153
アロー演算子	194
一次式	185
イテレータ	301
右辺値	190
枝	307
演算子	47
演算子の優先順位	197
オーバーライド	332
オブジェクト	39
オブジェクト型	39, 178
オペランド	47
親	307

カ行
開番地法	309
外部結合	94
外部定義	216
外部連鎖ハッシュ	309
書き込み禁止領域	101
仮想アドレス	36, 88
仮想アドレス空間	90
仮想マシン	22
型分類	171
型名	168
可変長構造体	272
可変長配列	29, 84, 133, 208, 262, 264

索引

ア行
可変長引数 121
空ポインタ 58
仮定義 216
仮引数 64
関数へのポインタ 102, 330
関数へのポインタの配列 330
関数呼び出し演算子 99, 103, 220
間接演算子 46, 47, 193
完全ハッシュ 309
木 307
記憶域期間 94
記憶域クラス指定子 96
規格 29
規格厳密合致プログラム 39, 273
既定の実引数拡張 350
基本型 171, 181
キャスト 221
キャッシュ 265
行優先 266
共有ライブラリ 90, 107
共用体 182, 316
クラス 332
グローバル変数 94
継承 332
子 307
構造体 182
コマンド行引数 131, 252

サ行
再帰呼び出し 111, 129, 132, 329
座標系 313
左辺値 48, 190
サロゲートペア 248
参照 279
参照引数 282
参照渡し 64, 280
式 185
識別子 185
自己参照構造体 353
システムコール 139
実行形式 40
実引数 64
自動記憶域期間 95
自動変数 95, 108
シノニム 310
ジャグ配列 196, 268
集成体型 33
主記憶 35
順列 129
初期化子 214, 217
処理系定義の動作 93
シンタックスシュガー 74
シンボルテーブル 105
スカラ 33
スコープ 94
スタック 108, 110
スタックポインタ 115
整数拡張 344

静的記憶域期間 95
静的変数 95, 105
線型検索 303
宣言 216
双方向連結リスト 306
添字演算子 47, 194

タ行
ダイナミックRAM 35
ダイナミックリンク 107
多次元配列 175, 195
ダブルポインタ 17, 260
地球はかいばくだん 305
データ実行防止 121
定義 215, 216
デザインパターン 334
デバイス座標系 313
テンプレート 323
動的配列 84, 138, 237

ナ行
名前空間 299
ナル文字 58
二分木 308
二分検索 303
二分探索木 308
ヌルポインタ 57
値渡し 63, 280
ノード 307

ハ行
バイエンディアン 157
バイト 36
バイトオーダー 157
バイト単位のストリーム 249
バイパイン 305
配列 65
配列へのポインタ 174
派生 43
派生型 171
ハッシュ 309
ハッシュ関数 310
ハッシュテーブル 309
バッファオーバーフロー脆弱性 118
バッファオーバーラン脆弱性 118
バディング 153
パブリックヘッダファイル 298
汎整数拡張 344
ヒープ 135
被参照型 42
ビッグエンディアン 157
ファイル内static変数 94
不完全型 184, 300
複合リテラル 29, 363
複素数型 181
符号付き整数型 181
符号無し整数型 181
復帰情報 111
物理アドレス 36
物理メモリ 90

浮動小数点型 181
プライベートヘッダファイル 298
フラグメンテーション 144
フレームポインタ 115
フレキシブル配列メンバ .. 29, 216, 274
プログラムカウンタ 40
ブロック 95
プロトタイプ宣言 26, 349
分割コンパイル 105
ベースポインタ 115
別名 279
変更可能な左辺値 230
ポインタ 42
ポインタ演算 55, 74, 76
ポインタ型 42
ポリモルフィズム 332
ポリライン 267, 311

マ行
マルチバイト文字 28, 247
未規定の動作 93
未定義の動作 93
無名共用体 30, 358
無名構造体 358
命名規則 299
メソッド 332
メモリスワッピング 90
文字列リテラル 99, 101, 217

ヤ行
ユーザー座標系 313
優先順位 197
要素型 173
要素指示子付きの初期化子 29, 362
呼び出し規約 112

ラ行
ラップアラウンド 345
リターンアドレス 111
リトルエンディアン 157
領域破壊 83
リンカ 105
リンク 105
リンケージ 94
ルート 307
レジスタ 41
列挙型 181
列優先 266
連結リスト 136, 292
連想配列 310
ローカル変数 95
論理座標系 313

ワ行
ワールド座標系 313
ワイド文字 28, 242, 247
ワイド文字単位のストリーム 249
ワイド文字定数 248
ワイド文字リテラル 248
ワイド文字列 247

■著者紹介
前橋 和弥（まえばし かずや）

1969年、愛知県生まれ。名古屋市内で某ソフト会社にて俸禄を食んでいるプログラマー。
著書に『C言語 体当たり学習徹底入門』『Java謎＋落とし穴徹底解明』『センス・オブ・プログラミング！』『プログラミング言語を作る』『Webサーバを作りながら学ぶ 基礎からのWebアプリケーション開発入門』がある。
常々、WordやExcelに向かうよりはコードを書いていたいものだと考えている。
何はともあれExcel方眼紙は滅ぼされるべきである。

[著者ホームページ] https://kmaebashi.com

- ●装丁　　　　　　　　　石間 淳
- ●カバーイラスト　　　　花山由理
- ●本文デザイン／レイアウト　BUCH⁺
- ●本文図版　　　　　　　小野口雅人
- ●編集　　　　　　　　　熊谷裕美子

新・標準プログラマーズライブラリ
C言語 ポインタ完全制覇

2017年12月21日　初　版　第1刷発行
2025年 5月13日　初　版　第5刷発行

著　者　　前橋 和弥
発行者　　片岡 巌
発行所　　株式会社技術評論社
　　　　　東京都新宿区市谷左内町 21-13
　　　　　電話　03-3513-6150　販売促進部
　　　　　　　　03-3513-6166　書籍編集部
印刷／製本　昭和情報プロセス株式会社

定価はカバーに表示してあります。

本書の一部または全部を著作権法の定める範囲を超え、無断で複写、複製、転載、テープ化、ファイルに落とすことを禁じます。

©2017 前橋和弥

造本には細心の注意を払っておりますが、万一、乱丁（ページの乱れ）や落丁（ページの抜け）がございましたら、小社販売促進部までお送りください。送料小社負担にてお取り替えいたします。

ISBN978-4-7741-9381-6 C3055
Printed in Japan

本書の運用は、ご自身の判断でなさるようお願いいたします。本書の情報に基づいて被ったいかなる損害についても、筆者および技術評論社は一切の責任を負いません。
本書の内容に関するご質問は封書もしくはFAXでお願いいたします。弊社のウェブサイト上にも質問用のフォームを用意しております。
ご質問は本書の内容に関するものに限らせていただきます。本書の内容を超えるご質問やプログラムの作成方法についてはお答えすることができません。あらかじめご了承ください。

〒162-0846
東京都新宿区市谷左内町 21-13
（株）技術評論社　書籍編集部
『新・標準プログラマーズライブラリ
C言語 ポインタ完全制覇』質問係
FAX　03-3513-6183
Web　https://gihyo.jp/book/2017/
　　　978-4-7741-9381-6